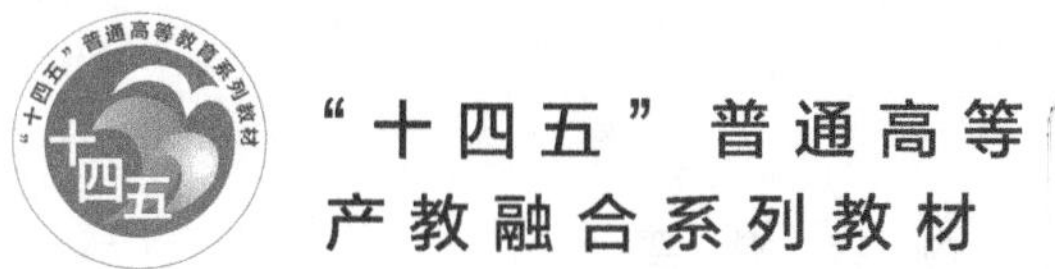

XITONG GONGCHENG YUANLI YU YINGYONG

系统工程原理与应用

主　编/施应玲
副主编/谭忠富　庞南生
编　写/张福伟　田惠英　左　艺

中国电力出版社
CHINA ELECTRIC POWER PRESS

内 容 提 要

本书结合现代系统工程的案例，介绍了系统工程的主要理论、方法和现代应用实践。本书共分为8章，第1章介绍了系统思想与系统理论的产生与发展，系统、系统结构与系统功能的基本概念与特点等。第2章介绍了系统工程的古代与现代实践、系统工程的主要方法和实践应用。第3章介绍了系统工程在实施中的重要环节——系统分析的主要内容与主要原则，以及系统建模的基本内容。第4章介绍了系统工程常用的运筹学模型与算法。第5章和第6章分别介绍了在系统工程实施中对系统进行评价与决策分析的原则与方法。第7章介绍了基于系统要素间的联系，对复杂系统的结构进行分解分析的方法。第8章介绍了系统仿真的基本概念和主要步骤，探讨了系统动力学的模型及应用。

本教材可作为高等学校管理类和工业工程类本科及硕士研究生的教材和辅导书，也可作为管理决策人员的参考书。

图书在版编目（CIP）数据

系统工程原理与应用/施应玲主编．—北京：中国电力出版社，2022.6（2023.11重印）

“十四五”普通高等教育规划教材　产教融合系列教材

ISBN 978-7-5198-6306-7

Ⅰ.①系…　Ⅱ.①施…　Ⅲ.①系统工程—高等学校—教材　Ⅳ.①N945

中国版本图书馆CIP数据核字（2021）第262806号

出版发行：中国电力出版社

地　　址：北京市东城区北京站西街19号（邮政编码100005）

网　　址：http://www.cepp.sgcc.com.cn

责任编辑：马玲科（010-63413276）

责任校对：黄　蓓　马　宁

装帧设计：赵姗姗

责任印制：吴　迪

印　　刷：北京天泽润科贸有限公司

版　　次：2022年6月第一版

印　　次：2023年11月北京第二次印刷

开　　本：787毫米×1092毫米　16开本

印　　张：11.75

字　　数：287千字

定　　价：42.00元

前 言

进入21世纪，科学技术呈现高速发展势头。人类在探索自然界和社会系统的过程中，不断创造出跨学科与跨专业的综合性极强的复杂新系统，新事物之间的联系、旧事物之间的新联系也不断被建立与被发现。这些成果一方面得益于科学与技术成果的发展与应用，另一方面也得益于系统工程这门组织与管理技术普遍性的实践应用。

本书是编者在多年本科和研究生教学的基础上，结合相关项目的研究成果编写而成。本书深入浅出地介绍了关于系统、系统工程及系统分析的基本理论知识，叙述了有关理论实施的步骤及其注意事项，编写了系统工程及系统分析的若干实践案例。本书有以下特点：

（1）将体现系统思想的古代中外典型工程和国内现代系统工程中的代表性工程纳入了教材；

（2）每章末尾都根据本章内容绘制了本章知识结构导图，便于教师和学生快速把握本章知识脉络；

（3）鉴于科学技术对系统理论和系统工程方法的影响，在1.1.3科技进步与系统思想的发展部分介绍了16～21世纪的科学发展，以及由此引发的三次技术革命，强调科学与技术发展不仅给自然科学带来丰硕成果，也导致社会系统及综合系统产生了组织与管理技术的变革；

（4）本书在介绍有关系统理论、系统工程与系统分析的基础知识的前提下，力图将系统理论、系统工程与系统分析方法与国内现代大型复杂系统问题，尤其是当前社会发展面临的能源问题相结合，将电源规划、电源清洁化发展及其影响因素等问题引入了教材，在第2章～第8章安排了相应分析案例。

本书是“十四五”普通高等教育规划教材　产教融合系列教材，得到了华北电力大学“北京市产学研联合培养研究生基地”项目资助。本书在编写过程中，得到了华北电力大学经济管理学院和研究生院同仁们的帮助。彭美和刘新萍为教材提供了案例，王渊博、张洋、吴庆洁、申斐、林张帆、尤明东和余欣玥等同学协助检查了教材文字。在此一并向所有帮助过我们的家人、同仁、学生和朋友表示感谢。同时感谢所有参考文献的作者和译者。由于篇幅所限，不能将查阅的所有文献一一列出，敬请海涵。

限于编者水平，书中难免出现疏漏之处，敬请广大读者批评指正。

2021年12月5日
北京回龙观

目 录

前言
第 1 章 系统思想与系统理论概述 …… 1
1.1 系统思想的起源与发展 …… 1
1.2 系统的科学定义 …… 5
1.3 系统结构 …… 9
1.4 系统功能及其特点 …… 10
1.5 代表性的系统理论 …… 13
1.6 本章知识结构安排与讲学建议 …… 16
1.7 本章思考题 …… 16
1.8 填一填连一连 …… 17
第 2 章 系统工程概述 …… 18
2.1 系统工程的产生及含义 …… 18
2.2 系统工程的古代实践 …… 20
2.3 系统工程的现代实践 …… 23
2.4 系统工程的特点和实施原则 …… 27
2.5 系统工程的方法论 …… 31
2.6 案例：并行工程设计实例——波音 777 和 737 - X 优化研制工程 …… 37
2.7 本章知识结构安排与讲学建议 …… 38
2.8 本章思考题 …… 39
2.9 填一填连一连 …… 39
第 3 章 系统分析 …… 40
3.1 系统分析的兴起、应用及含义 …… 40
3.2 系统分析的主要要素和准则 …… 42
3.3 系统的模型化分析 …… 47
3.4 案例：布里斯烟草公司成本问题分析 …… 49
3.5 本章知识结构安排与讲学建议 …… 52
3.6 本章思考题 …… 52
第 4 章 系统优化 …… 53
4.1 系统优化的含义与步骤 …… 53
4.2 线性规划 …… 54
4.3 非线性规划 …… 58

4.4 整数规划…………………………………………………………………………… 67
4.5 动态规划…………………………………………………………………………… 70
4.6 目标规划…………………………………………………………………………… 73
4.7 案例：汽车制造公司最佳生产安排…………………………………………… 77
4.8 本章知识结构安排与讲学建议………………………………………………… 79
4.9 本章思考题………………………………………………………………………… 80
第5章 系统评价 ………………………………………………………………… 81
5.1 系统评价的含义及特性………………………………………………………… 81
5.2 系统评价的原则…………………………………………………………………… 82
5.3 系统评价的步骤与工作内容…………………………………………………… 82
5.4 系统评价指标体系………………………………………………………………… 83
5.5 模糊综合评价法…………………………………………………………………… 84
5.6 数据包络分析法…………………………………………………………………… 88
5.7 主成分分析法……………………………………………………………………… 93
5.8 案例：建筑企业招投标中竞争力评价………………………………………… 96
5.9 本章知识结构安排及讲学建议………………………………………………… 98
5.10 本章思考题 ……………………………………………………………………… 98
第6章 系统决策 ………………………………………………………………… 99
6.1 决策问题的基本描述……………………………………………………………… 99
6.2 确定型决策问题 ………………………………………………………………… 102
6.3 不确定型决策问题 ……………………………………………………………… 103
6.4 风险型决策问题 ………………………………………………………………… 106
6.5 案例：关于企业生产新工艺的决策问题 ……………………………………… 110
6.6 本章知识结构安排及讲学建议 ………………………………………………… 112
6.7 本章思考题 ……………………………………………………………………… 112
6.8 填一填 …………………………………………………………………………… 112
第7章 系统结构模型及解析……………………………………………………… 113
7.1 系统构造的表述 ………………………………………………………………… 113
7.2 系统结构模型的分解 …………………………………………………………… 119
7.3 系统解释结构模型 ……………………………………………………………… 129
7.4 案例：电源可持续发展的ISM分析 …………………………………………… 138
7.5 本章知识结构安排及讲学建议 ………………………………………………… 145
7.6 本章思考题 ……………………………………………………………………… 146
第8章 系统仿真技术……………………………………………………………… 147
8.1 系统仿真技术概述 ……………………………………………………………… 147
8.2 系统仿真的分类 ………………………………………………………………… 150
8.3 系统仿真的主要步骤 …………………………………………………………… 151

8.4 离散事件动态系统及其仿真策略 …… 153
8.5 系统动力学仿真 …… 156
8.6 案例：基于系统动力学的煤电绿色发展仿真 …… 168
8.7 本章知识结构安排及讲学建议 …… 174
8.8 本章思考题 …… 175

参考文献 …… 176

第1章　系统思想与系统理论概述

天地与我并生，万物与我为一。（天地万物虽然形态各异，但它们在本源上是相同的。）

——庄子

这些事情就像一个一个的点，当然我在大学的时候，还不可能把从前的点点滴滴串连起来，但是当我十年后回顾这一切的时候，真的豁然开朗了。你们也一样，现在要将点连接起来是不可能的，只有一段时间后，它们的联系才会显现出来。所以你们得相信，它们总是能联系起来的。

——史蒂夫·乔布斯在斯坦福大学2005年毕业典礼演讲片段

本章主要内容

(1) 古代系统思想的起源与体现；
(2) 系统的含义与特征；
(3) 实体系统与概念系统的含义与关系；
(4) 人造系统与自然系统的含义与关系；
(5) 动态系统与静止系统的含义；
(6) 封闭系统与开放系统的含义；
(7) 系统结构的含义及特性；
(8) 系统功能的含义及与系统结构的关系；
(9) 系统老三论的主要内容；
(10) 几种系统新理论的主要内容。

1.1　系统思想的起源与发展

系统是自然界的一种客观存在，在人类还没有意识到自然界以“系统”的形式存在时，“系统”就一直存在于自然界的万事万物中，并有序地、持续地发挥着自在功能。系统既是一种客观存在，也是一种人类看待事物的观点与思维。人类的系统思想来源于农业、林业、畜牧、工业、军事、商业等长期实践活动和对自然界的观察与思考。在接触自然世界、认识客观事物、与自然环境共处或改造客观世界的过程中，人们用综合分析的思维方式看待事物，根据事物内在的、本质特性，用联系的观点对其进行分析和研究，就体现了系统的思想，而这些被研究的对象事物就被看作了一个系统。即客观决定了主观，主观也要真实反映客观。

1.1.1 古代朴素的系统思想及实践

1. 与农业活动有关的二十四节气和七十二候（定气法与节气法）

在中国数千年的历史中，产生了许多有关系统的思想，其中二十四节气是中国古代天文学家总结的，最早结合天文、气象、物候等知识，通过月亮、地球、太阳的运行及动植物等细微变化来区分季节、指导农事活动的历法。二十四节气起源于黄河流域，春秋时代定出了仲春、仲夏、仲秋和仲冬四个节气，之后经过不断完善，到秦汉年间二十四节气得以完全确立。“一个节气”是指地球沿着绕太阳运转的轨道运行15°所经历的时日，大约为15天。地球每年绕太阳运行360°共经历二十四节气。

二十四节气中的每个节气以5天为间隔可细分为三候，故一年又分为七十二候，“气候”一词就来源于二十四节气的“气”与七十二候的“候”。

二十四节气和七十二候

想知道二十四节气是哪些节气吗？七十二候有哪些植物候和动物候？还有哪些自然现象描述？扫一扫二维码了解更多信息。

二十四节气描述了一年中天气与气候的演化，七十二候则依次反映了一年中随气候变化而实时变化的动植物和自然现象。可以说，自然界中各部分有序地、有律地变化着，俨然一个精确运转的系统。

2.《黄帝内经》

《黄帝内经》是中国的医学典籍，它认为自然界和人体是由木、火、土、金、水五种要素相生相克、相互制约而形成的有秩序与有组织的整体。在五要素相生相克的关系中，每一要素都承受着“生我”“我生”“克我”“我克”四种关系。如图1-1所示，外围圆环表示五要素间的相生关系：木生火，火生土，土生金，金生水，水生木；内部各箭线表示五要素间的相克关系：木克土，土克水，水克火，火克金，金克木。

图1-1显示五要素中任何两要素之间的相生及相克直接关系是不对等的，如木生火，但火不生木，并不相互相生；水克火，但火不克水，也并不相互相克。但从五要素之间的关系总和以及整体结构看来，呈现一个交叉传递的相生和相克关系。

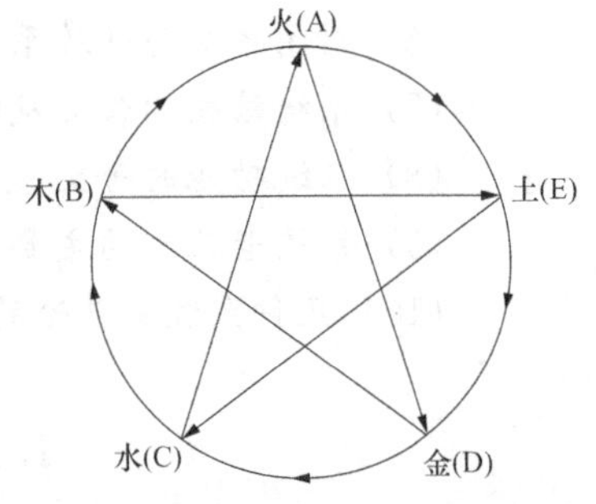

图1-1 《黄帝内经》五要素图

五要素是具有平滑传递的“圆环”特征、结构稳定、由多层次组织而成的一个有机整体。另外，《黄帝内经》认为人是自然界的一个组成部分，人的养生规律与自然界的规律是密切相关的，它主张将自然现象与人的生理现象和神经活动结合起来考察人的疾病根源，人体任何一个腑脏组织的生理活动与整个身体的生理活动密切联系，而且它们又是向自然环境开放的，这些都体现了朴素的系统思想。

1.1.2 古代系统思想的代表人

1. 老子（公元前571—公元前471年）

老子是中国古代哲学家，其代表作有《道德经》（又称《老子》）。老子把整个宇宙看成是一个由天、地和人组成的有机整体，而把构成这一有机整体的各个组成部分视作为宇宙本体“道”的衍生物，认为世间万物都是“道”生化出来的，故“道”的内在规律性也同样赋予了世间万物，天地万物通过“道”构成一个有机的整体。“道”处于混沌无序的原始状态，然后运动变化到了某个度后产生了一，即“道”生一，然后一生二、二生三、三生万物，构建了一个简明而深刻的宇宙系统。老子思想的具体特征为：

(1) 客观存在的万事万物是一个有机网络结构的整体，它们都存在于直接或间接的、相互联系的关系中；

(2) 组成这一有机整体的各个组成部分和要素之间，甚至要素自身的内部构成之间，表现为相互依存、相互包容、相互渗透和转化的关系；

(3) 在系统整体的构成中，人处于无比优越的地位，表现为以人为中心的结构体系。

2. 德谟克利特（公元前 460—公元前 370 年）

德谟克利特认为万物的产生是原子以不同方式的组合，原子在形状、次序和位置上的不同结构方式构成了世界万物的千差万别。他主张系统总是由要素组成的，同时也决定了系统。德谟克利特的原子论就是对于构成宇宙系统的系统要素的天才猜测，马克思和恩格斯称他是“经验的自然科学和希腊人中的第一个百科全书式的学者”。德谟克利特原子论思想后来又被伊壁鸠鲁和克莱修所继承，再后来被道尔顿所发展，形成了近代的科学原子论。

3. 亚里士多德（公元前 384—公元前 322 年）

亚里士多德是古希腊哲学家，他提出的著名命题“整体不是其部分的总和”确切地对整体与部分的关系进行了表述。系统整体的功能，既可以表现为整体大于部分之和，也可以等于部分之和，还可以小于部分之和，这种综合效应取决于部分之间相互作用的性质。当各部分以合理、有序的结构形成整体时，整体就具有全新的功能，整体的功能就会大于各部分功能之和；而当各部分以欠佳、无序的结构形成整体时，就会损害整体功能的发挥，整体的功能就会小于各部分功能之和。

亚里士多德运用四因论（即质料因、形式因、动力因和目的因）说明事物生灭变化的原因。质料因说明事物由什么东西构成；形式因指事物具有什么形式结构；动力因说明是什么力量使得一定的质料取得某种结构形式的；目的因说明存在的目的何在。亚里士多德的四因论及整体论是古代朴素系统思想的最高表达形式。

1.1.3　科技进步与系统思想的发展

在哲学和自然科学的发展与促进下，朴素的系统观演变产生了一般系统理论。伴随着科学技术的进一步深入发展，产生了现代系统理论，并广泛地应用于实践中，逐步得到完善。从 16 世纪开始发展至今，人类在宏观和微观方面对自然的认识逐步深入，揭示了许多新的现象，也产生了新的技术，创造了许多新的机器与设备。

1. 16 世纪和 17 世纪的科学发展

16～17 世纪，哥白尼的《天体运行论》抛弃了地心说，确立了日心说，关于行星运动的开普勒第一定律、第二定律、第三定律以及伽利略的《关于两种世界体系的对话》、牛顿的《自然哲学的数学原理》等成果发现了天体运动及其之间的规律。维萨留斯的《人体结构》确立了近代解剖学，哈维完成了《心血运动论》，胡克发现了细胞，这些成果对宇宙天体和人体结构进行了大揭秘。近代原子论的创立将人类对物质的微观认识缩小到了原子级别。这些成果都标志着近代科学的诞生。

2. 18 世纪的科学发展

18 世纪，化学、生物学、物理和数学领域发生了革命性的变化，在新元素和新物质的发现及其性质探究、对动物和人体基于解剖的进一步认识等方面取得了爆炸性成果，林奈的

《自然系统》提出了自然界动植物的双名命名法。18世纪，电学方面也取得了突破，富兰克林发明了避雷针，伽伐尼发现了动物电（蛙腿），伏打发明了电堆及电池。18世纪近代科学得到了进一步的发展，取得的众多科技成果，为后面的科学发展奠定了基础。

3. 第一次技术革命

如上所述，16～17世纪人们在地球与太阳的关系、人体的系统结构、天体运动及其之间的关系等方面取得了重大成就，18世纪更是在化学、物理和生物学领域产生了丰硕的科学成果。英国棉纺业的兴起导致了近代工业组织的出现，继而产生了一系列的技术革命，带来了系列设备的创造。从18世纪30年代至19世纪三四十年代，英国发生了从工场手工业到机器工业的工业革命，它是由纺织机、蒸汽机等新技术的发明引起的，被称为第一次技术革命。

4. 19世纪的科学发展

19世纪，人们借助于观测工具和实验，在热学、电学与光学上有重大突破，生物领域的研究深入到细胞、染色体，同时也开始了细菌学的研究。维勒人工合成尿素，门捷列夫发现元素周期律，居里夫妇发现发射性元素镭与钋，施莱登提出细胞说，达尔文发表《物种起源》和《人类的起源》，孟德尔提出孟德尔遗传法则，瓦尔代耶发现染色体，道尔顿提出分子原子说，法拉第发现电磁感应电流，麦克斯韦提出电场理论和电磁场的基础方程式预见电磁波的存在，普朗克创造了量力力学，伦琴发现X射线，汤姆逊发现电子等，这些成果开启了现代科学研究的序幕。

5. 第二次技术革命

19世纪，电力作为一种巨大的新型能源发展起来，发电站和电机的制造使工业结构发生了革命性变化，出现了电力工业和电气设备工业。电力技术广泛地渗入传统工业，极大地提高了生产效率。同时，电的使用还导致了通信领域的革命，产生了电话和无线电，使人类告别“蒸汽时代”，进入“电气时代”。内燃机技术也作为一种新的动力机械，使人类进入一个全新的运输时代。

6. 20世纪的科学发展

20世纪，人们在生物与生命等科学领域取得了重大发展成果，如《突变学说》，关于果蝇的遗传研究，胰岛素提取，结核病预防，基因的人工诱变，青霉素、链霉素、氯霉素、金霉素的发现，克隆技术，人类基因组测序等。该时期人们对自然世界的认识更加深入与清晰，如原子模型、狭义相对论和光量子假说、广义相对论、相对论的宇宙论、量子力学和耗散结构理论等，这些生物和物理方面的成果为新技术的发展提供了理论基础，也为第三次技术革命创造了条件。

7. 第三次技术革命

1903年，莱特兄弟发明飞机并进行最初的飞行。1935年，英国著名的物理学家沃特森·瓦特发明了世界上第一台雷达。1946年，美国在比基尼岛进行原子弹爆炸试验。1954年，苏联建成世界最早的原子能发电站。1958年，美国人造卫星发射成功。1959年，苏联发射星际宇宙火箭，首次到达月球表面。1961年，苏联第一艘载人宇宙飞船东方一号发射返回成功。1969年，美国“阿波罗11号”飞船首次登月成功。1971年，英特尔公司推出第一代微处理器；苏联的世界上第一个空间站“礼炮1号”升空。1975年，个人计算机问世。这些原子能、航天航空和计算机的技术发明被称为第三次技术革命，又被称为“高技术革命”。

8. 21 世纪的科学发展

21 世纪是一个新技术大爆发的时代。2000 年，科学家克隆了最难克隆的动物之一——猪。2001 年 2 月，多国科学家完成了人类有史以来的第一个基因组草图。2003 年，美国科学家首次对人类胚胎干细胞完成了基因操作工作，同年，美国匹兹堡大学借助卫星观测数据和观测结果得出宇宙仅有 40%是普通物质，23%是暗物质，73%是暗能量。2004 年，美国“勇气号”和“机遇号”火星车分别发现了火星上曾经有水的证据。2005 年欧洲航天局地面控制中心收到了来自“惠更斯”号探测器经由“卡西尼”号飞船传出的信号，创造了人类探测器登陆其他天体最远距离的新纪录。2006 年，美国一个天文学家小组发现了宇宙暗物质存在的最直接证据。2006 年，美国佐治亚工学院教授成功在纳米尺度范围内将机械能转化成电能，研制出世界上最小的纳米发电机。2007 年，欧洲和美国的科学家在《自然》杂志上发表了首次为宇宙暗物质绘出的三维图。同年，美国和日本分别宣布成功地将人体皮肤细胞改造成了几乎可以和胚胎干细胞相媲美的干细胞。2008 年，细胞重新编程技术诞生。

进入 21 世纪刚 20 年，形成了以信息技术为主，包含生物、材料、航空航天、能源等多个领域的高新技术群。由于对环境有了更为深刻的认识，人类开始不断寻求安全、高效、清洁的新能源技术，使太阳能、风能、生物质能等可再生能源和清洁能源技术获得快速突破与发展。此外，随着信息技术、互联网和人工智能在多个领域的普及使用，传统的制造系统和服务系统也不断向更综合、更高效、更智能、更便捷和更灵活方向发展。

早期的科学成果主要体现在与生产有关的力学方面，观察和思辨是人们认识自然的主要手段和方法。在现代科学时期，系统的观察实验方法和手段与严密的数学演绎推理相结合的方法大大便利了物理、生物、化学、天文、信息领域的科学发展。现代科学与技术的发展对系统思想的方法和实践产生了重大影响，具体表现为：

(1) 现代科学技术的成就使得人类对事物和联系的认识更加细致，系统思想的研究方法趋于定量化，逐步发展为一套具有数学理论、能够定量处理系统各组成部分关系的科学方法；

(2) 现代科学技术的成就和发展为系统思想方法的实际运用提供了强有力的计算工具。

1.2 系统的科学定义

系统一词最早出现于古希腊语中，原意是指部分组成整体的意思。“系”指关系、联系，“统”指有机统一。“系统”指有机联系和统一，即以有规则的相互作用和相互依存的形式结合起来的诸要素的集合。

如本章 1.1.3 所述，19 世纪上半叶，自然科学经过数百年的发展，人类对自然过程是相互联系的认识有了很大的提高，为在自然科学上产生的系统思想奠定了科学基础，也为马克思主义哲学提供了丰富的材料。

马克思、恩格斯的辩证唯物主义认为物质世界是由无数相互联系、相互依赖、相互制约、相互作用的事物和过程形成的统一整体，这种普遍联系及整体性的思想，就是系统思想。恩格斯称“世界不是一成不变的事务的集合体，而是过程的集合体”。此处的“集合体”就是系统，“过程”就是系统中各组成部分的相互作用和整体的发展变化。

首先将系统作为一个科学概念进行研究的是美籍奥地利理论生物学家冯·贝塔朗菲，他于1937年提出了系统是“相互作用的诸要素（或要件）的综合体”，即系统是由相互作用、相互依赖的若干组成部分结合而成、具有特定功能的有机整体。系统通常具有以下三个要件：

（1）系统由两个或两个以上的要素组成。要素是构成系统的最基本单位，因而也是系统存在的基础和实际载体。

（2）要素与要素之间存在一定的有机联系。系统内部要素的联系在系统内部与外部形成一定的结构或秩序。任一系统又是它所属的一个更大系统的组成部分，如此使系统整体与要素、要素与要素、整体与环境之间存在着相互作用、相互联系的机制。

（3）系统有特定的功能。系统整体具有不同于各个组成要素的新功能，该新功能是由系统内部的有机联系和结构所决定的。

1.2.1 系统与要素的相互作用

系统与要素的对立统一是客观事物的本质属性和存在方式，它们相互依存、互为条件。在事物的运动和变化中，系统和要素总是相互伴随产生、相互作用变化。系统与要素的相互作用体现为：

（1）系统通过整体作用支配和控制要素。当系统处于平衡稳定条件时，系统通过其整体作用来控制和决定各个要素在系统中的地位、排序、作用的性质和作用的范围大小，统率着各个要素的特性和功能，协调着各个要素之间的关系。系统内部要素与要素之间的相互关系都由系统所决定。系统整体稳定，要素也稳定，当系统整体的特性和功能发生变化时，要素与要素之间的关系也随之发生变化。如某工厂将生产车间改为储存仓库，则工厂的设备、员工、材料及管理制度均要发生相应变化。

（2）要素通过相互作用决定系统的特性和功能。一般说来，要素对系统的作用有两种可能的趋势：一种是如果要素的组成部分和数量具有协调、适应的比例关系，就能维持系统的动态平衡和稳定，并使系统走向组织化、有序化；另一种是要素相互之间出现了不适应的比例关系，这就会破坏系统的平衡和稳定，使系统衰退，或丧失功能。

（3）要素和系统的概念是相对的。由于事物生成和发展的层次性和无限性，系统和要素的区别是相对的，由要素组成的系统又是较高一级系统的组成部分，它在更大系统里是一个要素，而同时它本身又是较低一级组成要素的系统。正是由于系统和要素地位与性质关系的相互转化，构成了一级嵌套一级的等级性层次构造。

1.2.2 系统分类

系统是基于不同原因与目的、以不同形态存在的整体。根据其生成的原因和反映的功能不同，系统可以进行多种多样的分类。系统的形态分别有以下几种：

（1）自然系统与人造系统。《自然二十讲》第五讲指出，所谓“自然”有两种主要意思，一是指由世界万物及其所有属性构成的完整的体系；另一个是指事物在没有人类的干预下所处的状态。自然系统采用后一种意思。自然系统是由未被探测、未被开采、未被利用的自然物质如矿物、动植物和湖泊海洋山川等形成的系统。

人造系统是为达到人类所想的某种目的、由人类设计和建造的、具有某种特定功能的系统，如水污染监测系统、发电系统、输配电系统、货物运输系统和载人航天系统等。

人造系统太阳能光伏发电系统包括以下部分：

1）太阳能电池板：将太阳的辐射能转换为电能，或送往蓄电池中存储起来，或推动负载工作。电池板的质量和成本将直接决定整个系统的质量和成本。

2）太阳能控制器：控制整个系统的工作状态，并对蓄电池起到过充电保护、过放电保护的作用。在温差较大的地方，合格的控制器还应具备温度补偿的功能。

3）蓄电池：有光照时将太阳能电池板所发出的电能储存起来，需要时再释放出来。

4）逆变器：将太阳能发电系统所发出的直流电能使用 DC－AC 逆变器转换成交流电能。

自然系统没有特意达到的自为目的，但有自在目的。故自然系统相对于人造系统被称为无目的系统，但不能因此否认它的功能，如海洋、大气、地面地形、气流等构成的降水系统对生态系统的循环具有很大作用。人类的社会活动改变了大自然的天然过程，人类有益的活动改善了天然过程，但不容否认，有些人类活动破坏了天然过程，使自然系统无法发挥正常功能。现实中多数系统是自然系统与人造系统相结合的复合系统，因为许多系统是人类运用科学知识认识改造的自然系统。

（2）实体系统与概念系统。以实体物质组成的系统称为实体系统，其组成要素是具有实体的物质，以硬件为主，如工厂生产线系统是由原材料、机器、员工、厂房及其附属设施构成的。一所大学是由楼房建筑、教师、学生及其有关设备与材料构成的实体系统。

概念系统是由概念、原理、原则和方法、制度、程序、模型等观念性的、非物质实体所组成的系统，它以软件为主体，如管理制度系统、教育规则系统、各种法律系统等。

现实中多数系统是实体系统与概念系统相结合的复合系统，因为有许多系统既需要实体作为功能的依托，又需要有相应的制度、规则来协调或指导实体系统的运行、实施。同样，概念系统的思想与设计目的也要借助于实体系统才能由抽象变为现实，并进行功能性验证。概念系统与实体系统之间的关系如图 1-2 所示。

在实际人造系统中，往往先根据需求构造概念系统，再借助技术和标准生产实体系统，实施实体系统运营，如电站系统、交通控制系统等都是如此。

（3）封闭系统与开放系统。依据系统与外部的环境关系，可将系统分成封闭系统与开放系统。

封闭系统是指与外界环境不发生任何形式的交换的系统，例如在一个封闭容器中，当各种反应物混合起来后，最终会达到化学平衡。而开放系统与外部环境之间进行能量、物质和信息的交换，如利用自然界的水能、风能和太阳能发电的水电站系统、风电站系统、太阳能光伏发电等都属于开放系统。大学也是一个开放系统，

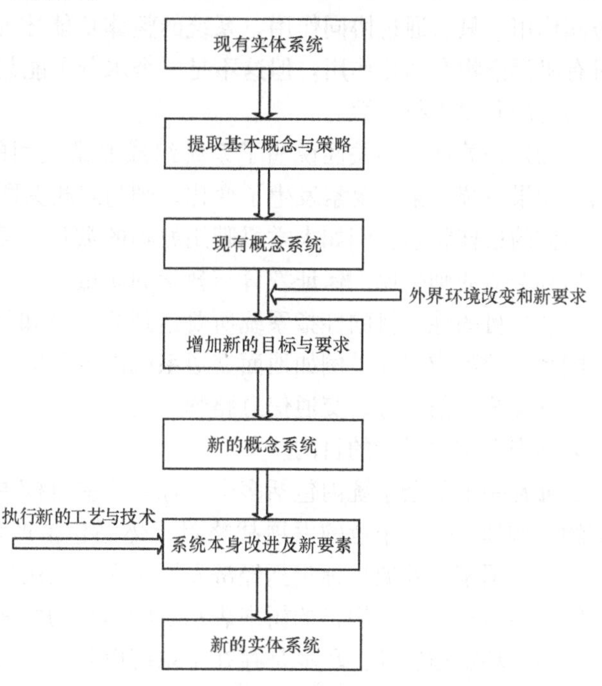

图 1-2　概念系统与实体系统之间的关系

它需要根据社会对人才的需求来调整专业设置、培养目标和培养方案。在自然界和人造系统中，大多为开放系统。

(4) 静态系统与动态系统。静态系统是指状态参数不随时间变化而变化的系统。动态系统是指其状态变量随时间改变而改变的系统，如正在工作的生产线或信息网络。

现实中的系统常常是静态系统与动态系统的结合。例如一所大学，某些要素属于静态系统，如楼房建筑与布局。还有一些要素是具有动态特性的，如教师的选聘、学生的招生与毕业，这些具有动态系统的特性。在静态系统与动态系统构成的复合系统中，需要重点考虑系统动态运行时的机制及其要素间信息、能量或物质的相互作用与传递。

1.2.3 系统的特性

明确系统的特性是认识系统、研究系统、掌握系统思路的关键。系统具备整体性、相关性、目的性和环境适应性四个特征。

(1) 整体性。系统的整体性是指系统的整体功能。系统的整体功能不是各组成要素功能的简单叠加，也不是组成要素简单地拼凑，而是呈现出各组成要素所没有的新功能。概括地表述为“系统整体不等于其部分之和”，而是“整体大于部分之和”，如式 (1-1) 所示：

$$F_S > \sum_{i=1}^{N} F_i \tag{1-1}$$

式中 F_S——系统的整体功能；

F_i——系统各要素的功能；

N——系统内部要素数量。

由于系统的整体功能不是系统各要素所单独具有的，因此相对于各要素来说，整体功能的产生不仅是一种数量上的增加，更表现为一种质变。系统整体的质不同于各要素的质，系统整体之所以能产生新质，是因为系统整体的各组成部分之间相互联系和相互作用形成一种协同作用。只有通过协同作用，系统的整体功能才能显现。例如，湖泊中的水体能溶解氧，对有机污染物有净化作用，但这不是一个水分子能起的作用，是湖泊中水体的功能，这说明了功能的非简单叠加性。

(2) 相关性。相关性说明了系统组成要素之间的相互作用、相互关联和互相制约的关系。如果系统中某一要素发生了变化，则与之相关联的要素也要相应地改变和调整以保持系统整体的最佳状态。例如大学里聘用教师的数量，需要根据招收学生的数量来补充或减少，以达到合适的师生比，保证教育与教学的质量。

(3) 目的性。目的性指系统所要达到的结果和意愿。人造系统必须具有功能与目的性，否则系统就不应存在。例如地面交通系统由主干道、非机动车道、人行道、交叉路口、过街桥、立交桥、信号灯、交通信息路牌、交通标志线等组成，以实现机动车辆、非机动车辆、行人的安全有序通行的目的。

通常一个复杂系统内包括多个目标，这些目标层次鲜明，次序明确，既相互影响又相互制约。例如，一个企业的发展战略目标体系包括产量、产品市场占有率、利润和质量等指标。一个国家的发展目标包括经济发展水平、人民生活水平和环境目标等。由于复杂的社会系统有多目标，通常用目的树来表示目的与目的之间的关系。

(4) 环境适应性。环境是存在于系统以外的物质、能量、信息的总称。开放系统与环境是相互依存的，与外界环境产生物质、能量、信息交换的同时系统所处的环境又是系统的限制条件和约束条件。处在特定环境的系统为生存会调整系统自身的结构与功能，以适应环境。例如水电站系统在不同季节、不同的来水情况下需要调整下泄水量和水库的水位，以保证发电量和达到防洪要求。航运系统也会根据天气的变化、旅客的多少调整航班的起飞与降落、营运的班次等。

1.3 系统结构

1.3.1 系统结构含义及特征

系统内部各要素之间的相互联系、相互作用的方式或秩序就是系统的结构，它是系统各要素在时间或空间上排列和组合的具体形式，是系统的普遍属性。系统结构所揭示的是系统要素内在的有机联系形式，它具有以下特点：

（1）稳定性。稳定性是系统结构的一个基本特点。系统之所以能够保持其有序性，是因为系统各要素之间有着稳定的联系。稳定指系统整体状态能持续出现，可以是静态稳定存在，也可以动态稳定存在。外界环境的干扰有可能使系统偏离某一状态而产生不稳定，但一旦干扰消除，系统就可恢复原来状态，继续出现稳定。系统结构的稳定性使系统总是趋向于保持某一状态。

系统中各要素的稳定联系可分为平衡结构和非平衡结构。凡是各组成要素之间的联系排列方式保持相对不变，这种系统结构就称为平衡结构。此类系统结构各要素有固定位置，它的结构稳定性非常明显，其系统内部的分子和原子的相互作用不会随时间而改变。凡是系统的各组成要素对环境经常保持着一定的活动性，系统处于必须与环境不断进行物质、能量、信息交换才能保持有序性的系统结构，称为非平衡结构。与平衡结构显然不同，非平衡结构不但各要素之间的相位可以改变，而且组成要素总是处于可变化的活动状态中。

（2）层次性。系统结构的层次性包括等级性和多侧面性两个方面。等级性是指任何一个复杂系统都可以从纵向上分为若干等级，即存在着不同等级的系统层次关系，其中低一级的系统结构是上一级系统结构的有机组成部分。例如在社会系统中，在行政体制上，可以分为国家、省或自治区、市、县、区、乡的多个层次；在企业组织上，可以分为公司、工厂、车间、工段、班组、岗位等层次。多侧面性是指任何同一级的复杂系统，也可以从横向上分为若干互相联系而又各自独立的平行部分。例如公司经营活动的组织形式又可分为工业公司、商业公司、建筑业公司等。研究和理解系统结构的层次性，有助于人们根据各类系统结构层次的特殊规律进行科学预测与决策，以便进行合理调整和系统管理。

（3）开放性。系统结构很少是绝对封闭和绝对静态的，任何系统总存在于环境之中，或多或少与外界进行能量、物质、信息的交换。在这种交换过程中系统结构总是由量变到质变，这就是系统结构的开放性。系统结构在本质上是开放的，总处于不断变化过程中，这是系统与变化着的外部环境相互作用的趋势。

（4）相对性。在系统结构层次中，高一级系统内部结构的要素又包含着低一级系统的结构，大系统内部结构中的要素又是一个简单的结构系统。结构与要素是相对于系统的等级和层次而言的。所以，系统结构的层次性决定了系统结构与要素的相对性。树立这个观点可以使人们在认识事物时减少简单化和绝对化，既注意到把一个子系统看作大系统结构中的一个要素来对待，以求得统一和协调，又注意到一个子系统不仅是大系统中的一个要素，它本身又包含着复杂的结构，应区别对待。一般说来，高一级的结构层次对低一级的结构层次有着较大的制约性，而低一级结构又是高一级结构的基础，它也反作用于高一级的结构层次。

1.3.2 系统要素间的联结关系

从系统内部考察其组成要素的联结关系称为系统结构描述。系统要素间的联结情形如图 1-3～图 1-5 所示。

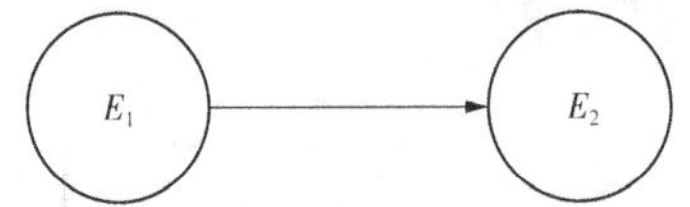

图 1-3 系统要素间的因果关系 1

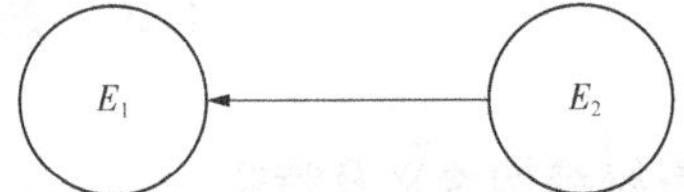

图 1-4 系统要素间的因果关系图 2

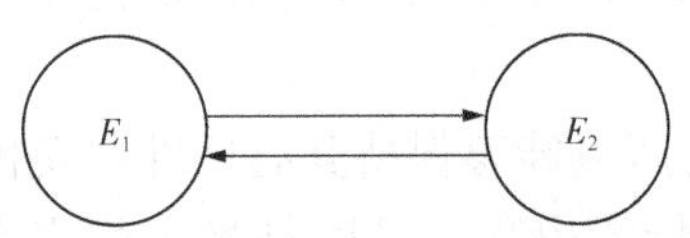

图 1-5 系统要素间的因果关系 3

为了量化系统内各要素间的联结状态，可用联结系数 c_{ij} 表示要素 E_i 和要素 E_j 的联结状态。

要素 E_i 和要素 E_j 联结时，令 $c_{ij}=1$；要素 E_i 和要素 E_j 未联结时，令 $c_{ij}=0$。要素自身的联结系数规定为 $c_{ii}=c_{jj}=0$。

1.3.3 结构矩阵

将系统的要素 E_i 和要素 E_j 之间的联结系数 c_{ij} 写成某矩阵第 i 行和第 j 列的元素，则该矩阵构成系统要素间的联结矩阵或邻接矩阵，用 **A** 表示。图 1-3～图 1-5 中的系统各要素的联结情况分别用邻接矩阵表示如下：

$$\boldsymbol{A}_1=\begin{matrix} & E_1 & E_2 \\ E_1 & 0 & 1 \\ E_2 & 0 & 0\end{matrix} \quad \boldsymbol{A}_2=\begin{matrix} & E_1 & E_2 \\ E_1 & 0 & 0 \\ E_2 & 1 & 0\end{matrix} \quad \boldsymbol{A}_3=\begin{matrix} & E_1 & E_2 \\ E_1 & 0 & 1 \\ E_2 & 1 & 0\end{matrix}$$

通过邻接矩阵元素取值为 0 或 1，可以直观识别要素间是否有直接关系。

1.4 系统功能及其特点

1.4.1 系统功能的含义

系统功能是与系统结构的概念相对应、反映系统与外部环境相互作用能力的概念，它体现了一个系统与外部环境之间的物质、能量和信息的输入与输出的转换关系。系统结构与功能是不可分割的一对范畴，理解系统结构是理解系统功能的基础。如果说系统结构说明了系统的内部状态和内部作用，则系统功能说明了系统的外部状态和外部作用。冯·贝塔朗菲曾解释：结构是"部分的秩序"，"内部描述本质上是'结构'描述"；功能是"过程的秩序"，"外部描述是'功能'描述"。功能是系统内部固有能力的外部表现，它归根到底是由系统的内部结构所决定的。系统功能的发挥，既有受环境变化制约的一面，又有受系统内部结构制约和决定的一面，这就体现了功能对于结构的相对独立性和绝对依赖性的双重关系。系统功能具有易变性、相对性的特点。

(1) 易变性。系统功能与系统结构相比是较为活跃的因素。系统发挥功能总要遵循一定的规律、表现为一定的秩序。不同的环境条件将相应地引起系统功能的变化。一个系统的结构在一定阈值内总是稳定的，但功能则不同。环境的物质、信息、能量交换只要有所变动，此时系统与环境的相互作用过程、状态和效果都会随环境条件变化而变化。所以系统发挥功能的过程就是随着环境条件的变换而相应地调整系统的结构，以使系统不断地获得新功能的过程。

（2）相对性。系统功能与系统结构一样也存在着相对性。在一个大系统内部，其要素之间的相互作用本来属于系统结构关系，但如果把每个要素或子系统作为一个系统整体来考察，则子系统之间的相互作用又转化为独立子系统之间的功能关系。不能认为功能关系就是绝对的功能关系，结构关系就是绝对的结构关系，它们之间总在一定条件下可互相转化。

1.4.2　系统结构与功能的关系

如前所述，结构是功能的内在根据，功能是要素关系与结构的外在表现。系统的结构决定系统的功能，结构的变化制约着系统整体的发展变化，必然引起功能的改变。例如，石墨和金刚石都是由碳原子组成的，但由于原子的空间排列不同，两者功能则完全不同。结构对功能之所以起决定作用，主要原因是：

（1）结构使系统形成了不同于它的各要素的新质。系统是由它的各要素组成的，但它的质不能归结为孤立状态下各要素的质的总和。系统的各要素在相互联系、相互作用中交换着物质、能量和信息。一方面使系统整体出现了其要素所没有的新质；另一方面又丧失了其要素的某些旧质。在新质的基础上，系统整体获得了新的功能。

（2）各要素在一定约束条件下协同作用决定系统的功能。约束和协同是由系统结构所赋予、系统功能所要求的要素关系。要素间的约束可以使系统结构呈现稳定性，正常发挥系统功能；要素间的协同可以最大限度地发挥系统功能。

（3）功能对结构不但具有相对独立性，而且对结构有巨大的反作用。结构和功能的关系不是一一对应的，功能具有相对的独立性。例如，电子计算机和人脑两者的结构是极不相同的，它们具有对信息进行加工的相同逻辑功能，因而后者可以在一定程度上用前者来代替，可见功能并非机械地依赖于结构，而是有它的独立性。但计算机与人脑只是在某些方面和某种程度上才具有相同的功能，差异化的结构必然产生功能的差异。例如人脑有思想感情，计算机则没有；计算机在处理信息时有高速、准确的性能，而人脑在处理信息时大多表现出低速、不够精确的特性。

在与环境的相互作用中，功能会出现与结构不相适应的异常状态，当这种状态持续一定时间时，就会刺激并迫使结构发生变化，以适应环境的需要。例如，由于经济环境的变化，企业内部结构由纯生产型结构转变为经营型、开拓型，迫使企业内部结构发生调整。功能对结构的反作用分为两种情况：一种是促使系统结构进化；另一种是环境的变化引起系统原有的功能减退、停滞，最终出现结构的改变。

总之，结构决定功能，功能对结构有反作用，它们互相作用而又互相转化。系统的结构和功能的关系有以下四种情况：

（1）同构异功。即同一结构的系统可以具有多种功能。例如，MP3可以用来听音乐，也可以用来录音，还可以作为U盘存储文件。智能手机可接打电话、发信息、发图片，也可以用来进行社交等。

（2）同功异构。即一种功能可由多种结构来实现。以计时为例，从古代的日晷到机械手表、石英电子手表，虽然结构不同，但同样都有计时的功能。毛笔、钢笔、签字笔、铅笔，虽然结构不同，但都能书写。虽然水力发电、光伏发电、风力发电、潮汐发电、核电、火力发电等发电的原理不同，发电系统的结构也不同，但都能产生电能。还有光学相机、数码相机，虽然其结构与工作原理有很大差异，但都能实现对画面的记录。

(3) 同构同功。即相同的结构表现为相同的功能。例如天然尿素具有促进农作物生长和发育的功能，人工合成尿素与天然尿素具有相同的结构，也能发挥与天然尿素同样的功能。

(4) 异构异功。即结构不同，表现的功能也不同。在材料科学中，对一种金属材料运用不同的热处理方法就可以改变其组织结构，从而改变金属材料的性能。

为了实现最优化目标，可以设计多种系统结构实现某一功能，并从中选择出系统的最优结构。如战国时期，齐王和他的大将田忌赛马，就一对一而言，田忌的马是不如齐王的马的，如果马的对阵是以上等对上等、中等对中等、下等对下等，则田忌必败，齐王必胜，而田忌采取了军事家孙膑的策略，“今以君之下驷为彼上驷”，从而得以相对结构优化，田忌取得了赛马的胜利。他之所以能取得胜利，实际上就是通过要素布局、结构优化获得了较优的功能。

1.4.3 系统功能的分析方法

系统功能既反映了系统内部构造，又反映了系统与外部环境的关系。从研究系统结构、功能与环境的相互关系中把握系统的能力和行为的方法，称为功能方法。它包括功能分析法、功能模拟法和黑箱模型法。

(1) 功能分析法。不同的要素构成了不同的系统，形成了系统在功能上的差别，因此在对系统进行功能分析时必须研究要素对系统功能的影响。要素的数量和质量不同导致了系统功能的差别。通过对要素的数量和质量的分析来研究系统功能的方法，称为要素—功能分析法。此外，环境的不同也会引起系统功能的变化，或影响系统功能的发挥。根据系统与环境相互关系的原理分析环境变化对系统功能的影响，称为环境—功能分析方法。一方面，功能适应环境；另一方面，环境选择功能。经过对环境与功能间相互关系的分析，可以通过改善环境充分发挥系统功能的作用，同时也可以为了适应环境而不断变换系统功能以选择最优功能。

(2) 功能模拟法。在不了解系统内部结构的情况下，以功能相似为基础，用模型模拟再现原型的方法称为功能模拟法。这种模拟不要求模型在要素或结构上与原型相同，仅仅要求模型与原型在外部功能行为方面相类似即可。如电子计算机模拟人脑的部分思维，便是功能模拟法最成功的运用。

(3) 黑箱模型法。黑箱模型法指的是对系统内部要素和结构全然不知的情况下，通过考察系统的输入、输出及其动态过程，研究对象系统的行为和功能及其内部结构和机理的方法。黑箱模型法根据研究对象不同，可分为部分可察黑箱模型法和特大黑箱模型法。如果已知系统的部分性质，但是对其他部分性质仍然未知，则这样的系统称为部分可察黑箱或称灰箱。对灰箱的认识，主要是了解未知部分，运用已知的知识去预测灰箱中未知的部分，使未知部分转化为已知，使这个系统由黑箱或灰箱成为可预测的，这种方法称作部分可察黑箱模型法或称灰箱模型法。如果把一组黑箱联合起来构成一个更加复杂的系统，这个系统就是特大黑箱系统。分析每一黑箱得出它的标准表达式，再把它们综合起来形成新的系统，寻求新系统的特性，这种方法称作特大黑箱模型法。对于一个复杂系统，由于变量太多，不能实际地一一加以研究，就可以运用特大黑箱模型法。

1.5 代表性的系统理论

系统思想的出现揭示出了客观事物的本质联系和内部规律，改变了人们看待世界的方法和思维方式。伴随着科学与技术的发展，继而引发了一系列系统理论的产生。

1.5.1 一般系统论

还原论认为如果了解了整体的各个部分，以及把这些部分“整合”起来的机制，就了解了这个整体。17 世纪以来，还原论一直占据主导地位。进入 20 世纪，奥地利生物学家冯·贝塔朗菲指出把孤立的各组成部分的活动性质和活动方式简单地相加，不能说明高一级水平的活动性质和活动方式，不能正确地解释生命现象。他认为还原论的错误观点有以下三点：

（1）简单相加观点：把有机体分解为各要素，并以简单相加来描述有机体的功能。

（2）“机器”观点：把生命现象简单地比作机器，认为“人即机器”。

（3）被动反应观点：认为有机体只有受到刺激时才能出现反应，否则便静止不动。

1937 年，冯·贝塔朗菲提出了一般系统论的概念，并于 1968 年发表了《一般系统论——基础、发展和应用》，这标志着一般系统论的产生。一般系统论主要有以下三个基本观点：

（1）系统观点：一切有机体都是一个由部分相互结合而成的整体，其特性不是各部分特性简单地相加的总和。

（2）动态观点：一切有机体本身都处于积极主动的运动状态。

（3）等级观点：各种有机体都按严格的等级组织起来，层次分明，等级森严，通过各层次系统逐级组合而形成越来越高级、越来越庞大的系统。

例如人体免疫系统由许多不同的细胞组成，分布于血液、骨髓和淋巴等，免疫系统的行为是通过大量简单的参与者的共同协作行动产生人体免疫功能。

一般系统论的研究领域几乎包括一切与系统有关的学科和理论，如管理理论、运筹学、信息论、控制论、科学学、哲学、行为科学等，它给各门学科带来了新的研究内容和新的研究方法，沟通了自然科学与社会科学、技术科学与人文科学之间的联系，促进了现代化科学技术发展的整体化趋势，使许多学科面目焕然一新。一般系统论也为其他系统理论和系统工程的产生和发展奠定了理论基础。

1.5.2 控制论

1948 年，美国数学家维纳创立了控制论这门学科。维纳把控制论定义为“关于在动物和机器中控制和通信的科学”，我国学者钱学森将其定义为“控制论的对象是系统”。还有其他一些关于控制论的各种描述，如控制论是“为了实现系统自身的稳定和功能，系统需要取得、使用、保持和传递能量、材料和信息，也需要对系统的各个构成部分进行组织”，“控制论研究系统各个部分如何进行组织，以便实现系统的稳定和有目的的行为”等。由此可见，控制论是研究系统的调节与控制的一般规律的科学，它是自动控制、无线电通信、神经生理学、生物学、心理学、电子学、数学、医学和数理逻辑等多种学科互相渗透的产物。控制论的发展大致经历了三个阶段：

第一阶段为 20 世纪 50 年代末期以前，称为经典控制论阶段，主要研究单输入和单输出的线性控制系统的一般规律。该时期建立了系统、信息、调节、控制、反馈、稳定性等控制论的基本概念和分析方法，为现代控制理论的发展奠定了基础。

第二阶段为20世纪50年代末期至20世纪70年代初期，称为现代控制论阶段，主要研究多输入和多输出系统的非线性控制系统的规律，重点研究最优控制、自适应控制、自学习和自组织理论。

(1) 最优控制理论。在现代社会发展、科学技术日益进步的情况下，各种控制系统的复杂化与大型化越来越明显，而且各类控制系统的应用要求也越来越高，促使控制论进入多输入和多输出的系统控制阶段。最优控制理论通过数学物理方法，科学、有效地解决大系统的设计、运行和控制问题，强调采用动态的控制方式和方法，以满足多输入和多输出系统的控制要求，实现系统最优化。最优控制理论是现代控制论的核心。

(2) 自适应控制理论。自适应控制系统是一种前馈控制系统，即在环境条件还没有影响到控制对象之前，就进行预测而去控制的一种方式。自适应控制系统能按照外界条件的变化，自动调整其自身的结构或行为参数，以保持系统原有的功能，如自动寻找最优点的极值控制系统、条件反馈性的简单波动自适应系统等。

(3) 自学习和自组织理论。自学习系统是系统具有能够按照自己运行过程中的经验来改进的能力，它是自适应控制系统的一个延伸和发展。自组织系统是能根据环境变化和运行经验来改变自身结构和行为参数的系统。20世纪60年代自组织系统理论已经成为控制论研究的重要领域。

第三阶段为20世纪70年代初期至今，称为大系统理论阶段，是现代控制论的一个较新的领域。它以规模庞大、结构复杂、目标多样、功能综合、因素繁多的各种工程或非工程的大系统作为研究对象，涉及工程技术、社会经济、生物生态、计算机技术等许多学科领域，重点研究大系统的多级递阶控制、分解—协调原理、分散最优控制和大系统模型降阶理论等。

目前，控制论已经形成了以理论控制论为中心的工程控制论、生物控制论、社会控制论和智能控制论等分支，它横跨工程技术系统、生物系统、社会系统和思维领域等，并不断地向其他学科渗透，促进了自然科学和社会科学的交叉融合。

1.5.3 信息论

信息论是研究信息传输和信息处理系统的一般规律的科学。1948年，美国科学家香农对信息的概念给出了数学定量化的描述，他把信息定义为“不确定度的减小”，即某种不确定度趋向确定时的一种量度。香农引用了统计物理学中描述系统混乱状态程度的熵来说明信息量，如式(1-2)所示：

$$S=-k\sum_{j=1}^{n}p_j\ln p_j \tag{1-2}$$

式中 S——熵；

p_j——第 j 个信息的不确定性；

k——参数；

n——信息数量。

如式(1-2)所示，信息量是一种负熵，它描述的是系统走向组织化、有序化的程度或者是对某种混乱状态的偏离程度。信息论可分为狭义信息论和广义信息论。狭义信息论主要研究通信和控制系统中信息传递的共同规律，以及如何提高信息传输系统的有效性和可靠性。广义信息论是利用狭义信息论的观点来研究一切与信息有关的理论，如研究机器、生物和人类对于各种信息的获取、交换、传输、存储、处理、利用和控制的一般规律，包括设计和制造各种智能信息处理和控制机器，如部分模拟和代替人的功能，以提高人类认识客观世界的能力。目前，信息论已经超过通信领域而广泛渗透到其他学科范围，特别是大系统和复杂系统领域的信息研究。

1.5.4　耗散结构理论

20 世纪 70 年代，比利时物理学家普利戈金提出了耗散结构理论。他认为一个远离平衡的开放系统在外界条件变化达到某一特定阈值时，量变可能引起质变。系统通过不断地与外界交换能量与物质，就可能从原来的无序状态转变为一种时间、空间或功能的有序状态。这种远离平衡态的、稳定的、有序的结构称为“耗散结构”。耗散结构理论研究了开放系统如何从无序走向有序的问题。一座城市可看作是一个耗散结构，每天由城市外输入食品、燃料、日用品、资源等，同时向城外输出产品和垃圾，它才能保持稳定有序状态，否则就处于混乱状态。

1.5.5　协同学理论

联邦德国物理学家哈肯应用研究复杂系统整体行为的统计力学来研究开放系统的行为，于 1976 年发表了《协同学导论》。哈肯从大量自组织现象的研究中提出了协同作用的概念，即在很多情况下开放系统的自组织现象由于它的众多要素以很有规律的方式相结合着，他称这些结合方式为协同方式。由于开放系统的有序结构处于动态平衡中，这种结构的稳定性使得每一个点总是处于“新陈代谢”的过程中，因此，这种协同作用就不断重复地进行着，否则不能保持自组织结构的稳定性。协同学理论不仅对自然科学的研究做出了贡献，也对现代经济管理、城市规划、系统工程等方面的研究发挥了重要作用，成为系统科学的重要理论基础。

1.5.6　突变论

1972 年，法国数学家勒内·托姆发表了《结构稳定性与形态发生学》，提出了突变论。他认为在自然界和人类社会活动中，除了渐变和连续光滑的变化现象外，还存在着大量的突变和跃迁现象，如地震、海啸、战争、经济危机等。突变论以结构稳定性理论为基础，通过对系统稳定性的研究，说明系统稳定与非稳定、渐变与突变的特征及之间的关系。突变论从量的角度研究系统的不连续变化，并试图用数学模型描述它，预测复杂系统的突发行为。突变论的创立开辟了系统研究的新领域。

1.5.7　超循环理论

1977 年，联邦德国生物物理学家艾根提出了非平衡态自组织现象的超循环理论。他提出基层循环可组成更高层的循环，即循环的循环，而更高层的循环还可以出现自我更新、繁殖和遗传变异。超循环理论揭示了物质系统从低一级结构形式向高一级结构形式变化发展的过程及其特点，为生命现象怎样在一定环境中演化提供了科学的理论基础。超循环理论为人类改造自然系统、设计技术系统及管理社会系统提供了新的思路和新的方法，使系统理论更加科学化和现代化。

1.5.8　复杂巨系统

钱学森在 20 世纪 80 年代提出了开放的复杂巨系统概念。系统是由相互作用和相互依赖的若干部分结合而成、具有特定功能的有机整体。如果组成系统的子系统种类很多并有层次结构，它们之间关联关系又很复杂，则称该系统为复杂巨系统。如果这个系统又是开放的，则称为开放的复杂巨系统。复杂巨系统具有以下特征：

(1) 由巨量的要素构成，具有多种层次结构；

(2) 系统是开放的，与外界环境有联系；

(3) 在特定的条件下，要素间产生相互作用；

(4) 要素间的作用、要素与系统间的关系具有非线性；

(5) 系统的功能具有动态变化性。

人体系统、社会系统与生态系统在系统结构、功能、行为和演化方面呈现多层次、动态变化、非线性和开放的特点，都可视为开放的复杂巨系统。

1.6 本章知识结构安排与讲学建议

本章知识结构安排如图 1-6 所示。

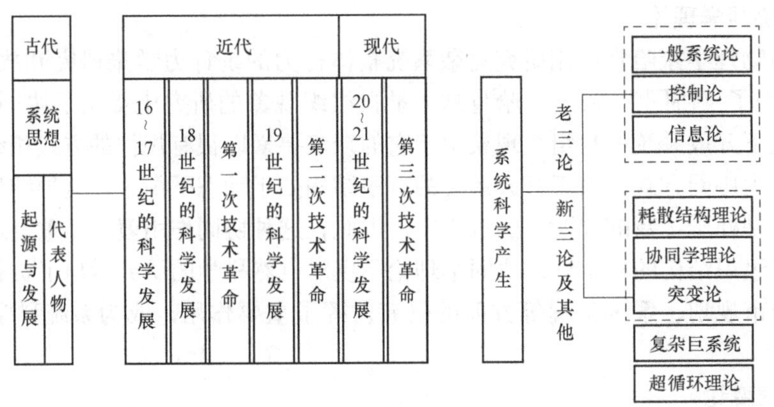

图 1-6 本章知识结构安排

讲学建议：建议本章安排 4 学时。结合 1.1.1 和 1.1.2 史例，从古代系统实践和系统思想开始说明古人对自然界的认识与系统描述。学者对系统的科学定义来源于借助工具和仪器对人类客观世界的详细、准确的认识，所以系统思想的起源和发展与科技发展密切相关。1.1.3 科技发展史部分重点介绍了人类对自然界的认知范围、认知程度与认知工具及其应用的演变过程等方面。建议可以找几个科技发明的故事，说说它们是如何影响人类探知自然系统的。1.2～1.4 是关于系统知识的介绍，建议安排学生分组，结合实例学习讨论。1.5 介绍了几种代表性系统理论，可安排学生课前或课后阅读有关系统理论的文献或专著，形成对“老三论”“新三论”和其他理论的认识，并了解这些理论的实际应用。

1.7 本章思考题

(1) 分析不同时期科学发展和三次技术革命对系统理论的发展产生了什么作用？

(2) 举例说明系统有哪些特性？

(3) 谈谈如何理解“系统既是一种客观存在，又是一种主观认识”？

（4）什么是系统的要素？系统的要素与系统之间是什么关系？

（5）举例说明开放的人造系统与自然系统的关系。

（6）举例说明系统功能的易变性和相对性。

（7）控制论的主要思想是什么？解决了什么问题？它对系统科学发展有什么作用？

（8）信息论的主要思想是什么？解决了什么问题？它对系统科学发展有什么作用？

（9）协同学理论的主要思想是什么？它对系统科学发展有什么作用？

（10）复杂巨系统有哪些特征？有哪些系统属于复杂巨系统？

1.8 填一填连一连

（1）系统是由__________相互__________、相互__________、相互__________、相互__________形成的一个整体，具有__________、__________、__________和__________特征。

（2）系统结构是__________，具有__________、__________、__________和__________特征。

（3）系统功能是__________，具有__________和__________特征。

（4）系统结构与功能的关系有__________、__________、__________和__________四种。

（5）系统理论与创始人连连看：

一般系统论	钱学森
耗散结构理论	香农
控制论	普利戈金
信息论	冯·贝塔朗菲
协同学理论	维纳
突变论	哈肯
超循环理论	勒内·托姆
复杂巨系统	艾根

第2章 系统工程概述

系统是由相互作用和相互依赖的若干组成部分结合成具有特定功能的有机整体，而且这个系统本身又是它所从属的一个更大系统的组成部分。系统工程则是组织管理这种系统的规划、研究、设计、制造、试验和使用的科学方法，是一种对所有系统都具有普遍意义的科学方法。

——钱学森

系统工程的功能是指导复杂系统的工程。所谓指导是指在执行给定进程的先前经验基础上，引导、处理或导向，指明道路，即从多种可能进程中，选择应遵循途径的过程；所谓工程是指为实现目标应用科学原理设计、构造和运行高效和经济的结构、设备和系统；所谓系统是指趋向某个共同目标而一起的、一组互相关联的组件；所谓复杂是指系统中组件是多种多样的、互相间有着错综复杂关系的。

——柯萨科夫和斯威特《系统工程原理与实践》

本章主要内容

(1) 系统工程的含义与特点；
(2) 系统工程方法论的基本原则；
(3) 霍尔三维结构方法论的主要思想；
(4) 霍尔三维结构知识维的构成与发展；
(5) 软系统方法论的主要思想及其特点；
(6) 并行工程的特点及其要求；
(7) 综合集成研讨厅的工作原理与特点；
(8) 系统工程与系统之间的关系。

2.1 系统工程的产生及含义

系统工程的实践很早就有了，系统工程理论的萌芽可以追溯到20世纪初美国的泰罗管理制度。泰罗从合理安排工序、提高工作效率入手，研究了管理活动的行动与时间的关系，探索了管理科学的基本规律。到20世纪20年代，逐步形成了工业工程，它主要研究生产在空间和时间上的管理技术。20世纪40年代以后，运筹学开始进入管理领域，运筹学所要解决的问题是在给定的条件下，对管理工作进行合理筹划，以达到预期的最优效果，第二次世界大战期间运筹学得到重视与应用。进入20世纪50年代，电子计算机的投入使用大大方便了运筹问题的求解问题，使运筹学得到了广泛的运用，产生了系统工程的概念。美国贝尔电话公司在发展美国微波通信网络时，为缩短科学发明及投入应用的时间，在全国电信网中采用了新技术，首次提出了系统工程的名称。

随着社会发展，社会、政治、经济管理等各个领域的组织日趋复杂，出现了综合性很高的相互制约和相互联系的系统。这些系统突破了区域性、行业性、学科性的界限，成为一类具有独特性质的决策问题。这类决策问题要求每个部门必须从整体最优的立场出发，综合而系统地掌握它与外界的关系。不仅要调整各个部门之间的关系，而且各个部门也要从整体来考虑自己的行动。因此，过去使用的比较狭隘的孤立的方法已经不能解决问题了，要求有一种能适应这种新情况的新方法，这就是系统工程产生的客观基础。

对系统工程的解释有各种不同的提法，下面列举一些国内外具有代表性的陈述：

(1) 1967年日本工业标准JIS："系统工程是为了更好地达到系统目标，对系统的构成要素、组织结构、信息流动和控制机构等进行分析与设计的技术"。

(2) 1969年美国质量管理学会系统委员会："系统工程是应用科学知识设计和制造系统的一门特殊工程学"。

(3) 1977年日本三浦武雄："系统工程与其他工程不同之点在于它是跨越许多学科的科学，是填补这些学科边界空白的一种边缘科学。因为系统工程的目的是研制系统，而系统不仅涉及工程学的领域，还涉及社会、经济和政治等领域。为了适当解决这些领域的问题，除了需要某些纵向技术外，还要有一种技术从横的方向把它们组织起来，这种横向技术就是系统工程。即研究系统所需的思想、技术、手法和理论等体系化的总称"。

总之，系统工程是用科学的方法组织人力、物力和财力，通过最优途径的选择，使工作在一定期限内获得最合理、最经济和最有效的成果。所谓科学的方法就是从整体观念出发，统筹规划，合理安排整体中的每一个局部，以求得整体的最优规划、最优管理和最优控制，使每个局部都服从整体目标，做到人尽其才、物尽其用，以便发挥整体的优势，避免资源的损失和浪费。

系统工程强调整体的运行。虽然每个系统都由许多不同的功能部分组成，但是这些功能部分之间存在着相互关系。每个系统都有一定数量的目标，系统工程则是对各个目标进行权衡，全面求得最优解的方法，并使各个组成部分能够最大限度地相互协调。它既从系统内部来研究系统，也从系统的外部，即系统与其他系统和环境的相互作用来研究系统。系统工程不仅关注系统本身的工程设计，也关注那些制约设计的外部因素，如用户的需求、系统的运行环境、接口系统、后勤支持系统、运行人员的能力，以及正确反映在系统要求的文件中和有助于系统设计的其他要素，即注重整体性与协作性并举。

需要说明的是，系统工程不是一个像水利工程、电子工程、机械工程、可靠性工程和其他工程专业那样的传统工程科学，它不应用一种相似的方式进行组织和实施系统工程，也不需要更多的资源，但是必须遵循某个计划周全和高度严谨的方案。系统工程以一种协同的方式，使用适当的技术和管理原则，要求综合性和对过程的关注，并同时伴随一个新的"思维过程"。可以说，系统工程是一种特殊工程学，是"不是技术"的技术。

2.2 系统工程的古代实践

2.2.1 中国古代有关系统工程的典型例子

1. 四川灌县的都江堰水利工程

都江堰水利工程是全世界迄今为止年代最久、唯一留存、仍在一直使用的水利工程。2013年9月，在第三十五届国际水利学大会上，都江堰水利工程获得首届IAHR（国际水利与环境工程学会）水利工程遗产奖。

都江堰水利工程包括宝瓶引水口与离堆、鱼嘴分水堤、飞沙堰泄洪道三大主体工程和百丈堤、二王庙顺水堤、人字堤、外江节制闸和挡水闸等辅助工程。都江堰水利工程的各部分既有自己的特定功能，又起着系统与环境之间、子系统与子系统之间的耦合作用，实现了总体上的协调与最优化。

都江堰

想了解都江堰水利工程是如何灌溉、分沙、防洪的吗？扫一扫二维码了解更多细节。

都江堰水利工程具有以下特点：

(1) 就地取材。都江堰水利工程修建与整治所需的材料主要为竹、木和卵石，其中竹、木是都江堰水利工程沿岸山丘所长，需量最大的卵石也是通过掏挖河道里的卵石而得，利用卵石进行砌梗、筑坝，既以较低费用实现了工程，又起到了疏淘河道的作用。

(2) 施工简单。都江堰水利工程使用了传统施工技术，如马搓、竹笼、干砌卵石、河方工程、木桩工程和羊圈工程等。除少数需要一些技能外，绝大多数工作都是普通劳力可以实施的，保证工程不会因为劳力不足而延误。

(3) 各要素的协调运营与多级控制。都江堰水利工程充分利用了自然地形、地质和水流特性，在河流弯道处修筑宝瓶口、鱼嘴和飞沙堰等设施，解决了大型水利工程中选址、排沙、水量调节、维护管理和可靠性等技术难题，巧妙地将引水工程、分洪工程和排沙工程三个部分结合成一个整体，使该工程兼有灌溉、防洪和行舟多种功能，形成了一个协调运转的系统，体现了整体观点和自组织控制原理的系统思想。都江堰水利枢纽系统功能如图2-1所示。

在一级控制中，起控制作用的是百丈堤和鱼嘴分水堤。小流量时主流走弯绕过河心滩，正对内江。洪水时主流走直漫过河心滩直指外江。由于弯道环流作用使泥沙向凸岸集中，因内江位于凹岸，所以能引进含沙量少的表层水，而外江位于凸岸，排走含沙量大的底层水，实现了河流四六分水，即枯水期内江六成，外江四成，进行灌溉；丰水期内江四成，外江六成，避免洪灾。

顺水堤和飞沙堰构成二级控制。当内江水位与飞沙堰的顶部齐平时，宝瓶口进水量可以达到所需水量。当宝瓶口水位超过临界水位时，飞沙堰开始泄水。

宝瓶口、离堆、人字堤及其辅助工程起着三级控制的作用。宝瓶口形如瓶颈，是引水咽喉。其宽度既能引入足够用水，又能防止过多洪水进入灌区。当水流沿内江流向宝瓶口时，迎面碰到离堆，发生壅水，多余的水一部分从飞沙堰排走，一部分从人字堤排走。泥沙一部分被洪水带走，一部分落淤，进入宝瓶口的只是一部分颗粒较小的泥沙。

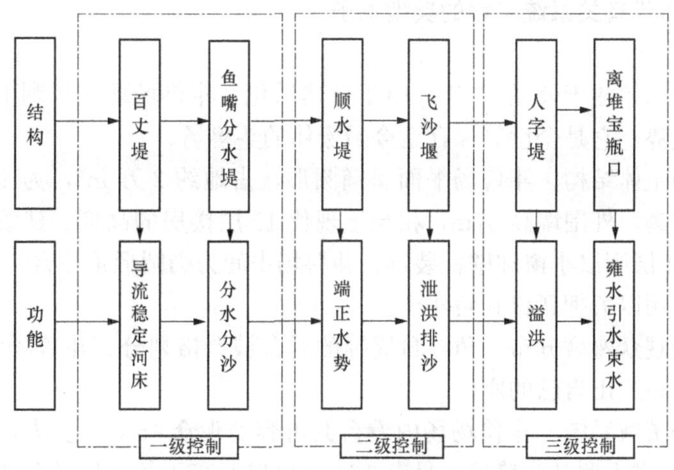

图 2-1 都江堰水利枢纽系统功能图

2. 永乐大钟

明朝永乐年间（1403—1424 年），明成祖朱棣下令铸造永乐大钟。永乐大钟采用无模铸造方式，先后经过了试制、实造、移动、悬挂等多个过程，体现了追求整体最佳效果的理念，其以庞大的体积与质量、精湛的铸造工艺、一流的声学特性、科学的力学结构和高超的铸造工艺而闻名，享有“古代钟王”之誉。

想了解永乐大钟的铸造过程吗？它又是如何被搬运、悬挂到大钟寺的？扫一扫二维码了解更多细节。

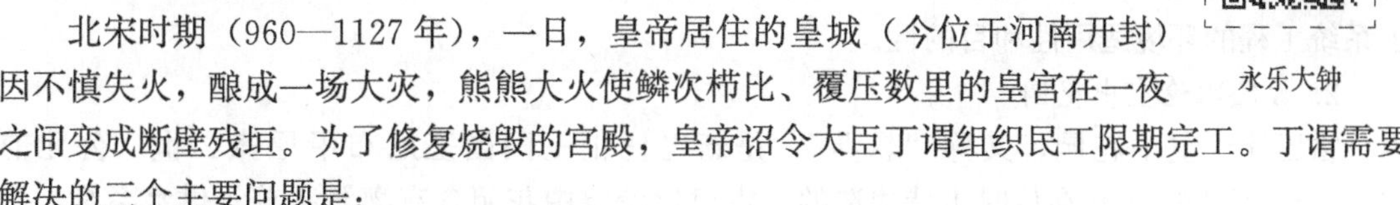

永乐大钟

3. 丁谓修复皇宫

北宋时期（960—1127 年），一日，皇帝居住的皇城（今位于河南开封）因不慎失火，酿成一场大灾，熊熊大火使鳞次栉比、覆压数里的皇宫在一夜之间变成断壁残垣。为了修复烧毁的宫殿，皇帝诏令大臣丁谓组织民工限期完工。丁谓需要解决的三个主要问题是：

(1) 修复所需土量大，而京城内烧砖无土；

(2) 大量的建筑材料很难运进城内的建筑工地；

(3) 工程完工后有大片废墟垃圾和大量的建筑垃圾无处堆放。

如何在规定时间内按圣旨的要求完成皇宫修复任务，做到又快又好呢？丁谓做出了以下统筹安排：

首先，丁谓把烧毁了的皇宫前面的一条大街挖成了一条又深又宽的沟渠；就地取材，用挖出的泥土烧砖，解决了无土烧砖的难题；然后，他把皇城开封附近的汴河水引入挖好的沟渠内，使又深又宽的沟渠变成了一条临时运河，这样运送沙子、石料、木头等建筑材料的船就能直接驶到建筑工地，解决了大型建筑材料无法运输的问题；最后，当建筑材料齐备后，再将沟里的水放掉，并把修建皇宫的废杂物——建筑垃圾统统填入沟内，这样又恢复了皇宫前面宽阔的大道。丁谓的做法真可谓“一举三得”，是中国古代系统工程的典范。

2.2.2 国外古代有关系统工程的典型例子

1. 古罗马斗兽场

古罗马斗兽场约始建于公元72年，由于自然风化，斗兽场现在只剩下大半个骨架，但依然难掩其宏伟气势，它是全世界保存至今最宏伟的斗兽场。

(1) 斗兽场的主体结构。斗兽场平面呈椭圆形，占地约2万m^2，为4层结构。斗兽场外部全由大理石包裹，外围墙高57m，相当于现代19层楼房的高度。建筑物下面3层分别有80个圆拱，第4层则以小窗和壁柱装饰。斗兽场中间为椭圆形角斗台，长86m，宽54m。角斗台下是地窖，用以关押猛兽和角斗士。

(2) 斗兽场的观众座席分布。角斗台周围的看台被严格划分。斗兽场的观众能从80个已编号的入口有序地进出自己的座位。

(3) 斗兽场的疏散系统。斗兽场场内看台共可容纳观众45 000多人，观众们从第一层的80个拱门入口处进入罗马斗兽场，另有160个出口遍布于每一层的各级座位，被称为吐口，观众通过它们涌出，混乱和失控时人群能够被快速疏散。

(4) 斗兽场的遮阳、防雨、防寒系统。在观众席第4层有用悬索吊挂的、可收缩的天篷，其撑起时能帮助观众遮阳避暑、避雨和防寒。这些天篷向中间倾斜，便于通风。

(5) 斗兽场的拱券。拱券充分利用了几何学和力学原理，使得建筑物高大坚固，采光也没有受到影响，同时还减少了耗材，减轻了重量。每个拱券之间都有两根立柱支撑，第4层则以小窗和壁柱装饰。

斗兽场的整体设计、布局和局部子系统细节安排包括了多个步骤和工序，如理解并明确工程建造的政治目的和娱乐目的，明确系统要具备的功能，明确系统要达到的建设标准；列出多个问题的具体解决方案，评估每种候选方案的效果，找出满足达到目标的最优方案等。古罗马斗兽场是典型的人造系统，它具有特定的建造条件、政治背景和历史意义，充分体现了系统工程的环境适用性和目的性。

2. 古巴比伦空中花园

古巴比伦空中花园，又称“悬苑”，是新巴比伦王国国王尼布甲尼撒二世（公元前604—公元前562年）在位时主持建造的。古巴比伦空中花园含有灌溉系统、供水系统、储水系统及排水系统等，这些子系统相互作用、相互影响、紧密联系，从而构成古巴比伦空中花园这个大系统，使之成为古代世界七大奇迹之一。

(1) 花园的外观与结构设计。古巴比伦空中花园是一座建设在略呈方形底座上的阶梯式多层建筑，采用立体的叠园式手法，层层升高但又层层收缩。花园底座占地面积1260m^2，建筑物高约22.5m，边长约120m，是一层叠一层的阳台式建筑。

每一层阳台都被下面的若干砖砌巨柱支撑着。这些柱子都很高，支撑最高一层的柱子高达23m。每层的支撑部位都排列着一排长4.8m、宽1.2m的石块，其上铺有一层芦草和沥青的混合物，上面再铺两层熟砖，其上又覆盖着铅板。铺上这几层东西是为了防止上面的水分渗漏。然后再堆积较厚的泥土，方便树木扎根，使各种花草得以生长。在设计上，每层支柱的位置选择合理，互不遮挡，这就使得每一层上的植物都能得到足够的阳光。

(2) 花园的灌溉、供水和储水系统。花园的每一层阳台都埋设了灌溉用的水源和水管，有一根空心柱子从底部直通到顶上，内有唧筒，只要不停地推动连系着齿轮的把手，就可以从幼发拉底河抽水灌溉花园，这实际上是原始的供水塔。

此外，古巴比伦空中花园从幼发拉底河抽水灌溉花园，在布局上也考虑了花草树木的光合作用等活动，体现了古巴比伦空中花园系统的开放性特点，既注意了花园的内部环境，也关注了花园的外部环境，强调了花园与外界环境物质、信息、能量交换双向和动态的过程。

2.3 系统工程的现代实践

2.3.1 中国港珠澳大桥

港珠澳大桥东接香港特别行政区，西接广东省珠海市和澳门特别行政区，是中国高速公路网规划中珠江三角洲地区环线的组成部分，也是跨越伶仃洋海域的关键性工程。大桥建成后，从香港到珠海、澳门仅需 30min 车程。

港珠澳大桥总长 55km，主体工程由 6.7km 的海底沉管隧道和长达 22.9km 的桥梁组成，是中国建设史上里程最长、投资最多、施工难度最大的跨海桥梁。

港珠澳大桥从设计到施工，从工程质量到环境保护，从外观造型到实体细节，体现了系统工程学的以下原则与思想：

(1) 整体性与目的性原则。港珠澳大桥工程综合考虑了通航需求和航空限高，由桥梁工程、岛屿工程和隧道工程等子工程构成，即“桥—岛—隧”结构。工程设计、施工涉及内地、香港、澳门各方的协同管理机制及策略，需要从不同角度对工程组织系统的复杂性进行分析，并基于整体优化思想，使工程各个工序在时间、空间上彼此协调。港珠澳大桥的目的就是缩短香港到珠海、澳门的时间，建设世界级跨海通道，成为地标性建筑。

(2) 有序性原则。港珠澳大桥系统三地施工与管理，各自都有明确的方向性，但终能恰好把各段连接贯通起来组成一个整体，因此是有序的。

(3) 复杂性与综合性原则。港珠澳大桥工程建设涉及设计、施工、泥沙、航运、水文、气象、地质、材料、金属结构、机电设备、生态、环境、信息等众多学科和专业领域。除直接参与工程建设的设计、业主、施工、监理单位的科技人员外，全国还有数十家科研院所和高校的数万名科技人员针对重大技术难题展开科技攻关，提交了很多科技成果报告。这些科技成果为工程建设和枢纽运行等重大问题的科学决策奠定了基础，对优化设计、改进施工工艺、保证工程质量、节约工程投资、促进现代化管理发挥了重要作用。

(4) 环境适应性原则。港珠澳大桥要在海中施工，不可避免会对周围环境产生影响。在施工过程中为了更好地保护中华豚，特意设计保留了让中华豚通过的通道。

港珠澳大桥

想知道港珠澳大桥的工程构成及其特点吗？它在设计与施工中遇到了哪些问题？又是如何解决的？扫一扫二维码知道更多信息。

2.3.2 中国载人航天工程

1. 发展战略

20 世纪 70 年代初，中国在第一颗人造地球卫星东方红一号上天之后提出了要研究载人航天工程，当时将该项目命名为“714 工程”。之后开始了东方红二号、东方红二号甲、东方红三号等多颗通信卫星的研制工作。1975 年，中国成功地发射并回收了第一颗返回式卫星，使中国成为世界上第三个掌握卫星回收技术的国家，为中国开展载人航天技术的研究打下了坚实的基础。

1992 年 9 月 21 日，中国载人航天工程正式上马，并确定了“三步走”的发展战略。第一步，发射载人飞船，建成初步配套的试验性载人飞船工程，开展空间应用实验。第二步，在第一艘载人飞船发射成功后，突破载人飞船和空间飞行器的交会对接技术，并利用载人飞船技术改装、发射一个空间实验室，解决有一定规模的、短期有人照料的空间应用问题。第三步，建造载人空间站，解决有较大规模的、长期有人照料的空间应用问题。该项目命名为“921 工程”。

2. 系统研制的阶段划分

中国载人航天工程研制分方案阶段、初样阶段、正样（试样）与无人飞行试验阶段、载人飞行试验阶段 4 个阶段进行。在方案阶段确定了工程各系统的研制方案，完成了产品模样的设计、生产与试验，开展了工程地面设施的建设和技术改造；在初样阶段完成了火箭、飞船及其他产品的方案设计和试验，开展了航天员的选拔培训，完成了测控通信主要设备的生产、安装和调试，大部分基本建设和技术改造项目基本完成；正样（试样）与无人飞行试验阶段完成了参试产品的正样生产，进行了 4 次无人飞行试验；最后进行了多次载人飞行。

3. 组织与管理

为实施中国载人航天科学与应用技术的研究，中国科学院于 1993 年成立了空间科学与应用总体部（GESSA），负责统一组织空间应用系统的研制。在 GESSA 的组织下，参与载人航天工程应用系统的主要单位和部门分布在全国各地、各行业，包括著名的大专院校、科研院所、国家各部委应用部门等，如中国科学院高技术局、基础局、生物局等下属研究所，国家海洋局、气象局、电子信息产业部、中国航天科工集团等下属相关学校和科研、产业单位等。我国航天科学与技术研究和应用的成果也是系统工程的一个典范。

4. 成果

1999 年 11 月 20 日，中国第一艘无人试验飞船“神舟一号”在酒泉起飞，飞行 21h 后在内蒙古中部回收场成功着陆，圆满完成“处女之行”。这次飞行成功为中国载人飞船上天打下了坚实基础。

2001 年 1 月 16 日，中国第二艘无人飞船“神舟二号”发射成功。“神舟二号”是第一艘正样无人飞船，由轨道舱、返回舱和推进舱三个舱段组成。其技术状态与载人飞船基本一致。它的发射完全是按照载人飞船的环境和条件进行的，凡是与航天员生命保障有关的设备，基本上都采用了真实件。

2002 年 3 月 25 日，“神舟三号”飞船发射升空，“神舟三号”飞船搭载了人体代谢模拟装置、拟人生理信号设备以及形体假人，能够定量模拟航天员呼吸和血液循环等重要生理活动参数。与“神舟二号”相比，“神舟三号”飞船在运载火箭、飞船和发射测控系统上采用了许多新的先进技术，进一步提高了载人航天的安全性和可靠性。

2002 年 12 月 30 日，“神舟四号”飞船成功发射，它经受了零下 29℃低温的考验，突破了中国低温发射的历史纪录。“神舟四号”飞船是在“神舟一号”“神舟二号”“神舟三号”飞行试验成功的基础上，经进一步完善研制而成，其配置、功能及技术状态与载人飞船基本相同。

2003年10月15至16日，我国进行了第一次载人航天飞行，发射了“神舟五号”载人飞船，中国首位航天员杨利伟成了浩瀚太空的第一位中国访客，标志着中国成为世界上第三个能够独立开展载人航天活动的国家。

想了解更详细的中国载人航天工程的发展状况吗？扫一扫二维码知道更多细节。

中国载人航天工程发展

截止到2021年11月，中国已经成功发射了8次载人飞船，建立了空间试验站“天宫一号”“天宫二号”，发射了“天舟三号”货运飞船。

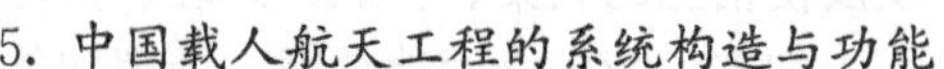

5. 中国载人航天工程的系统构造与功能

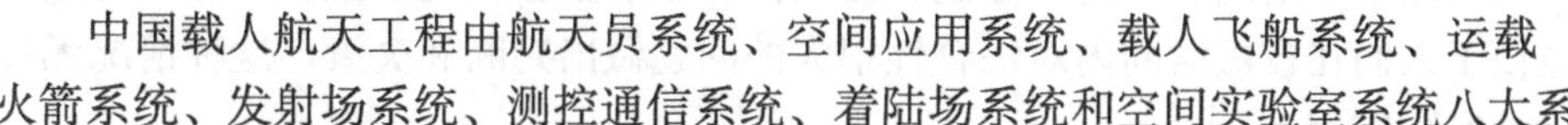

中国载人航天工程由航天员系统、空间应用系统、载人飞船系统、运载火箭系统、发射场系统、测控通信系统、着陆场系统和空间实验室系统八大系统组成。

(1) 航天员系统。又称生命保障系统，主要任务是选拔、训练航天员，并在训练和载人飞行任务实施过程中，对航天员实施医学监督和医学保障。航天员科研训练中心研制航天服、船载医监医保设备、个人救生等船载设备。

(2) 空间应用系统。负责载人航天工程的空间科学与应用研究。装载在飞船舱内的科学试验仪器可进行空间对地观测和各种科学实验，研究成果广泛用于医药发展、食品保健、疑难病症防治等领域。

(3) 载人飞船系统。主要任务是研制神舟号载人飞船。载人飞船采用由轨道舱、返回舱和推进舱组成的三舱方案，额定乘员3人，可自主飞行7天。载人飞行结束时，返回舱返回地面，轨道舱继续留轨运行约半年，开展空间对地观测、科学与技术实验。

(4) 运载火箭系统。主要任务是研制用于发射飞船的运载火箭。中国载人航天工程使用的运载火箭长征2F是国内目前可靠性、安全性最高的运载火箭。运载火箭系统还可细分为火箭遥测系统、火箭控制系统、火箭动力系统和箭体系统等子系统。火箭控制系统具备故障检测、救生等功能。

(5) 发射场系统。负责火箭、飞船、有效载荷和航天员系统在发射场的测试和发射，并提供相应的保障条件。

(6) 测控通信系统。主要任务是完成飞行试验的地面测量和控制任务。在原有卫星测控通信网的基础上，研制了可进行国际联网的S波段统一测控通信系统，形成了新的陆海基载人航天测控通信网。该系统主要包括多个指挥控制中心，渭南、青岛等固定测控站和活动测控站以及多艘远望号测量船和“天链”卫星等。

(7) 着陆场系统。负责对飞船再入的捕获、跟踪和测量，搜索回收返回舱，承担对航天员返回后进行医监医保、医疗救护的重要任务。该系统拥有先进的无线电测量系统，能够在飞船进入大气层后对它的轨迹实施跟踪、测量。

(8) 空间实验室系统。我国目前在研的空间实验室采用两舱结构，分别为实验舱和资源舱。实验舱由密封的前锥段、柱段和后锥段组成。实验舱可保证舱压、温湿度、气体成分等航天员生存条件，可用于航天员驻留期间在轨工作和生活。实验舱前端安装一个对接机构以及交会对接测量和通信设备，用于支持与飞船实现交会对接。资源舱为轨道机动提供动力，为飞行提供能源。

2.3.3 系统工程发展的技术条件与内容

类似上述系统工程实践案例中千头万绪的工作、千变万化的情况，仅仅靠一个“总工程师”或“总设计师”的智慧和实际经验是无法解决的。如此复杂的总体协调任务不可能靠一个人来完成，因为个体不可能精通所涉及的全部专业知识，也不可能有足够的时间来完成数量成千上万的技术协调工作。这就要求有一个总体规划部门运用一种科学的组织管理方法，综合考虑，统筹安排来解决这些问题，这种科学的组织管理方法就是系统工程。

随着现代数学、计算技术和计算方法的发展，现代的最优化技术体系已经形成，这使大型复杂问题的最优化决策成为可能，从而大大促进了系统工程的发展。近来，通信技术和信息科学的发展使社会生产过程和整个经济过程的各个环节能够有机地、迅速地联系起来，使生产效率大大提高。同时，电子计算技术的高度发展使信息的收集、存贮、处理、传送的能力大幅度增加，大大缩小了空间和时间的限制，使人们有可能较全面地掌握、处理和传送大量信息，同时也便于人们在较短时间内对综合性很大的问题做出判断和决策，这种情况无疑方便了系统工程的实际应用。

在系统工程的实践中，所应用的各个领域的知识与方法称为系统工程的技术内容。由于系统工程广泛研究各类系统的特性和共性，所以技术内容的范围极为广泛，它不像土木、电机、机械等技术工程有其固定领域的研究对象和理论。可以说系统工程是各种专业组织管理技术的总称，其主要技术内容有：

（1）运筹学。运筹学是系统工程的基础，系统工程是这门科学理论的具体运用。运筹学解决的问题是在既定条件下对系统进行规划、统筹兼顾，以期达到最优或满意的目标。运筹学问题的求解往往需要复杂的计算。目前由于电子计算机的迅速发展与普及，使运筹学得到了广泛的应用。

1）规划论。主要研究对资源如何进行统一分配、全面安排、合理调度和最优设计等问题，可以归纳为在满足既定的要求下寻求最优方案的问题。通常将必须满足的既定要求称为约束条件，将衡量指标称为目标函数。用数学语言表达为求目标函数在一定约束条件下的极值（极大值或极小值）的问题。

2）对策论。又称为博弈论，是运用数学方法来研究有利害冲突的双方在竞争性活动中是否存在一方制胜他方的最优策略，以及如何找出这些策略。

3）排队论。主要研究用于服务系统工作过程的数学理论和方法。在这个系统中，服务对象何时到达以及其占用系统时间的长短，均无法事前预知，是一种随机现象。排队论通过对个别的随机服务现象的统计研究，找出这些随机现象平均特性的规律，从而帮助改进服务系统的工作能力，达到系统设计最优化与控制最优化。

4）决策论。决策是人们或组织在政治、经济、技术、社会发展和日常生活中经常发生的选择行为。决策论主要根据系统状态及其有关的信息，对可能选取的策略以及采取这些策略对系统状态所产生的后果进行综合研究，以便按照某种决策准则从多种备选方案中选取一个满意方案。

5）库存论。库存论主要研究在什么时间、以什么数量、从何处来补充这些储备，并使维持库存和补充采购的总费用最少。

6）可靠性理论。它是应用数学的一个重要分支，研究如何将可靠性低的元件组成可靠性较高的系统。

7）网络计划法。又名计划协调技术，它运用网络分析的方法，将构成计划目标的所有工序，按其相互的联系与时间关系组成统一的网络形式，再对网络的各项工作进行分析、预测，分清主次、明确关键，并在实施过程中随时进行调整。

(2) 概率论与数理统计。它是研究取得数据、分析数据，找出其统计规律，进行统计推断的理论和方法。

(3) 控制论。控制论以各种系统的结构及其内部运动规律的信息传递和变换为研究对象，研究各种现实系统共同的控制规律。

(4) 信息论。信息论把系统有目的的运动抽象为一个信息变换过程，通过系统内部信息的作用，使系统维持正常的有目的性的运动。

(5) 数量经济学。数量经济学是经济学的一门新学科，它利用数学方法和计算技术来研究社会经济的数量关系、数量变化及其规律性。

(6) 现代化科学管理技术。现代化的科学管理技术既有技术问题，也有经济问题，它是运用先进的科学技术和经济思想，把整个生产管理组织起来的一门科学。

系统工程的技术内容包含的学科多，领域广，覆盖范围广。随着新的研究对象系统出现，技术内容还会进一步丰富。

2.4 系统工程的特点和实施原则

2.4.1 系统工程的特点

1. 研究思路的整体化

系统工程既把所要研究的对象看作一个系统整体，又把研究对象的全寿命过程看作一个整体。对于任何一个研究对象，即使它是由各个不同的结构和功能部分所组成的，系统工程研究也要把它看作是一个为完成特定目标而由若干个要素有机结合成的整体来处理，并且还要把这个整体看作是它所从属的更大系统的组成部分来考察与研究。此外，对研究对象的研制过程也作为一个整体来对待，即以系统的规划、方案设计、系统研制、生产、安装、运行和更新作为整个过程，分析这些工作环节的组成和联系，从整体出发掌握各个工作环节之间的信息以及信息传递路线，分析它们的控制与反馈关系，从而建立系统全寿命全过程的模型，全面地考虑和改善整个工作过程，以实现整体最优化。

民用飞机产品具有高复杂度、高集成度等特点，它以满足客户需求、成功取得市场为最终目标。但与一般产品、零部件不同的是，民用飞机产品项目投入大、周期长、研制难度高，一般的生产流程难以支持产品达到预期的质量和满足客户需求。故民用飞机的生产往往要利用系统工程加以实现，即把工程或项目中需要实现的所有事项划分为若干明显的阶段：预先研究阶段、概念阶段、设计阶段、产品实施阶段、产品使用阶段、产品支持维护阶段和产品退役处置阶段，产品的质量贯穿于每个阶段，这体现了系统工程整体性的特点。另外，将研制活动限定在特定约束条件下，包括项目人力资源约束、项目资金约束、组织架构约束等资源约束和法律法规约束等，使生产的产品最终在最优状态下满足客户的需要，这也是系统工程优化思想的体现。

2. 应用方法的综合化

系统工程强调综合运用多个学科和多个技术领域内的知识及新成就和方法，使各种方法相互配合达到系统整体最优化。系统工程对各种知识与方法的综合应用，并不是将各种方法进行简单的堆砌叠加，而是从系统的总目标出发，将各种相关的知识与方法协调配合、互相渗透、互相融合，综合运用。

系统工程在解决某个具体问题时不但运用相关学科的概念知识，而且对其他学科的理论、方法也加以移植与渗透，形成了各种专业系统工程，如物流系统工程、水利系统工程、能源系统工程等。除了处理这些工程系统的问题外，系统工程的应用还逐渐向社会、经济系统扩展，特别是一些规模庞大、关系复杂的社会经济系统。

以物流工程为例，物流系统工程从物流系统的整体观念出发，研究各个子系统之间的相互联系和相互作用，寻求使物流系统整体效果最佳的方案。现代物流系统不仅指原材料、产品等从生产到消费的全程实物流动，还包括伴随这一过程的信息流动。而且现代物流应用计算机网络和信息技术，将原本分离的商流、物流、信息流与采购、运输、仓储、代理、配送等环节紧密联系起来，形成了一条完整的供应链。因此现代物流是货物流、信息流、资金流和人才流的统一。

3. 组织管理的科学化和现代化

系统工程研究思路的整体化和应用方法的综合化要求管理上的科学化。由于系统工程研究的对象在规模、结构、层次、相互联系等方面高度复杂，因此使得那种单凭经验的小生产方式的经营管理不能适应客观需要。可以说，没有管理上的科学化和现代化，就难以实现研究思路的整体化和应用方法的综合化，也就不能充分发挥出系统工程的效能。管理现代化就是按照事物发展的客观规律，实施行之有效的新管理理论、思想、组织和方法手段，它比旧的一套方法更合理、更有效，更能促进生产力的发展和生产关系的完善。管理科学化涉及的内容极其广泛，包括对管理、组织结构、体制和人员配备的分析，工作环境的布局，程序步骤的组织，以及工程进度的计划与控制等问题，这需要现代化的工具和手段协助实施。

以系统工程在网络媒介人力资源开发上的运用为例。人力资源开发就是把人的智慧、知识、经验、技能、创造性、积极性当作一种资源加以发掘、培养、发展和利用的一系列活动。人力资源开发的目标是通过开发活动提高人的才能、增强人的活力或积极性。网络媒介人力资源开发利用网络技术实现以下两点目标：

(1) 多种媒介的整合互动。整合互动是对大众传播、人际传播及网络传播等多种传播系统的内在机制与外部相互联系的一种直观型、综合型的描述与呈现。其在考虑系统本身与外部联系的前提下，重视在传播过程中因多种因素所共同构成的整体关系。传统媒介与网络媒介之间的整合互动一方面是指信息之间的相互交换、相互沟通、相互分享及相互创造，另一方面则是指传播要素之间的相互作用、相互影响及相互制约。传统媒介与网络媒介在整合互动模式之中互动互进、协同并存，更好地促进新闻信息业的发展。

(2) 多种媒介的资源共享。传统媒介与网络媒介之间利用信息平台实施的资源共享分为信息资源共享、人力资源共享和技术资源共享三个方面。首先，传统媒介的信息资源具有精确性，而网络媒介的信息资源则相对丰富，因此双方能够优势互补，实现让读者满足的共同目标。其次，传统媒介的采编队伍庞大，人力资源相对雄厚，而作为一个新兴的产业，网络媒介的人才相对匮乏。因此，网络媒介需要从传统媒介的资深人才队伍中挑选员工，而传统媒介同样需要新兴产业带来源源不断的活力。

2.4.2 系统工程方法论的基本原则

系统工程方法论是指运用系统工程来研究问题的一整套程序和方法。其主要特点是从系统思想和观点出发，从整体与部分、部分与部分、整体与外部环境的相互关系、相互作用、相互矛盾、相互制约的关系中分析与考查对象，以达到系统最优。系统工程方法论有以下基本原则：

(1) 系统整体性原则。世界上的一切事物、现象和过程，几乎都是有机的整体，既自成系统又互成系统，客观世界的整体性正是系统工程方法论整体性原则的来源和依据。系统工程方法论要求把研究对象看成由不同部分构成的有机整体，把全局观点、整体观点贯彻于整个项目的各个方面、各个部分、各个阶段，并从整体上做好局部的协调。整体性原则要求不能从系统的局部得出有关系统整体的结论，分系统的目标必须服从于系统整体的目标。从优化系统的角度开展各分系统之间的活动，以总体协调的需要来确定最佳方案。

例如，"智慧城市"的建设不仅是一个信息化工程和技术工程，也是一个庞大的社会工程，其具有以下两个特点：

1) 智慧城市是城市发展的新兴模式。智慧城市的服务对象面向城市主体——政府、企业和个人，其目的是城市生产、生活方式的变革、提升和完善，终极表现为人类拥有更美好的城市生活。

2) 智慧城市是一个复杂的、相互作用的系统。在这个系统中，信息技术与其他资源要素优化配置，协同发生作用，促使城市更加智慧地运行。

智慧城市系统工程一次需要规划出许多系统，因而在设计和规划流程时需要特别强调总体分析、总体设计、总体综合集成的概念，这是新时期下对系统工程理论应用的发展和整体性的新把握。如果不从整体对这些系统进行优化、共享、互通互联设计，就很难发挥出这些系统的社会效益。将系统工程理论应用在智慧城市开发建设的全过程，可以最大限度地化解建设过程中出现的问题，规避系统建设顾此失彼、建设失误等问题。

(2) 系统有序相关原则。系统的有序性反映了各分系统间的有机联系，因为系统的任何联系都是按一定等级和层次进行的，都是秩序井然、有条不紊的。在系统层次上表现出来的整体特性是由要素或分系统层次上的相互关联、相互制约所形成的。由同类型要素或分系统组成的系统，由于内部组织管理方式的不同，即结构方式、有序程度的不同，系统的整体功能表现出极大的差异性。各要素之间的相互关系越协调有序，系统的整体功能就越强，因此，为获得预期的整体功能，应把注意力集中于系统内部要素之间以及各分系统之间的相互关联上，抓好系统内部的组织管理工作。

以屠宰厂废水处理为例，屠宰废水主要是肉类屠宰加工企业在生产过程中产生的一种有机物含量高的有机废水。利用人工湿地处理屠宰废水是一种耗能小、运行成本低的处理方法，但若单独采用人工湿地处理屠宰废水则难以达标。因此，必须寻求一种将人工湿地与其他工艺结合的废水处理技术，以实现对屠宰废水的净化和再利用。以往企业采用废水好氧生物法处理废水，但是该方法消耗大量电能，处理费用昂贵，废水进入城市管网需要交纳水处理费。为了更好地解决环境保护与处理成本之间的矛盾，企业创新了屠宰废水生态处理工艺。前端利用鱼塘养鱼将废水中的有机物转化为淡水鱼类的食物，后端采用人工湿地处理养殖塘尾水，实现达标排放。企业采用"屠宰废水—厌氧发酵—鲶鱼—鲢鱼—湿地—清水鱼和水生作物—回用"的循环经济模式对屠宰废水进行处理。该屠宰废水生态处理系统处理效果稳定、有效，可以实现环境效益和经济效益双赢。这种处理方式构建了一个可循环的废水流向系统，在把握系统的有序相关原则上，很好地处理了整体与部分的相互依存关系。

(3) 系统目标优化原则。优化的观念是系统工程的指导思想和追求目标。对每个具体系统工程项目来讲，在系统的规划、方案设计、系统研制、生产、安装、运行和更新各个阶段的管理、控制和决策都有最优化的目标和要求。在系统工程中普遍运用最优化原则，就能使系统取得满意效果和最佳效益。

（4）系统动态性原则。研究对象内部复杂的相互作用和外部环境的多变性，使系统工程本身呈现出动态特性。因此，应该把研究对象看作一个动态过程，分析系统内外的各种变化，掌握变化的性质、方向和趋势，采取相应的措施和手段，改进工作方法，调整规划和计划，在动态变化中求得系统整体优化。

万里长城是中国古代国防系统工程的杰作。长城最开始建于河套地区，地处平原，所用材料多为土、石、砖三种，制作工艺复杂，验收标准严格。当长城向沙漠地区延伸时，所用材料有所变化，一般就地取材，选用沙漠地区生长的芦苇、红柳条枝，与砂石混合，层层混砌。对建筑材料因地制宜的选取，体现了对达到最佳状态所进行的灵活变通。长城的作用一开始是由城堡和烽火台接连相望，以通警息。秦始皇统一六国后，匈奴常常南下骚扰和抢掠，为巩固北部边防，制止匈奴南侵，把原先燕、赵、秦三国在北方所修的长城增筑连接起来，并向东西方向扩展，才形成“万里长城”。从时间轴上来说，历代君王对长城的不断修葺，体现了对外部环境的动态适应与积极应对，体现了系统工程的动态性原则。

（5）系统分解综合原则。分解是将具有比较密切相关关系的要素进行分组，对系统来说就是归纳出相对独立、层次不同的分系统；综合则是完成新系统的筹建过程，即选择性能好、适用性强的分系统，设计出它们的相互关系，形成具有更高价值的系统，以达到预定的目的。正如马克思指出的“从整体到部分，再从部分到整体”的辩证哲理。可以说，不论多复杂的系统，只要分解为几个适当的分系统，就能用人们以往的经验和知识去处理。如果能将这些分系统的特征和性能做到标准化，编成程序存于计算机内，对新系统的筹建就极为有利。

分解的原则，既要满足系统的筹建要求，又要便于论证、实施和管理。分解的方法是多种多样的，一般可按结构要素、功能要求、时间序列、空间状态等方法进行分解。首先确定系统在更大的系统环境下的位置和环境关系，再从整体优化的角度权衡分析和确定系统的功能及性能。然后将它们分解到各个分系统，从整体优化的角度协调分系统与总体、分系统与分系统之间的接口关系，设计并组织系统试验和验证，最终完成系统的整体集成。

航天系统产品主要是指运载火箭、人造卫星、载人飞船和导弹武器系统，也称为航天型号。一个航天型号的研究、设计、开发、生产是一个复杂的组织管理过程，必须考虑到从概念研究到设计部署及其使用全寿命周期活动的各项要求，必须综合集成多种学科和专业技术，包括一些必须事先攻克的前沿技术，必须组织成千上万的科技人员和管理人员在研制过程中协同工作，同时也必须保持在整个研制过程中技术、经费和进度的协调进展。系统工程方法的作用是把需求演化成为现实的载人航天系统产品，它是组织管理这些航天型号系统研制工作的有效选择。对分解综合原则的合理运用使得中国载人航天从创立到现在，在火箭、卫星、载人飞船等历次大型首飞试验中取得较大成功。

(6) 系统创造思维原则。系统创造思维的基本原则包括两种情形：一是把陌生的事物看作熟悉的东西，用已有的知识加以辨识和判断，这是人们惯用的方法。从这个原则出发，不只是对新的事物给以旧的解释，还可能给予新的解释，从而创造出新的理论。二是把熟悉的事物看作陌生的东西，用新的方法和新的原理加以研究，从而创造出新的理论、新的技术，这往往是被人们忽略的原则。

创造性思维活动极为复杂，它的形式多种多样，并且常常以多种形式互相重叠交错在一起。掌握这个原则，不仅可以克服思维过程中的障碍，还可以通过训练提高创造能力，增强系统分析人员的素质。

2.5 系统工程的方法论

2.5.1 三维结构方法论

自20世纪60年代以来，许多学者对系统工程的方法进行了大量研究，试图找到一种能够处理世界上所有复杂系统问题的标准方法。实践证明，尽管没有这样一种通用的标准方法，但是可以找到一种能适应各种系统不同问题的思想方法。目前有较大影响的是美国系统工程学者霍尔在1969年提出的系统工程三维结构理论，它将系统工程的活动分为紧密联结的七个阶段和七个步骤，同时又考虑了为完成各阶段和各步骤所需的各种专业知识，由时间维、逻辑维和知识维组成一个三维的空间结构，如图2-2所示。

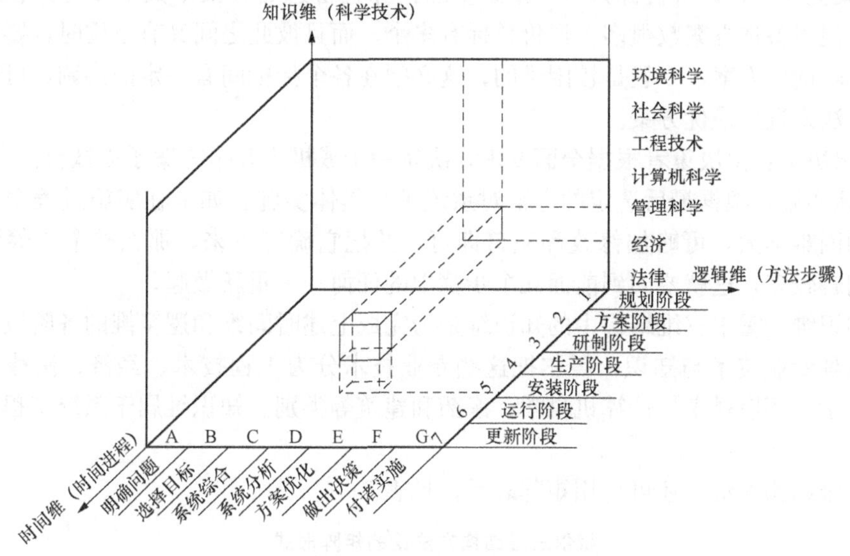

图2-2 霍尔三维结构图

霍尔为解决大规模、结构复杂、设计因素众多的大系统问题提供了一个统一的思想方法，故该方法又称为霍尔三维结构。

(1) 时间维。霍尔三维结构中的时间维表示系统工程活动从规划阶段到更新阶段的时间排列顺序，可分为以下七个工作阶段：

1）规划阶段：谋求活动的规划和战略。

2）方案阶段：提出具体的计划方案。

3）研制阶段：实现系统的研制方案，并制订生产计划。

4）生产阶段：生产出系统的零部件及整个系统，并提出安装计划。

5）安装阶段：将系统安装部署完毕，并完成系统的运行计划。

6）运行阶段：系统按照预期的用途运转。

7）更新阶段：取消旧系统代之以新系统或改进原系统，使其更有效地进行工作。

（2）逻辑维。霍尔三维结构中的逻辑维是在每一工作阶段，使用系统工程方法来思考和解决问题时的思维过程，可分为下面七个步骤：

1）明确问题：通过系统调查尽量全面地收集和提供有关要解决问题的资料和数据，包括历史的、现状的和未来发展的。

2）选择目标：在问题明确后，选择评价系统功能的具体指标，以利于衡量所有供选择的系统方案。

3）系统综合：主要是按照问题性质及总目标的要求形成一组可供选择的系统方案，方案中明确所选系统的结构和相应参数。在综合系统方案时，最重要的问题是自由地提出方案设想，不应以任何理由加以限制。

4）系统分析：对可能入选的方案，通过比较进行初选，并对初选的方案进一步说明其性能和特点以及其与整个系统的相互关系。为了对众多的备选方案进行分析比较，需要建立模型，把这些方案与系统的评价目标联系起来进行综合评价。

5）方案优化：在评价目标只有一个定量的指标且备选的方案个数不多时，容易从中确定最优者。但当备选方案数很多，评价目标有多个，而且彼此之间又有矛盾时，要选出相对所有指标都较优的方案，一般是较困难的，这必须在各个指标间有一定的协调，可使用多目标最优化方法来选出最优方案。

6）做出决策：由决策者根据全面要求，决定一个或极少几个方案予以试行。

7）付诸实施：根据最后选定的方案对系统进行具体实施。如果在实施过程中比较顺利或者遇到的困难不大，可略加修改和完善即可，并把它确定下来，那么整个步骤即告一段落。如果问题较多，这就要回到前面几个步骤中的任何一个重新做起。

（3）知识维。霍尔三维结构中的知识维是为完成上述时间维和逻辑维的各阶段、各步骤所需要的各种专业技术与知识，霍尔把这些专业技术分为工程技术、经济、法律、管理技术、社会科学、环境科学、计算机科学、医药和建筑等类别。知识维属于系统工程的技术内容部分。

霍尔三维结构方法论还可以用矩阵表示，见表 2-1。

表 2-1　　霍尔三维结构方法论的矩阵形式

时间维	逻辑维						
	1 明确问题	2 选择目标	3 系统综合	4 系统分析	5 方案优化	6 做出决策	7 付诸实施
1 规划阶段	a_{11}	a_{12}	a_{13}	a_{14}	a_{15}	a_{16}	a_{17}
2 方案阶段	a_{21}	a_{22}	a_{23}	a_{24}	a_{25}	a_{26}	a_{27}
3 研制阶段	a_{31}	a_{32}	a_{33}	a_{34}	a_{35}	a_{36}	a_{37}
4 生产阶段	a_{41}	a_{42}	a_{43}	a_{44}	a_{45}	a_{46}	a_{47}
5 安装阶段	a_{51}	a_{52}	a_{53}	a_{54}	a_{55}	a_{56}	a_{57}
6 运行阶段	a_{61}	a_{62}	a_{63}	a_{64}	a_{65}	a_{66}	a_{67}
7 更新阶段	a_{11}	a_{12}	a_{13}	a_{14}	a_{15}	a_{16}	a_{17}

时间维的某一阶段 $i(i=1,2,\cdots,7)$ 与逻辑维的某一工作 $j(j=1,2,\cdots 7)$ 对应的分析任务 $a_{ij}(i,j=1,2,\cdots,7)$ 的集合涵盖了三维结构分析的全部环节和内容。

2.5.2 软系统方法论

(1) 软系统方法论的思想和特点。20 世纪 60 年代期间，系统工程主要用于寻求各种战术问题的最优策略，或者用于组织与管理大型工程建设项目。由于工程建设项目的任务一般比较明确，问题的结构一般是清晰的，属于结构性问题，因此可以充分运用自然科学和工程技术方面的知识和经验，应用数学模型进行描述，用优化方法求出模型的最优解。霍尔认为现实问题都可以归结为工程问题，可以应用定量分析方法求得最优的系统方案，霍尔三维结构方法论的核心内容是模型化和最优化。

从 20 世纪 70 年代开始，系统工程面临的问题与人的因素关系越来越密切，与社会、政治、经济、生态等因素联系在一起。这些因素数量多而且复杂，问题本身的定义并不清楚，难以用逻辑严谨的数学模型进行定量描述。另外，人们对问题解决的目标和决策的原则、标准也有不同的理解，需要用比较与讨论的方法寻找所期望的变化来改善目前的情景，这属于非结构性问题。国内外不少系统工程学者对霍尔三维结构方法论提出了修正意见。20 世纪 80 年代，切克兰德提出了软系统方法论（soft system methodology，SSM），其思想原理如图 2-3 所示。

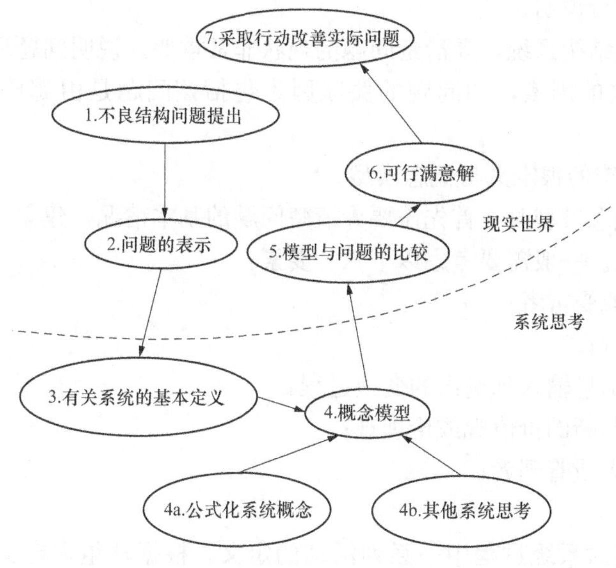

图 2-3 软系统方法的思想原理

切克兰德认为完全按照解决工程问题的思路来解决社会问题和软科学问题将遇到很多困难，如什么是“最优”，由于人们的立场、利益各异，判断价值观也不同，就很难简单地取得一致的看法，因此“可行”“满意”“非劣解”的概念逐渐代替了“最优”的概念。此外，一些问题只有通过概念模型与现实问题经过比较与讨论后，才使得人们对问题的实质有进一步的认识。人们经过不断磋商，再经过不断地反馈，逐步弄清问题，得出满意解。切克兰德把霍尔三维结构方法论称为硬系统方法论（hard system methodology，HSM）。

与硬系统方法论相比，软系统方法论有以下特点：

1）强调“以人为本”，重视人的需求与影响；

2）应用系统思维处理人类活动的自学习系统；

3）承认人们认识的差异性，通过共同的学习和沟通达到对问题的清晰理解；

4）对问题的处理分为现实系统处理过程和系统学习思考过程；

5）寻找解决问题的满意解。

切克兰德的软系统方法论的核心是“调查、比较”和“学习”，从模型和现状比较中学习改善现存系统。另外软系统方法论在评价方案的价值观方面发生了重要变化，用满意解代替了最优解，用概念模型代替了数学模型。现实中软系统方法常与硬系统方法结合，总体上采用软系统方法，在局部问题上使用硬系统方法，实现定量和定性相结合的研究体系。

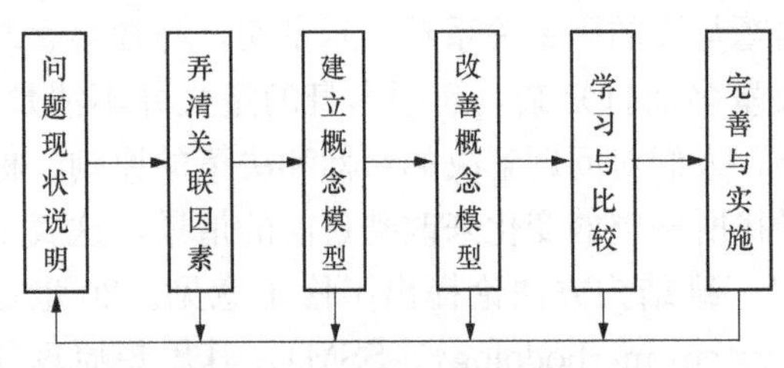

图 2-4　软系统方法论的逻辑与内容

（2）软系统方法论的逻辑与内容。软系统方法论的逻辑与硬系统方法论不同，它重点在于对现实问题情景的感知与表达，以学习的过程代替了寻优的过程，如图 2-4 所示。

如图 2-4 所示，软系统方法论具体可以分为六个阶段，各阶段的工作内容如下：

阶段 1 和阶段 2：识别问题情境，对问题现状及其关联因素进行说明。

对于典型的不良结构系统，弄清楚问题的现状非常重要。说明问题现状需要明确与系统结构及系统过程有关的因素，如问题的关联因素包括该问题是由哪些方面、哪些因素构成的。

阶段 3：建立系统的根定义与概念模型。

在建立系统的概念模型时，首先需要弄清楚问题的基本情况，建立一组根定义，对系统是什么做出简要描述。一般需要考虑以下六个要素：

1）系统的收益或受害者；

2）系统的执行者；

3）系统物质或信息输入到输出的变换过程；

4）对系统优劣判断的价值观或伦理观；

5）系统的所有者或管理者；

6）系统的环境。

根定义可看作是对系统过程中一系列活动的定义，根据这组根定义建立系统的概念模型。根定义解释了系统是什么，概念模型说明了系统要做什么。

阶段 4：建立与检查系统，改善概念模型。

阶段 5：概念模型与现实系统的比较、学习。

该阶段完成概念模型与当前系统状态的比较，找出解决问题的方向。

阶段 6：求解、完善与实施。

通过组织讨论、听取各方人员意见，反复学习、比较协商，寻求问题的求解系统。问题的求解系统指的是解决该问题需要的人员、各种资源等。一般包括问题解决者是谁？问题求解系统中的其他角色是谁？对问题求解系统的环境约束是什么？问题解决者何时懂得此问题已经“被解决”？

以上六个阶段实施以后又会产生新的问题，在此基础上再次使用软系统方法论。

2.5.3 并行工程方法论

1. 并行工程的含义

1988年美国国家防御分析研究所（Institute of Defense Analyze，IDA）提出了并行工程的概念。并行工程（concurrent engineering，CE）是对产品或项目及其相关过程进行并行化、集成化处理的系统方法和综合技术。这种思想要求产品或项目开发人员在一开始就考虑产品整个生命周期中从概念形成到产品报废的所有因素，包括功能、制造、装配、作业调度、质量、成本、进度计划、维护与用户需求和用户要求等。并行工程的目标是提高质量、降低成本、缩短产品或项目开发周期和上市时间。

2. 并行工程的特点

（1）面向过程和面向对象。

传统的串行工程方法是基于二百多年前英国政治经济学家亚当·斯密的劳动分工理论，该理论认为分工越细，工作效率越高。因此串行方法是把整个产品开发全过程细分为很多步骤，每个部门和个人都只做其中的一部分工作，工作做完以后把结果交给下一部门，而且是相对独立进行的，这种方式被称为“抛过墙法”（throw over the wall)。串行方法是以职能和分工任务为中心的，不存在贯穿产品寿命周期首尾的完整的、统一的产品概念。

并行工程强调面向过程（process - oriented）和面向对象（object - oriented)。一个新产品或项目从概念构思到生产出来是一个完整的过程。设计人员在设计时不仅要考虑设计，还要考虑这种设计的工艺性、可制造性、可生产性、可维修性等，工艺部门的人也同样要考虑其他过程，设计某个部件时要考虑与其他部件之间的配合。所以整个开发工作都要着眼于整个过程和产品及项目目标。从串行工程方法到并行工程方法是观念上的很大转变。

（2）系统集成与整体优化。

在串行工程中，对各部门工作的评价往往是看交给它的那一份工作任务完成是否出色。就设计而言，主要是看设计工作是否新颖，是否有创造性，产品或项目是否有优良的性能。对其他部门也是看他的那一份工作是否完成出色。而并行工程则强调系统集成与整体优化，它并不完全追求单个部门、局部过程和单个部件的最优，而是追求全局优化，追求产品整体的竞争能力。

并行工程强调各部门的协同工作。通过建立各决策者之间有效的信息交流与通信机制，综合考虑各相关因素的影响，使后续环节中可能出现的问题在设计的早期阶段就被发现并得到解决，从而使产品或项目在设计阶段便具有良好的可制造性、可装配性、可维护性及回收再生等方面的特性，最大限度地减少反复，缩短设计、生产准备和制造时间。

2.5.4 综合集成研讨厅

1992年，钱学森提出了处理开放的复杂巨系统的方法论。这套方法论是从整体上研究和解决复杂巨系统问题的方法，它采取人机结合、人网结合、以人为主的思维方法和研究方式，对不同层次、不同领域的信息和知识进行综合集成，达到对整体的定性及定量认识，被称为综合集成研讨厅。由于该方法将一个复杂事物的各个方面综合起来，达到对整体的认识，所以钱学森又把这个方法称为“大成智慧工程”。综合集成研讨厅主要由机器体系、专家体系和知识体系三部分组成，如图2-5所示。

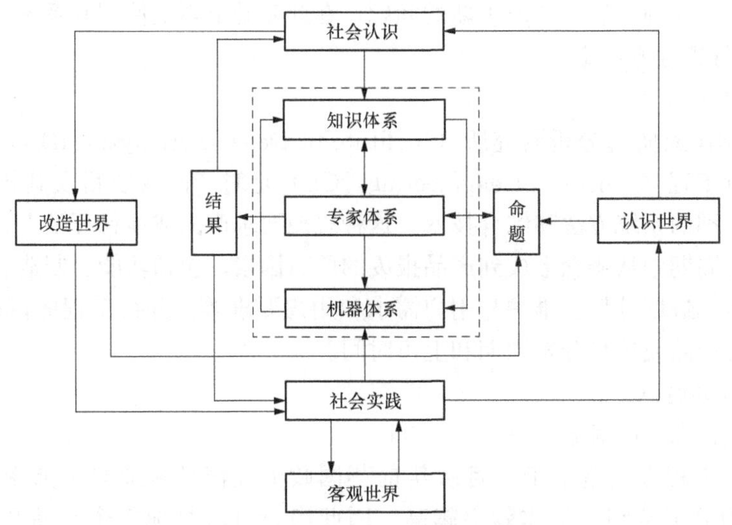

图 2-5　综合集成研讨厅的系统体系

综合集成研讨厅指导人们在研究复杂问题时，把专家的智慧、计算机的智慧、各种数据和信息有机地结合起来，构成一个统一的人机结合的巨型智能的问题解决系统，如图 2-6 所示。

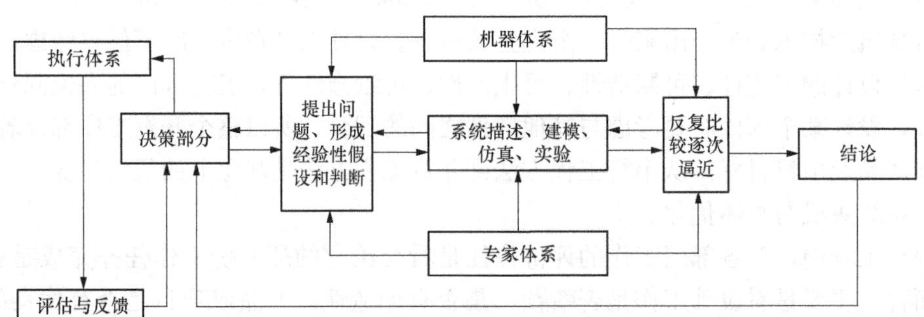

图 2-6　综合集成研讨厅的决策过程

综合集成研讨厅指出了解决复杂开放巨系统和复杂性问题的过程性、方向性和反复性。在综合集成研讨厅体系中，综合集成是方法特征，研讨厅是组织形式。综合集成研讨厅体系本身是个开放的、动态的体系，也是不断发展和进化的体系。应用综合集成研讨厅时需要解决以下两个关键问题：

（1）针对复杂问题构建以综合集成为基础的智能工程系统的工作平台；

（2）搭建群体专家相互沟通与交流的互动平台。

2.5.5　系统工程的发展趋势

系统工程的理论基础从一般系统论、信息论、控制论“老三论”发展到突变论、协同论、耗散结构理论“新三论”，再到复杂性适应系统理论和复杂性科学的演变，吸收了运筹学、概率论与数理统计、控制论、信息论等多种方法。作为一门组织管理技术，系统工程将自然科学、社会科学中的基础理论、策略、方法等进行了综合集成与科学处理，在处理人类实践中存在的复杂问题上发挥了很大作用。

近年来，系统工程在系统工程技术和系统工程实践等方面上有新的发展，无论是应用领域的进一步丰富与扩充，还是新的知识与手段的应用，都使得系统工程不再是被单一学科视角所统治的分散个体，它已经成为一门多学科交叉与融合的学科。

此外，系统工程是动态的而不是静态的。它的思想立足于整体与局部、系统结构中层次及其关系的总体协调，研究重点从线性系统到非线性系统，再到现在的复杂巨系统，从中观向微观、宏观及巨观延伸，小到以分子模拟为手段的产品设计，大到巨系统的优化。系统工程未来发展呈现以下趋势：

(1) 已有的技术内容越分越细，新学科、新领域不断产生，如物联网、信息工程等，使得系统工程将会有更多的应用领域；

(2) 不同的学科、不同的领域之间交叉、融合，向高度的综合性和整体化的方向发展，使得系统工程的应用将面临新的难度；

(3) 从研究物理扩展到事理以至于人理，对于系统也从研究硬件到软件，以至于“人件”，系统工程呈现更软化的应用趋势；

(4) 系统工程与计算机、网络的联系越来越紧密，与大数据、云计算相结合，在处理复杂巨系统和紧急问题时更加得心应手。

(5) 通过集成化、专业化和综合化，不断形成新的应用平台。

2.6 案例：并行工程设计实例——波音777和737-X优化研制工程

2.6.1 背景介绍

随着商业飞机市场的竞争加剧，波音公司在原有模式下的产品成本不断增加，并且积压的飞机越来越多，波音公司开始研究如何减少费用以及提高飞机的性能。传统的飞机设计方法是按专业部门划分设计小组，采用串行的开发流程。大型客机从设计到原型制造少则7～8年，多则十几年。1994年，美国波音公司在波音777大型民用客机的开发研制过程中采用并行工程的方法，运用计算机集成制造系统（CIMS）和计算机辅助设计与制造（CAD/CAM），在企业南北地理分布50km的区域内，对由200个研制小组形成的设计一生产协同组（DBT）实施群组协同工作，实现无图样生产，对产品全部进行数字定义，采用电子预装配。在并行工程实施过程中，检查飞机零件干涉有2500多处，减少了工程更改50%以上，仅用了3年8个月实现了商业飞机从设计到试飞的一次成功。

在波音777运用并行工程的基础上，波音公司在波音737-X上进一步优化研制工程。除了数字化产品定义（DPD）和硬件变化控制（HVC）外，在数字化预装配（DPA）、总装进度表（IS）、总装工作状态（IWS）、有效性表格检查（ETM）、数字化工具定义（DTD）上进行了改进，还新增了数字化装配顺序（DAS）和总装产品组。

2.6.2 波音公司并行工程技术实施特点

(1) 集成产品开发团队（integrated product team，IPT）。波音公司在商业飞机制造领域积累了75年的开发经验，成功地推出了波音707至波音777等不同型号的飞机。以往波音公司按照功能将各部分串联，后又按照专业种类不同分为不同的小组。在这些型号开发中，产品开发的组织模式在很大程度上决定了产品开发周期。IPT包括各个专业的技术人员，他们在产品设计中起协调作用。在制造过程中IPT成员尽早参与，最大限度地减少更改、错误和返工。并行工程的工作环境和基本组织形式成了一种新的产品开发组织模式。

(2) 改进产品开发过程。波音 777 开发时，波音公司在采用全数字化的产品设计的基础上，改进了相应的产品开发过程。在设计发图前就设计出波音 777 所有零件的三维模型，并在发图前完成所有零件、工装和部件的数字化整机预装配，检查干涉配合情况，增加设计过程的反馈次数，减少设计制造之间的大返工。

在波音 777 研制中采用了一个用于存储和控制的大型综合数据库管理系统，控制多种类型的有关工程、制造和工装数据，以及图形数据、绘图信息、资料属性、产品关系及电子检字等。同时对所接收的数据进行综合控制，包括产品研制、设计、计划以及零件制造、部装、总装、测试和发送等过程。它保证将正确的产品图形数据和说明内容发送给使用者，通过产品数据管理系统进行数字化资料共享，实现数据的专用、共享、发图和控制。

2.6.3　效益分析

波音公司实施并行工程技术带来了以下四个方面的效益：

(1) 提高了设计质量，极大地减少了早期生产中的设计更改；

(2) 缩短了产品研制周期，与常规的产品设计相比，并行设计明显地加快了设计进程；

(3) 降低了制造成本；

(4) 优化了设计过程，减少了报废和返工率。

2.7　本章知识结构安排与讲学建议

本章知识结构安排如图 2-7 所示。

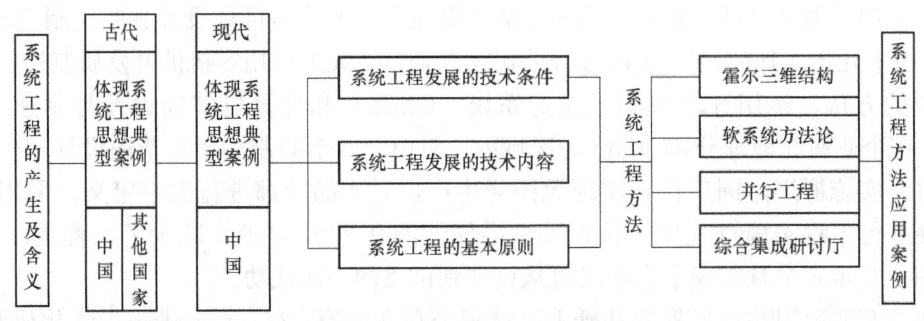

图 2-7　本章知识结构安排

讲学建议： 建议安排 4 学时。在理解系统及其理论的基础上介绍 2.1 系统工程的概念，注意系统工程与系统之间的联系与区别。从 2.2 古代典型工程入手，介绍这些工程的系统工程特点，再过渡到 2.3 现代系统工程实践，阐述系统目标、功能及系统结构设计、安排与协调，说明系统工程的实现过程及特性体现。需要强调系统工程的实现需要相应的技术内容、方法和工具作为支撑。虽然在不同的系统工程实践中涉及的技术内容不同，但是组织管理的技术与方法是有共性的。建议以 2.6 和 2.7 中案例引出 2.4 系统工程的特点与实施原则和 2.5 系统工程的方法论。

2.8 本章思考题

(1) 简述系统工程的发展过程，举例说明科学技术发展对系统工程的发展起了什么作用?

(2) 为什么说系统工程不同于其他工程专业那样的传统工程学? 举例说明。

(3) 除了本教材给出的例子外，举例说明国内外现代系统工程的实践案例，分析它们的特点。

(4) 比较古代系统工程实践与现代系统工程实践，分析它们之间的共同点和不同点。

(5) 结合专业问题说明系统工程方法论的原则。

(6) 系统工程的特点是什么? 如何理解"系统工程是不是技术的技术"?

(7) 举例说明三维结构方法论中逻辑维关于明确问题的工作内容。

(8) 结合实例说明三维结构方法论中知识维的内容与发展。

(9) 用实例说明软系统方法论的特点及逻辑过程。

(10) 分析说明硬系统方法论与软系统方法论的区别。

2.9 填一填连一连

(1) 系统工程是__________，具有__________、__________和__________特征。

(2) 系统工程的主要任务是____。

(3) 系统工程的主要方法与创始人连连看：

三维结构	美国国家防御分析研究所
软系统方法论	霍尔
并行工程	梁思礼
综合集成研讨厅	切克兰德
四维结构	钱学森

(4) 霍尔三维结构的时间维是__________、__________、__________、__________、__________、__________和__________。

(5) 霍尔三维结构的逻辑维是__________、__________、__________、__________、__________、__________和__________。

第3章 系 统 分 析

系统分析是系统观念在管理规划功能上的一种应用。它是一种科学的作业程序或方法，考虑所有不确定的因素，找出能够实现目标的各种可行方案，然后比较每一个方案的费用效益比，通过决策者对问题的直觉与判断，以决定最有利的可行方案。

——切克兰德

如果我们不能理解某个真理，或者对它失去了信心，就应该把原因归于方法和手段的缺乏，或者是他们所受到的阻碍，又或者是这些方法事实上并不恰当。

——爱德华·赫伯特

本章主要内容

(1) 系统分析的含义；
(2) 系统分析的准则；
(3) 系统分析的6个主要要素；
(4) 系统分析的主要作业及内容；
(5) 系统模型化的原则与步骤；
(6) 系统模型化的主要方法。

3.1 系统分析的兴起、应用及含义

3.1.1 系统分析的兴起及应用

系统分析产生于20世纪40年代末期，是从运筹学派生出来的一门实用学科，是运筹学的延伸与提升，至今已有近80年的历史。系统分析就是对一个系统内的基本问题，用系统观点与思维推理，在确定或不确定的条件下，通过分析对比，选出达到预期目标的最优方案或非劣方案的方法。

随着应用数学的发展以及大容量、高速度运算的电子计算机的出现和应用，人们可以对海量信息进行快速加工处理，使系统分析发展到一个新的水平，同时它的应用范围日益扩大。目前系统分析的应用范围非常广泛，包括制定系统规划方案、重大工程项目的组织和管理、选择厂址和确定工厂规模、新产品设计、工厂生产布局和工艺路线组织、编制生产作业计划、库存管理、资金成本管理、质量管理、生产方式及工艺的选择等。总之，系统分析应用的范围非常广泛，可以涉及对象系统从规划、方案拟定，直至实施的所有环节，这里就不一一列出。随着社会的进步和人们对社会治理和环境管理要求的提高，系统分析将被越来越广泛地应用到更多的领域。

3.1.2 系统分析的含义

如上所述，由于系统分析应用的范围十分广泛，不同领域不同问题的性质差异很大，因此对系统分析也有不同的理解和解释。

苏联1963年出版的《哲学辞典》指出对系统（系统客体）的分析是各种现代科学的特征之一。系统分析是现代科学认识的一种强大武器，它能使人们在完全崭新的技术和认识的基础上，用统一的系统分析对自然界和社会领域的任何复杂过程进行研究。

奎德（E. Quade）对系统分析作了如下说明：系统分析是通过一定的步骤，帮助确定决策方案的一种系统方法。这些步骤是：研究决策者提出整个问题，确定目标，建立方案，并根据这个方案的可能结果，使用适当的方法去比较各个方案，以便能依靠专家的判断能力和感性知识找出处理问题的最优途径。在系统分析中，随着技术方案和研究报告的不断完善，决策者会继续付出更大的精力去认识最优途径，并提出关于最优途径的建议。该过程如图3-1所示，它包含可行方案集、系统目标体系、系统建模、效果和信息及评价准则。

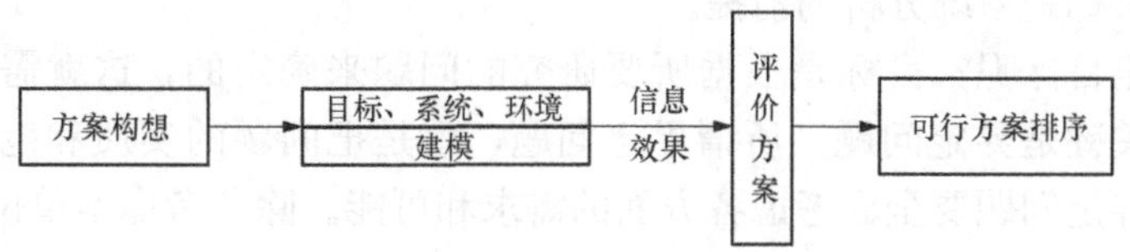

图3-1 奎德系统分析过程框图

尼古拉诺夫（S. Nikoranav）认为系统分析要解决的基本问题是选择一个最适用的替代方案，使高层决策人更有效地控制和利用资源。替代方案往往含有大量的变量和不确定因素，其选择必须保证完整性和可测性，为此必须采用数学模型和计算机技术。它包括以下具体内容：问题的提出、对问题各相关因素的估计、明确目标和系统的约束、制定评价准则、确定该问题所特有的系统结构、分析系统中的关键因素和不利因素、选择可能的替代方案、建立模型、提出求解过程的流程、进行运算并求得具体结果和评价结果、提出结论。

切克兰德（P. Checklard）认为系统分析是一种科学的作业程序或方法，考虑所有不确定的因素，找出能够实现目标的各种可行方案，然后比较每一个方案的费用效益比，通过决策者对问题的直觉与判断，以决定最有利的可行方案。

菲茨杰拉德（J. Fitzgerald）认为系统分析方法是分析和评价系统中各个决策点对系统的效果所产生的各种影响和制约。所谓决策点就是指系统中那些能对输入数据做出反应和能做出决策的要素。因此，在系统分析中，一个系统的设计是以各种决策点为依据的。图3-2所示的是一个供暖系统，其中的决策点是指太热和太冷两个控制部件，它可以是自动调控装置，也可以由人工来操作。

汪应洛认为系统分析是一个有目的、有步骤的探索过程，其目的是为决策者提供直接判断和决定最优方案所需的信息资料。其步骤是使用科学方法对系统的目的、功能、环境、效益等进行充分的调查研究，把试验、分析、计算的各种结果，与预期的目标进行比较，最后整理成完整、正确、可行的综合资料，作为决

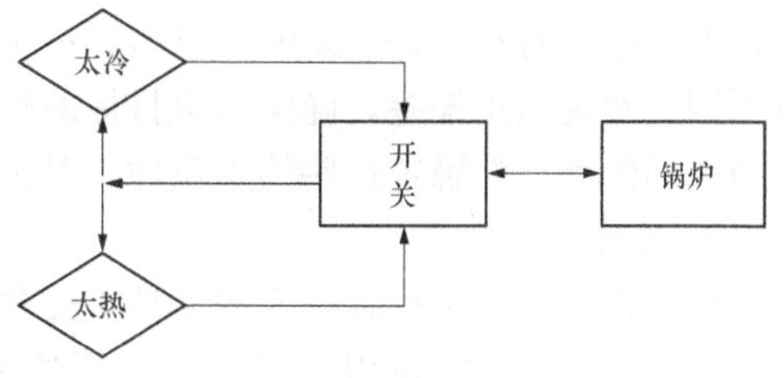

图3-2 供暖系统图

策者择优的主要依据。

总之，系统分析是以系统观点明确所要达到的目的，通过计算工具找出系统中各要素的定量关系，同时要依靠分析人员的直观判断和运用经验的定性分析，借助这种相互结合的分析方法，从许多备选方案中寻求满意的方案。由于系统分析的范围广泛，问题的性质差异大，通常对需要分析的问题要提出一系列的“为什么”，直到问题取得圆满的答复为止。

3.2 系统分析的主要要素和准则

3.2.1 系统分析的基本要素

系统分析的基本要素有目标、可行方案、模型、费用、效果和评价指标。

1. 目标

目标是系统所希望达到的结果或欲完成的任务。进行系统分析时，首先必须明确分析问题的目标，确定目标是系统分析的前提。

那么如何确定目标呢？目标是根据所要研究的问题来确定的，这就需要先进行问题分析，问题分析的关键是界定问题。所谓界定问题，就是把问题的实质和范围准确地加以说明，见表 3-1。界定问题要全面考虑各方面的需求和可能。除了考虑本单位的需求以外，还要考虑客观环境是否允许。

表 3-1　　系统分析要回答的问题集

项　目	提　问	决　定	对　象
目的	为什么确定这个？	应是什么？	删除工作中不必要的部分
对象	为什么要找这个？	应找哪个？	
地点	为什么在这里做？	应在何处做？	合并重复的工作内容，考虑重新组合
时间	为什么在这时做？	应何时做？	
人	为什么由此人做？	应由谁做？	
方法	怎样做？	怎样去做？	使工作简化

界定了问题以后，还不能立即确定目标，因为这样的目标太抽象，还不能抓住要害。为使目标准确，就要对目标进行细化，也就是说目标必须具体。在系统分析中常采取“目标—手段系统图”进行目标分析。

在系统分析中也常常会遇到随着分析工作的进展出现与原来目标相偏离的情况，这就需要分析产生偏离问题的原因，既要做横向分析，也要做纵向分析。横向分析是指要从许多错综复杂的因素中找出主要因素，在复杂的情况下，一种现象的产生可能同时与多种因素有关，但其中必有一些是主要的。纵向分析是指从表面的原因入手，通过深入各个层次找出根本原因。然后纠正偏差，确保预定目标的顺利实现。此外，在实际分析中要考虑时间、人力和费用的约束，并确定这些约束条件。目标分析的逻辑图如图 3-3 所示。

2. 可行方案

将实现某一目标可以选取的多种手段和措施称为可行方案，又称为备选方案。拟定供选择用的各种可行方案可以说是系统分析的基础。方案的好与坏、优与劣都是在对比中发现的，因此只有拟定出一定数量和质量的可行方案供对比选择，系统分析才能做得合理。如果只拟定一个方案就无法对比，也就难于辨认其优劣，也就没有选择的余地。对于简单的问题，可以很快地设想出几个备选方案，这些方案的内容一般比较简单。但是对于复杂的问题很难轻易设计出包括细节在内的备选方案，一般要分成轮廓设想和精心设计两个阶段。

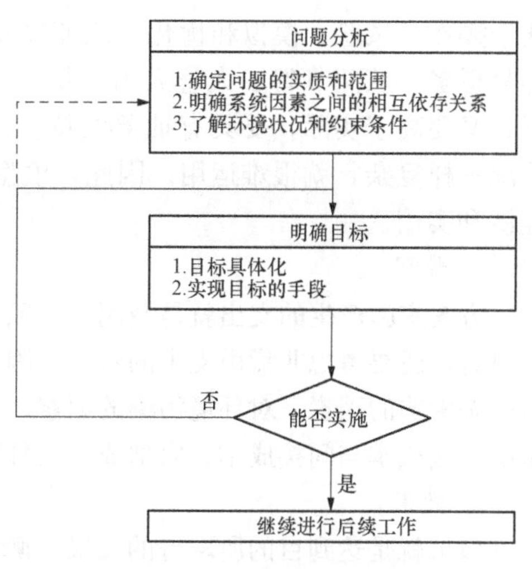

图 3-3 目标分析的逻辑图

(1) 轮廓设想。轮廓设想是从不同的角度和多种途径设想出各种各样的可能方案，以便为系统分析人员提供尽可能多样性的方案。这一步的关键在于打破条条框框，大胆创新。拟定备选方案的人员能否具有创新，取决于这些人员的专业知识和创新能力。在组织工作中要为拟订方案的人打消顾虑，使其发挥出创新能力。

例如关于减少青少年犯罪活动问题，教育、电影和电视内容、书刊管理、网络监管、民警监督、住房、社区文化、社会福利等各个方面采取的措施都可以单独或组合形成一个方案构想。总之，轮廓设想没有一个固定的模式，需要分析者去探索和拟订方案。

(2) 精心设计。轮廓设想阶段暂时撇开了细节，以减少对创新设想的束缚，可是轮廓设想所得到的方案较粗，需要进一步精心设计之后才有实用价值。精心设计主要包括两项工作，一是确定方案的细节，二是估计方案的实施结果。方案的细节若不确定出来，方案就无法付诸实施，方案的实施结果也不能事先估计，方案好坏也就无法识别，最优选择也无法进行。

3. 模型

模型是描述系统对象及其过程的本质属性的工具，它是对现实系统的简化、抽象和描述。常用的模型有实物模型、图形模型和数学模型等。

(1) 实物模型。这种模型是模仿实际系统的物理状态和运动状态，将现实实物的尺寸进行缩小或放大后的实物表示。例如建筑工程的建筑物模型、军事指挥部门制作的地形沙盘，尽管模型的对象不同，但都是按照一定比例对真实物体的一种描述。

例如在批量生产机床之前，首先要造出样机，这就是实物模型。再如人工气候室可以模拟湿度、温度、光照的变化，是气候环境的实物模型。

(2) 图形模型。这是用各种图表、符号来表示系统的物质流程和信息流程，如电路图、信息流程图、生产流程图、网络图等，它是比实物模型更加抽象地来描述实物的一种模型。

(3) 数学模型。这是用数学方法描述系统变量之间相互作用和因果关系的模型，它用各种数学符号、数值来描述工程、管理、技术、经济等系统中有关因素以及它们之间的数量关系。系统的数学模型按变量分，有确定型和不确定型两种。确定型模型能对系统做较为精确的定量描述，系统的变量性质都是确定值，通过计算能得到比较精确的结果。不确定型模型具有不确定性，系统的变量性质是随机性的，要用概率方法处理。

上述三种不同形式的模型各有其特点，实际使用时经常综合使用，以发挥其各自长处。在系统分析中使用模型可以摆脱现实的复杂现象，不受现实中非本质因素的约束，便于操作、试验、模拟和优化。改变模型中的一些参数值比在现实问题中去改变实物要容易得多，从而节省了大量人力、物力、财力和时间。需要注意的是，模型既要反映实际，又要高于实际，要具有抽象的特征。如果模型把全部因素都包括进去，甚至和实际情况一样复杂，就很难运用。因此，模型既要反映系统的实质要素，又要尽量做到简单、经济和实用。

4. 费用

方案实施产生的支出就是费用，一般可用货币表示。在分析对社会有广泛影响的大规模项目时，还要考虑非货币支出的费用，因为其中有些因素是不能用货币尺度来衡量的。例如对生态影响的因素、对环境污染的因素、对旅游行业影响的因素等。实际的费用包括方案实施的直接成本与间接成本、内部成本与外部成本等。

5. 效果

效果就是达到目的所取得的成果。衡量效果的尺度可以用效益和有效性来表示。效益是可以用货币尺度来评价达到目的的效果，分为直接效益和间接效益两种。直接效益包括使用者所付的报酬，或由于提供某种服务而得到的收入。间接效益指直接效益以外的那些能增加社会生产潜力的效益。有效性是用非货币尺度来评价达到目的的效果。

6. 评价指标

评价要有一组指标体现评价标准，衡量备选方案的优劣指标就是评价标准。通过评价标准对各个备选方案进行综合评价，确定出各方案的优劣顺序。

3.2.2 系统分析的准则

系统是由很多要素组成的，由于系统内各个要素存在着相互依存、相互制约、协调作用的关系，而且系统又处于动态发展中，具有输入和输出的流动过程，整个系统内部与系统外部环境还要发生联系和矛盾。因此在系统分析时，必须处理好各种复杂关系，特别是对复杂系统进行分析时，要处理好下列各项准则的关系：

(1) 外部环境与内部条件相结合。系统的生存和发展是以外部环境为条件的，环境的变化对系统有着很大的影响。对系统外部条件进行分析和研究，弄清目前和将来系统所处环境的状况及其变化，从而把握系统发展的有利条件和不利因素。所以在进行系统分析时，必须将系统内外部各种有关因素结合起来进行综合分析。

例如一个建筑公司内部的工队与班组之间的协调、职工的技术水平与文化水平、公司的施工机构与装备、公司的管理制度与组织机构等都影响着公司的运营。此外，公司还受到外部条件的约束，气象、气候条件、环保政策和措施等直接影响施工的进度与质量，施工的地理位置、原材料的供应、运输条件、各协作单位的关系等都约束着公司的发展。

(2) 当前利益与长远利益相结合。选择一个最优方案既要从目前的利益出发，还要考虑将来的利益。如果人们采用的方案对当前和将来都有利，这当然是最理想的方案。但是在现实中，当前利益和长远利益常常会出现冲突与矛盾。在处理这些矛盾时，应以长远利益为重，兼顾当前利益，力争把长远利益和当前利益结合起来，在服从长远利益的前提下，使当前利益的损失减少到最低程度。

清朝文人陈澹然（1860—1930 年）曾说过："自古不谋万世者，不足谋一时；不谋全局者，不足谋一域"。他强调只有从全局出发，韬光养晦，积极运筹，才能以积极的态度处理好生存和发展问题，实现长远目标。

《说苑》中也有关于当前利益与长远利益的描述："园中有树，其上有蝉，蝉高居悲鸣，饮露，不知螳螂在其后也；螳螂委身曲附，欲取蝉，而不知黄雀在其傍也；黄雀延颈，欲啄螳螂，而不知弹丸在其下也。此三者皆务欲得其前利，而不顾其后之有患也。"《庄子·山木》对情景也有更为简短的描述："睹一蝉，方得美荫而忘其身，螳螂执翳而搏之，见得而忘其形；异鹊从而利之，见利而忘其真"。这个故事说明了不能只顾及当前利益而忽略潜在风险，忘记了长远利益。

关于企业员工培训的问题，企业抽调了一部分职工进行文化学习和技术培训，这不但需要花费教育经费，而且由于减少了一线生产人员，导致生产上暂时会受到损失。但从长远的观点来看，职工的文化水平和技术水平提高之后，将会产生更大的远期经济效益。再例如修建大型水利水电枢纽工程，从防洪、发电、灌溉、旅游等长远利益来看是非常丰厚的，但是由于修改该工程所造成的景区淹没、移民和巨大投资等，对当前利益的损害也是非常明显的。通常的处理方法是用长远的战略眼光再兼顾当前利益，不能完全牺牲当前利益。

(3) 整体利益与局部利益相结合。一个大系统或复杂系统是由许多分系统组成的。理论上讲，如果每个分系统的效率是好的，则系统整体的效益可能会比较理想。但是在实际工作中并不是如此理想，有时会出现局部效益好、整体效益不好的方案，显然这是不可取的。相反，如果局部效益不好，但从整体看是比较好的，这种方案是较为可取的。在系统分析中，常常强调胸有全局，局部服从全局，局部只能在整体之内，不能居于全局之上。系统分析追求的目的是整体最优，而非局部最优，甚至有时需要通过局部最劣的特殊方式来实现整体最优，即用局部的"舍"来追求整体的"得"。

通过局部利益的最大损失，实现整体利益的最大利益的最经典的实例就是"田忌赛马"：田忌以自己最差的下等马去比齐王最好的上等马，得到局部最惨的败局；然后以自己剩下的最好的上等马比齐王的中等马；最后以自己剩下的中等马比齐王剩下的最差的下等马。最终获得整体成功。

再例如F1赛车调校问题。F1赛车平均时速高达200km/h，极速可达350km/h以上，空气动力学因素对赛车的影响非常明显。气动阻力和速度与赛车车身形状之间有很大关系。F1赛车需要很大的过弯速度，这样就需要巨大的下压力以提升弯道时的加速度。一般汽车甚至无法产生1G的转弯力，而F1赛车则可达到4G。在漫长的赛季中，车队的引擎一般变化不会很大，车队一般会研发一系列的空气动力学套件来调整下压力与汽车阻力的关系。赛车的前定风翼和后定风翼提供大部分的下压力。通常增加下压力会提升阻力，这将意味着赛车在直道的极速降低，但会有比较好的过弯性能，如何调整二者之间的关系是决定赛车平均时速的关键。在比赛中只有那些找到最佳调校策略，取得平均速度最快的人才能跑出最快单圈，而很多时候他们的极速并不是最快的。这就是局部利益（极速）要和整体利益（平均时速）相协调的例子。

从系统分析看，没有整体效益也就没有局部效益，要在保证系统整体效益最优的前提下把局部效益与整体效益结合起来。整体效益与局部效益是互相依存的。一方面，局部要服从于整体，围绕整体而进行活动；另一方面，整体也要关心局部效益，照顾局部，支持局部，使它充满活力。

(4) 定量分析与定性分析相结合。定量分析是指对那些可以用数量表示的指标的分析，而定性分析是指对那些不容易用数量表示、只能根据经验统计分析和主观判断来解决的指标的分析，如政治、政策的因素，环境污染对人体健康的影响等。系统分析不仅需要进行定量分析，还需要进行定性分析。在分析各种系统对象时，通常遵循“定性—定量—定性”这一循环往复的过程，循环往复是系统分析过程的普遍规律，定性分析是定量分析的基础，而定量分析是对定性分析的进一步深入。“定性—定量—定性”这一循环往复过程只有将定性和定量两者结合起来进行综合分析，才能达到系统分析的目的。

有人试图研究汽车肇事同汽车行驶速度之间的关系，以便得到安全行车的最佳速度。由于没有进行定性分析，其工作过程是直接了解肇事汽车的行驶速度，把行驶速度划分为三个等级，即慢速、中速和高速，分别统计汽车肇事事故中，慢速行驶、中速行驶和高速行驶这三种状况所占的比例，分析的结果是“中速行驶是肇事比例最大的”，由此得出了“中速行驶是最危险的驾车速度”的荒谬结论。这种分析过程显然忽视了驾驶员常常以中速行车的经验事实，所以定量分析的结论缺乏说服力。

进行系统分析时不能一味地强调定量分析，应该依据系统分析的需求和对象系统的特征以及人类计量技术的发展水平，在定性分析的基础上进行定量分析研究系统的发展变化规律。只有这样，系统分析所得的结果才更具有可信度。

需要注意的是，在介绍系统分析的上述原则时，需要强调前后两者 A 与 B 相结合。所谓相结合，是指两者均要考虑，不能完全舍弃 A 或完全舍弃 B，仅考虑一方面的需求。局部利益应该从属于全局利益，但这并不等于可以忽视局部利益，因为局部利益在一定时期和条件下可转化为全局利益。如修建大型工程涉及的房屋拆迁居民、失地农民面临的经济困难和未来发展的问题得不到妥善解决，在一定情况下都可能影响社会发展的全局，所以重视局部利益的解决也是在处理整体与局部利益关系中的重要原则。

3.2.3 系统分析的步骤与流程

系统分析是在对系统问题现状分析及对目标充分挖掘的基础上，运用建模、优化、仿真、预测、评价等方法，对系统的有关方面进行定性与定量相结合的分析，旨在为决策者选择满意的系统方案提供决策依据的分析研究过程。系统分析的过程与内容如图 3-4 所示。

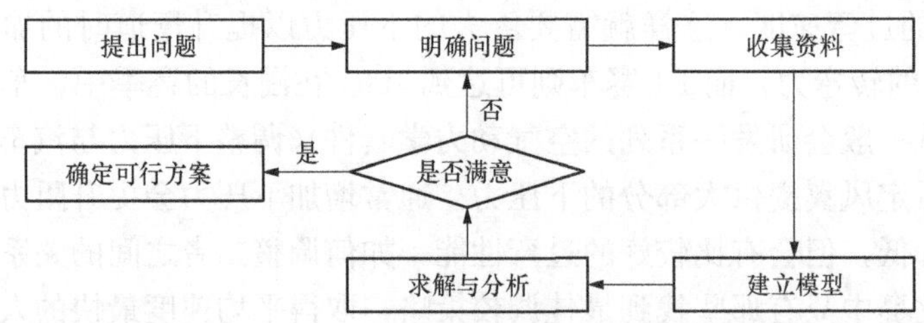

图 3-4 系统分析的过程与内容

图 3-4 中各工作可以以问题集的形式出现，对问题的解答即为系统分析的内容，如图 3-5 所示。

在对一个具体问题进行系统分析时，往往不是一次分析过程就能全部解决问题，可能要通过多次反复的分析循环才能得到较为满意的结果。系统分析的反复循环过程及其内容如图 3-6 所示。

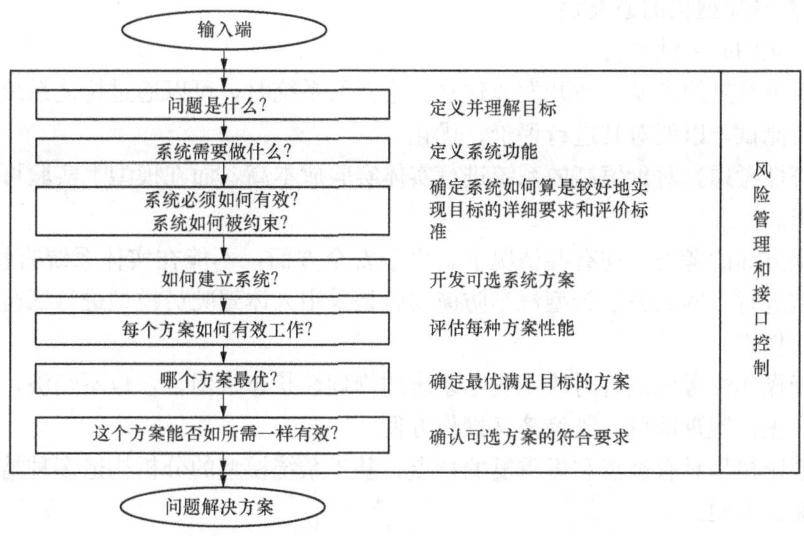

图 3-5 系统分析过程中的问题及其解答

系统分析是一个比较复杂的、非匀称的、大范围综合的过程。在这个过程中，需要提出问题、制定目标体系、建立方案、收集资料并分析、建立模型、效果分析、判断决策和持续改进。

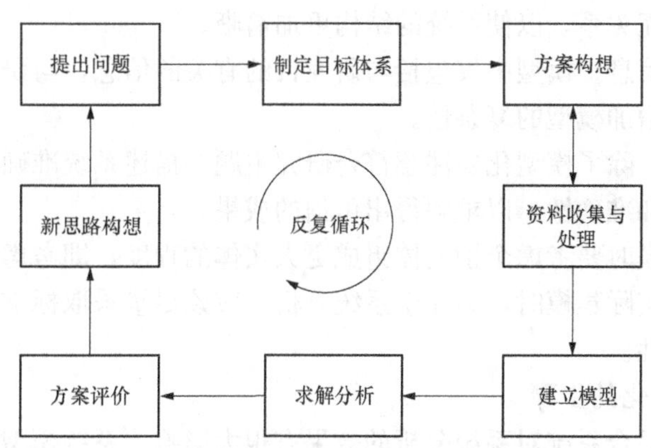

图 3-6 系统分析的反复循环过程及其内容

3.3 系统的模型化分析

3.3.1 系统模型化概述

所谓系统模型化就是运用文字、符号、图表等对系统属性进行描述，揭示系统的功能与作用。要想对系统进行细致分析并得到有效的结论，必须基于系统结构建立系统模型。系统模型不同于实际系统，它是对实际系统的抽象，但又能体现实际系统的主要功能、主要特征和主要属性，反映系统有关因素之间的依存和制约关系，包括定性和定量关系。系统模型化是系统分析的一种主要方法，它突破了实验法的局限性，又避免了仅仅停留在概念阶段的抽象性，大大提高了系统分析的有效性。

3.3.2 系统模型化的必要性

系统模型化的必要性来自：

（1）新系统开发的需要。在开发或建立一个新的系统时，可以通过构造系统模型对新系统的性能进行测试，以便对其进行评价、优化。

（2）经济性考虑。对价值高的系统进行实体实验成本高，而在模型上实验可以大大减少经济上的支出。

（3）安全方面的考虑。在有些情况下，出于安全方面，不能在实体系统直接进行实验，需要借助模型进行。例如关于新型汽车防撞实验是采用人体驾驶员模型进行试验的，减少了不必要的人身伤亡。

（4）出于操作性考虑。有时改变实际系统的物理性状非常困难，也不经济，而对模型参数的调整只需敲击键盘即可，既经济又操作方便。

总之，系统模型具有经济和可重复的特点，基于系统模型的分析构造多种情景，对模型的修改既快速又方便。

3.3.3 系统模型化的原则

建立模型是一项创造性工作，有时同一个系统可以写出不同的模型形式，所以说系统模型化既具有科学性，又具有艺术性。要做到对系统的描述既简单又准确、既有特性又标准化不是一件容易的事情。通常系统模型化需要遵循以下准则：

（1）系统结构表达的清晰性。系统是一个由许多要素构成的整体，可以应用有向图或无向图描述要素间的相互关系，以使系统的结构更加清晰。

（2）考虑相关性信息。模型中仅包括与研究目的有关的信息，与研究目的无关的信息尽量不要考虑，否则会增加模型的复杂性。

（3）数据准确性。除了模型化要注意符合研究主题、描述系统准确度外，还要保证模型的有关数据的真实性和准确性，以求解得出可信的成果。

（4）集结性。建模时要考虑个别实体组成更大实体的程度，即考虑活动的集结性。

（5）标准性。在实际建模时，为便于系统分析，应该尽量采取标准化的符号、术语来表达，增加系统的可读性。

3.3.4 系统模型化的步骤

构造的模型是否适合系统对系统分析的效果有很大影响。系统模型化过程中常常将系统分解为若干分系统，对每个分系统分别构造模型，进行定量分析。模型化的步骤如下：

（1）明确模型化的目的和要求，以保证模型满足实际需要，不产生大的偏差。

（2）对系统进行一般语言描述和图形描述，为建立模型打好系统功能与结构基础。

（3）弄清系统中的主要因素及其相关关系，构造有关变量。

一般模型中的变量可以分为表示可控因素的决策变量、表示不可控的环境变量、由决策变量和环境变量所决定的结果变量及用以评价系统优劣尺度的评价变量。

（4）选择问题的类别及系统分析的目的，建立模型结构。

（5）分析模型的输入和输出特性。

（6）估计模型中的参数，将系统中要素间的关系定量化。

（7）带入数据，求解模型，结果检验和修正模型。

3.3.5 构造模型的方法

基于对系统结构和特性的不同程度的了解，可以选用不同的建模方法。可以基于机理与规律建模，也可以基于统计数据建模，还可以基于规则建立计算机模型。常用的分析方法有以下几种：

(1) 直接分析法。当系统内部结构和特性已经清楚，或系统比较简单和问题比较明确时，可按问题性质直接利用已知的定理或定律、常识进行分析，就可构造出来模型。直接分析法构造模型的步骤如下：

1) 明确系统目标；

2) 用图示说明变量间的关系；

3) 明确系统所受的约束和外部环境条件；

4) 规定模型所用的符号、代号及其含义；

5) 用数学符号、数学公式表达系统目标和变量之间的关系；

6) 简化数学表达式，并检查它是否代表所要分析的问题；

7) 模型求解。

如在有限资源限制下，已知多个项目投入不同资源产出的收益最大化的资源分配模型，已知某物资的产量和需求地的需求量以及需求地与产地的调运费用的最小费用运输模型等都属于直接分析法。

(2) 仿真分析法。所谓仿真就是对实际情况的模仿。对于结构复杂的系统，或内部结构或特性不很清楚的系统，即所谓的“灰箱”系统，难以建立精确的数学模型，即使建立数学模型也可能得不到满意的解答。对于这类系统，可采用仿真的方法来研究系统的动态变化趋势。在运用这种方法分析现实系统时，先设计出一个与系统现象或过程相似的模型，然后利用该模型进行一系列的试验，即仿真试验。通过给模型规定各种不同的输入条件，对模型的输出进行观察，了解各种条件的变化对现实过程的实际影响。

(3) 数据分析法。有时系统的结构性质不是很清楚，但有大量反映系统功能的观测数据，可以通过对描述数据加以统计分析，搞清楚系统的结构及其表现出的规律和特征，这种分析方法称为数据分析法。数据分析法中数据的收集与整理是关键，这些数据有些是已知的，有些需要按要求收集整理得到。不管何种渠道，都要保证数据的可靠性、真实性、完整性。在企业生产管理中经常遇到产品出现质量问题，当然造成产品质量问题的影响因素很多，其中有些因素是可控的，有些却是难以控制或是不可控的。究竟这些因素与质量指标之间是什么关系，它们造成的影响分别是怎样的，使用统计分析方法构造统计模型，并在此基础上进行数据分析就能回答这些问题。

3.4 案例：布里斯烟草公司成本问题分析

按照同业公会公布的数字，布里斯烟草公司的成本比主要的竞争对手高 20%，这事引起了公司董事长的注意。

该公司专门生产带有异国情调的香烟，那些对大公司的香烟不满的消费者正转向此类香烟。因而目前的市场正在日趋扩大。公司的高成本有一部分是因为生产的规模有限造成的，但董事长仍然认为，如果想增加市场的份额，降低成本就是必要的措施。董事长请工业工程部的负责人大卫解决成本管理问题，大卫马上指派其手下的首席分析员托尼以全部工作时间同他一起去做这件事。

3.4.1 问题分析

1. 费用分析

他们着手的第一步是详细分析香烟生产的费用，在这些费用中只有属于原材料的消耗与同行业的其他公司的费用相当，看来无多大油水。最有可能降低成本的似乎在制造和运输环节，分析的结果也表明确实如此。例如，专为薄荷烟设计的工厂也生产许多其他种香烟，这样混合生产根本谈不上效率。在此认识下，他们起草了一份行动计划交董事长批准。

2. 行动计划

大卫和托尼两人均认为，必须将不同品种香烟的生产派给相应的工厂，才能保证制造的效率。他们做过的初步调查还表明有可能获得必要的信息，去建立生产分配模型。因为模型只在制定年度计划时使用，搜集数据的时间相当充裕，所以使得建立线性规划作为生产分配模型是可行的。

布里斯公司下属五家工厂，总共生产 130 多种香烟，现在要做的资源分配模型是决定在各个工厂里分别生产哪几种香烟及其生产数量。资源分配工作的目标是使扣除成本后的销售收入最大化。模型所受到的约束条件为工厂的生产能力、对各种香烟的需求及其烟草的限额。

董事长委托生产部副经理鲍勃来检查刚拟出的正在构建模型的项目。鲍勃是个 40 岁刚出头的精明挑剔的管理者，他已取得管理硕士学位。后来就在布里斯公司飞黄腾达。在读硕士时，鲍勃就知道有线性规划，在他学习时求解线性规划使用的是一板一眼的迭代步骤，这至今令他生厌。

鲍勃带着怀疑但耐心地听取了大卫和托尼的介绍，然后发问："模型里有多少个变量?"这么仔细的问题真是出人意料，好在大卫事先估计过模型的规模。

"一百个变量和三百个约束"，大卫在回答时带着对模型的自豪，却没有想到副经理的反应大大不妙。

"你说什么，天呀，这够你们算一辈子的了!"

"不，阁下"，托尼插嘴说，"新的计算机系统效率很高，要不了多少时间就可以算出结果来。"

鲍勃没有被说服，他又问起数据："你们想过搜集数据要多少时间吗?"

"我们可以编一个生成数据库的程序"，托尼说。

"我是问多少时间?" 副经理盯住不放。

"我们跟数据处理部门联系过，他们说我们可以在半年内取齐数据。"

"什么!" 鲍勃叫起来，"董事长必须在下个月的董事会前做出决策，你们知道吗?"

这可真的进退两难了，大卫踌躇了好几分钟。突然他问道"占我们公司销售总数 80% 的产品有几种呀?"

"不多"，鲍勃回答他，"我可以查一下，据报告给我的数据，有 12 种产品的销售额占总数的 87%。"

"这样的话，就只以这 12 种产品作为模型的对象，数据的搜集也可以用人工进行。"

"搞出模型需要多少时间?"

“三星期内可以给你结论”，大卫说。

“那好，请记住，我们需要的是在短期内解决大问题，别搞那些只能供在象牙塔里的货色。”

最后一句话听了不怎么舒服，但大卫和托尼离开办公室的心情是复杂的，这是一个在重大决策上显身手的难得机会，但也是弄得不好就会砸掉饭碗的挑战。

3.4.2 生产分配模型的开发与运行

在副经理的督促下，大卫和托尼开始使模型具体化，而且很快就完成了。因为有公司最高层管理者的关注，数据搜集工作比正常情况下顺利很多。在大卫的经验中，会计部门的合作如此尽力还属第一次。经过有限的调整，大卫和托尼就让模型开始运行了。模型的运行结果见表3-2，他们就要求向鲍勃汇报。

表3-2 **香烟的分配模型的运行结果** 单位：百箱

月份	1	2	3	4	5	6	7	8	9	10	11	12
B城	12 000	8000			27 000						5000	8385
S城				11 000		4500	24 000	18 000				
R城			26 000	19 000	23 000							
F城						8500			22 000	30 000		1615
P城												

按照此分配方案，费用约为30500万美元，要比目前的实际费用少2100万美元。大卫很受模型的鼓舞，满怀高兴地与鲍勃会面。

当时鲍勃的反应却不是那么回事。“这个方案是荒唐的，大卫，你应该知道公司有多少台烘炉用于香烟生产，如果B城的烘炉坏了，会有什么结果？烘炉一修就是6个月，计划中只在B城生产的三种香烟就完全脱销了”。

大卫没有在模型中考虑烘炉条件，但他很快指出，只要增加一类约束条件就能解决此问题。某种香烟任何工厂生产的百分比不能超过某个固定比例。再次运行模型后的结果见表3-3。

表3-3 **香烟的分配模型的运行结果** 单位：百箱

月份	1	2	3	4	5	6	7	8	9	10	11	12
B城	6500	4000			27 000		9600	52 000			3000	8385
S城		3000		11 000		4500	14 400	12 800				
R城	5500		12 000	18 000	23 000				8800	12 000		
F城			14 000			7800			13 200	18 000	2000	1615
P城		1000		1000		700						

这次在正式提出报告前，他们将结果送给鲍勃。鲍勃再一次提出了问题：“你们安排在P城的工厂每月生产2700箱香烟，但我们可不能为了这么点产量就维持一个厂啊!”

大卫他们最后商量将P城排除在模型之外，并把结论交给鲍勃。

“这个结论看起来好多了，可以节省多少钱?”

大卫有点遗憾地说："与目前的情况比，节省了 1300 万美元，比我们第一个方案多花 800 万美元。"

3.4.3 决策

董事长很高兴，但报告中有一点令他不安。他曾经担任过公司在 P 城工厂的厂长，因此很清楚关闭工厂对城市会有什么影响。在经过考虑后，他决定采纳报告中的建议，但他又要求将 P 城工厂改建为区域性仓库，以减少因工厂停产而造成的失业人数。

3.5 本章知识结构安排与讲学建议

本章知识结构安排如图 3-7 所示。

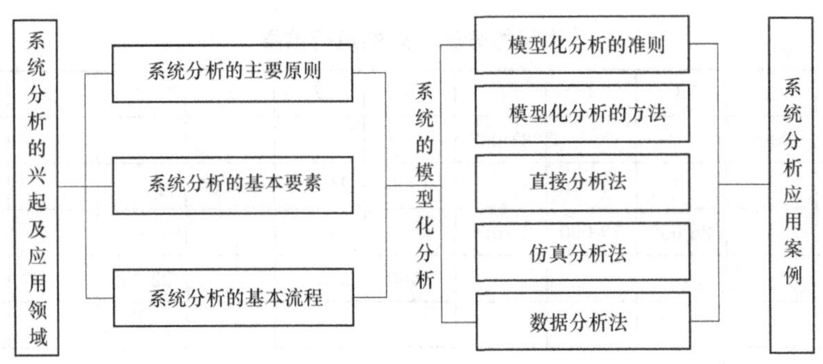

图 3-7 本章知识结构与安排

讲学建议：建议 2 学时。结合实例讲述系统分析的主要要素和准则。注意系统分析与系统工程之间的关系与区别。模型化是系统分析的一项重要工作，对于本章介绍的几种模型化方法可结合专业案例进行讲述与学习。对于有建模基础的学生，建议其阅读与专业模型有关的文献，并安排在课堂上或课下线上与同学们讨论。

3.6 本 章 思 考 题

(1) 关于系统分析的不同描述有何共性？
(2) 举例说明系统分析的六要素。
(3) 举例说明为什么在系统分析时要遵循整体利益与局部利益相结合等原则。
(4) 如何理解系统分析是一个不断循环的过程？
(5) 系统分析的模型可以分为哪几大类？系统模型化在系统分析中有什么作用？
(6) 结合专业实例说明如何用概念模型描述系统。

第4章 系 统 优 化

线性规划是用来把稀缺资源分配给相互竞争的需求的一种模型方法。一个企业中存在着很多分配问题，其中绝大多数可能无法用模型方法来解决。然而，模型式问题的结构及其解答却可应用于所有各种分配问题。我们如果知道某件事还存在着其他的最优解决办法，而且还可能存在着许多几乎同最优解决办法一样好的解决办法，我们就会知道我们有着相当大的机动余地，这就使得我们易于适应各种附带条件。

——埃尔伍德·斯潘塞·伯法

最优化的程序比令人满意的程序要复杂几个数量级，其间的区别就如同在一个干草堆中寻找一根最尖的针同寻找一根尖到足以缝纫的针之间的区别一样。

——詹姆斯·马奇　　赫伯特·西蒙

本章主要内容

(1) 系统优化的含义及一般步骤；
(2) 线性规划模型的特点及求解方法；
(3) 非线性规划模型的特点及求解方法；
(4) 整数规划模型的求解方法；
(5) 动态规划模型的求解方法；
(6) 目标规划模型的求解方法。

4.1 系统优化的含义与步骤

系统优化是在满足一定条件下，寻求一个或多个指标的最优效果或满意度。它主要解决有关最优规划、最优计划、最优控制和最优管理等问题，如系统管理效率最大化、系统经营所需成本最小、系统运营所获得的效益最大、系统劳动生产率最高、资源的最佳使用效果等。通常最优是根据一些标准来判断最优性的，因此判断最优性的标准的内容和数量不同，相应的最优解也会有所不同。

若设决策变量为 X，目标函数为 $f(X)$，则优化问题可描述为

$$\min/\max f(X), X \in E^n \tag{4-1}$$

考虑有些优化问题还涉及约束条件，则优化问题可描述为

$$\begin{gathered}\min/\max f(X) \\ h_i(X) = 0, i = 1,2,\cdots,m \\ g_j(X) \geqslant 0, j = 1,2,\cdots,l\end{gathered} \tag{4-2}$$

系统优化根据不同的标准可以分为线性规划与非线性规划、静态规划与动态规划、确定性规划与随机规划、单目标规划与多目标规划、整数规划与混合规划、无条件约束规划与有条件约束规划等。

系统优化是在系统目的分析的基础上进行的，包括下列步骤：

(1) 分析系统优化模型的类型及其特点；

(2) 收集与整理相应的数据；

(3) 选择适当的算法进行求解；

(4) 对求解的优化成果进行分析；

(5) 必要时对模型进行修正，再进行求解。

4.2 线 性 规 划

线性规划模型一般包括以下三部分：

(1) 决策变量。它是关系到系统优化目标能否实现的、需要确定的未知量。当决策变量的取值确定后，就得到了解决问题的一个具体方案。一般地，一个线性规划问题有很多具体方案可供选择，求解线性规划问题就是从众多的可行方案中，寻求最优方案，使得设备、材料等资源得到充分利用，避免任意选择其他方案造成资源浪费，达到最优的经济效果。

(2) 约束条件。约束条件是决策变量的线性等式或不等式。决策变量在取值时必须要满足这些约束条件。通常对决策变量的取值都是有要求的。在约束条件中，$x_j \geqslant 0$ 称为非负约束条件。这一约束条件在有的问题中没有或只对部分变量有。

(3) 目标函数。它是决策变量的线性函数，表示问题所要达到的优化目标。不同的问题优化目标的要求不同，有的要求最大化，用 max 表示，有的要求最小化，用 min 表示。

在线性规划模型中，约束条件和目标函数都是线性的，所以称为线性规划问题。

线性规划问题的数学模型的一般形式为

$$\max(\min) z = c_1 x_1 + c_2 x_2 + \cdots + c_n x_n \quad \text{目标函数}$$

$$\left.\begin{cases} a_{11}x_1 + a_{12}x_2 + \cdots + a_{1n}x_n \leqslant (=, \geqslant) b_1 \\ a_{21}x_1 + a_{22}x_2 + \cdots + a_{2n}x_n \leqslant (=, \geqslant) b_2 \\ \cdots \\ a_{m1}x_1 + a_{m2}x_2 + \cdots + a_{mn}x_n \leqslant (=, \geqslant) b_m \\ x_1, x_2, \cdots, x_n \geqslant 0 \quad \text{非负约束条件} \end{cases}\right\} \text{约束条件} \tag{4-3}$$

求和形式为

$$\max(\min) z = \sum_{j=1}^{n} c_j x_j$$

$$\begin{cases} \sum\limits_{j=1}^{n} a_{ij} x_j \leqslant (=, \geqslant) b_i & i = 1, 2, \cdots, m \\ x_j \geqslant 0 & j = 1, 2, \cdots, n \end{cases} \tag{4-4}$$

为了便于讨论，通常会将线性规划模型转化为除变量非负约束外全部约束为等式约束的标准形式：

$$\max z = c_1x_1 + c_2x_2 + \cdots + c_nx_n$$

$$\begin{cases} a_{11}x_1 + a_{12}x_2 + \cdots + a_{1n}x_n = b_1 \\ a_{21}x_1 + a_{22}x_2 + \cdots + a_{2n}x_n = b_2 \\ \cdots \\ a_{m1}x_1 + a_{m2}x_2 + \cdots + a_{mn}x_n = b_m \\ x_1, x_2, \cdots, x_n \geqslant 0 \end{cases} \tag{4-5}$$

或简写为

$$\max z = \sum_{j=1}^{n} c_j x_j$$

$$\begin{cases} \sum_{j=1}^{n} a_{ij}x_j = b_i & i = 1,2,\cdots,m \\ x_j \geqslant 0 & j = 1,2,\cdots,n \end{cases} \tag{4-6}$$

为了讨论方便，还可写成向量形式和矩阵形式：

$$\max z = \boldsymbol{CX}$$

$$\begin{cases} \sum_{j=1}^{n} \boldsymbol{p}_j \boldsymbol{x}_j = \boldsymbol{b} \\ x_j \geqslant 0 \end{cases} \tag{4-7}$$

$$\max z = \boldsymbol{CX}$$

$$\begin{cases} \boldsymbol{AX} = \boldsymbol{b} \\ X \geqslant 0 \end{cases} \tag{4-8}$$

式（4-7）和式（4-8）中，$\boldsymbol{C} = (c_1, \cdots, c_n)$，$\boldsymbol{X} = \begin{pmatrix} x_1 \\ \vdots \\ x_n \end{pmatrix}$，$\boldsymbol{p}_j = \begin{pmatrix} a_{1j} \\ \vdots \\ a_{mj} \end{pmatrix}$，$\boldsymbol{b} = \begin{pmatrix} b_1 \\ \vdots \\ b_m \end{pmatrix}$，

$$\boldsymbol{A} = \begin{pmatrix} a_{11} & a_{12} & \cdots & a_{1n} \\ a_{21} & a_{22} & \cdots & a_{2n} \\ \vdots & \vdots & \vdots & \vdots \\ a_{m1} & a_{m2} & \cdots & a_{mn} \end{pmatrix}$$

对于2个决策变量的线性规划问题，可以用图解法求解，2个及以上的决策变量的线性规划问题可用单纯形法求解。

4.2.1 图解法步骤

图解法求解线性规划问题是先将所有的约束条件在坐标系上表示出来，找出满足约束条件的可行域；然后确定目标函数优化的方向；最后沿着目标值优化的方向移动目标函数等值线，直至取得最优值。具体步骤如下：

(1) 建立坐标系，将所有约束条件对应直线在坐标平面上绘出；

(2) 确定可行域，即由代表约束条件的直线所围成的共同区域；

(3) 绘出目标函数等值线，并确定优化方向；

(4) 沿着目标函数优化方向移动目标函数，直至达到可行域的顶点或边界，确定最优解

和最优值。

【例 4-1】 某工厂在计划期内要安排生产Ⅰ和Ⅱ两种产品，已知生产单位产品所需的设备台时及A、B两种原材料的消耗，见表4-1。该厂每生产一件产品Ⅰ可获利2元，每生产一件产品Ⅱ可获利3元，问应如何安排计划使该厂获利最多？

表 4-1 工厂生产工艺和资源容量情况

产品	Ⅰ	Ⅱ	所需台时及消耗
设备	1	2	8台时
原材料 A	4	0	16kg
原材料 B	0	4	12kg

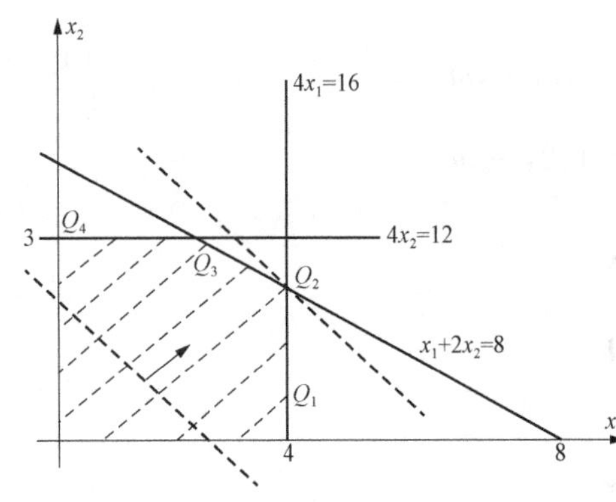

图 4-1 线性规划的图解法

解 设产品Ⅰ和产品Ⅱ的生产数量为 x_1、x_2，在满足设备容量和资源容量的约束条件下利润最大的优化模型为：

$$\max z = 2x_1 + 3x_2$$

$$s.t.\begin{cases} x_1 + 2x_2 \leqslant 8 \\ 4x_1 \leqslant 16 \\ 4x_2 \leqslant 12 \\ x_1、x_2 \geqslant 0 \end{cases}$$

线性规划的图解法如图4-1所示。

图4-1中 $Q_2(4,2)$ 为最优解，相应最优目标值为14。

4.2.2 单纯形法求解原理及步骤

1. 单纯形法求解原理

单纯形法是一种迭代法，它并不是在所有的可行解里寻找最优解，而是在基可行解里寻找最优解，大大缩小了搜索范围。首先找到一个基可行解，对该基可行解进行最优性判断，如果满足最优性就停止计算，否则，转换至下一个基可行解，再进行最优性判断，重复进行。

2. 单纯形法求解步骤（以求极大值线性规划为例）

第1步，将线性规划问题标准化，构造一个初始可行基，求出初始基可行解。

第2步，计算各非基变量 x_j 的检验数：

$$\sigma_j = c_j - z_j = c_j - \sum_{i=1}^{m} c_i a'_{ij} \tag{4-9}$$

如果 $\sigma_j \leqslant 0, j = m+1,\cdots,n$，则该基可行解就是最优解，停止计算。否则，转入下一步。

第3步，在所有的检验数 $\sigma_j > 0, j = m+1,\cdots,n$ 中，若有某个 σ_{m+k} 对应 x_{m+k} 的系数列向量 $p_{m+k} \leqslant 0$，则该线性规划问题无界解，停止计算。否则，转入下一步。

第4步，根据 $\max(\sigma_j > 0) = \sigma_{m+k}$，确定 x_{m+k} 为换入变量，x_{m+k} 所对应的系数列称为主元列。

根据最小 $\theta = \min\limits_{i}\left(\frac{b'_i}{a'_{i(m+k)}} \middle| a'_{i(m+k)} > 0, i = 1,2,\cdots,m\right) = \frac{b'_l}{a'_{l(m+k)}}$，可确定 x_l 为换出变量，x_l 所在行称为主元行，主元列与主元行交叉处的元素 $a'_{l(m+k)}$ 称为主元素。

第 5 步，以主元素 $a'_{l(m+k)}$ 为基准，通过初等行变换将主元素变为 1，主元列变成单位向量，同时，还要将基变量列中的 x_l 换为 x_{m+k}，以及改变基变量价值系数所在列中相应的价值系数。

重复第 2 步至第 5 步。单纯形法的步骤框图如图 4-2 所示。

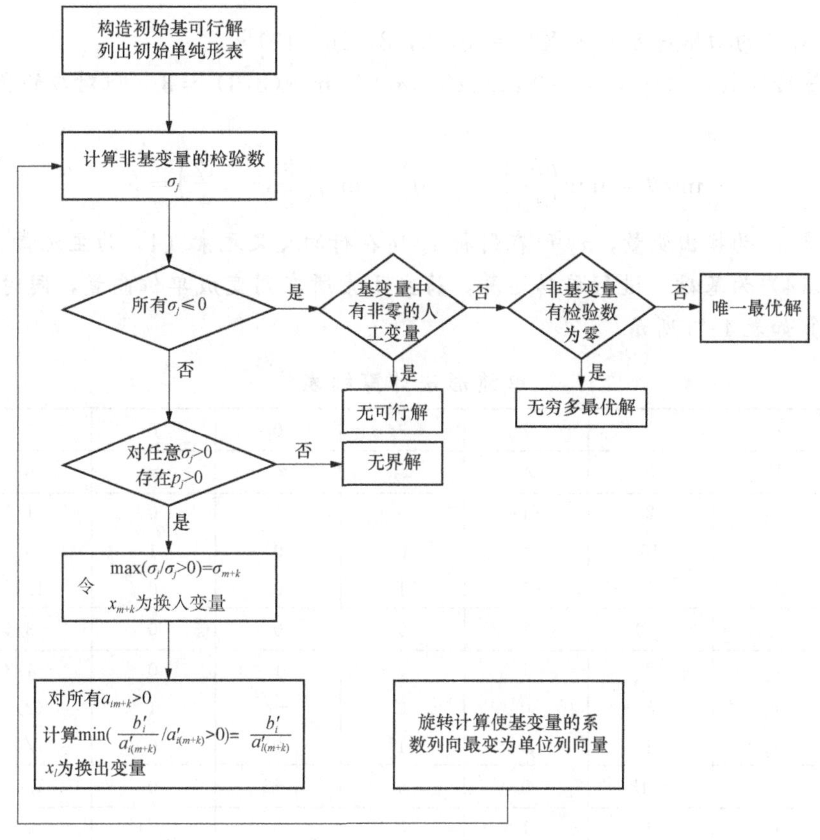

图 4-2　单纯形法的步骤框图

【例 4-2】　[例 4-1] 的单纯形法求解过程如下：

解　将线性规划问题标准化，确定初始可行基，建立初始单纯形表（见表 4-2）。

$$\max z = 2x_1 + 3x_2 + 0x_3 + 0x_4 + 0x_5$$

$$s.t.\begin{cases} x_1 + 2x_2 + x_3 = 8 \\ 4x_1 + x_4 = 16 \\ 4x_2 + x_5 = 12 \\ x_j \geqslant 0 \quad j = 1,2,\cdots,5 \end{cases}$$

表 4-2 初始单纯形表

c_j			2	3	0	0	0	θ
C_B	X_B	b	x_1	x_2	x_3	x_4	x_5	
0	x_3	8	1	2	1	0	0	4
0	x_4	16	4	0	0	1	0	—
0	x_5	12	0	(4)	0	0	1	3
σ_j		0	2	3	0	0	0	

表 4-2 对应的初始基可行解 $X^{(0)}=(0,\ 0,\ 8,\ 16,\ 12)^{\mathrm{T}}$。

非基变量检验数 $\sigma_1>0$，$\sigma_2>0$，$\max(\sigma_1,\sigma_2)=\max(2,3)=3$，取对应的变量 x_2 为换入变量。

$$\min\theta=\min_i\left(\frac{b_i'}{a_{i2}'}\middle|a_{i2}'>0\right)=\min_i\left(\frac{8}{2},-,\frac{12}{4}\right)=3$$

确定变量 x_5 为换出变量，x_2 所在列和 x_5 所在行的交叉元素（4）为主元素。以表 4-2 中交叉元素（4）为基础，进行旋转运算，将主元素所在列变成单位向量，同时用 x_2 替换 x_5。后续计算如表 4-3 所示。

表 4-3 单纯形法计算续表

c_j			2	3	0	0	0	θ
C_B	X_B	b	x_1	x_2	x_3	x_4	x_5	
0	x_3	2	(1)	0	1	0	−1/2	2
0	x_4	16	4	0	0	1	0	4
3	x_2	3	0	1	0	0	1/4	—
σ_j		−9	2	0	0	0	−3/4	
2	x_1	2	1	0	1	0	−1/2	—
0	x_4	8	0	0	−4	1	(2)	4
3	x_2	3	0	1	0	0	1/4	12
σ_j		−13	0	0	−2	0	1/4	
2	x_1	4	1	0	0	1/4	0	
0	x_5	4	0	0	−2	1/2	1	
3	x_2	2	0	1	1/2	−1/8	0	
σ_j		−14	0	0	−3/2	−1/8	0	

从表 4-3 的检验数行可以看出，所有变量的检验数都已经为负数或零，说明目标函数值已不可能再继续增大，满足最优性准则。

最优解为 $X^*=(4,\ 2,\ 0,\ 0,\ 4)^{\mathrm{T}}$，最优目标值为 $z^*=14$。

4.3 非线性规划

目标函数或约束条件不全都是决策变量的线性等式或不等式，至少有一个是决策变量的非线性表达式，称为非线性规划。非线性问题很常见，如对某个多属性的决策问题进行方案的综合评价时，需要确定每个属性的相对重要性，即求它们的权重，为此需要对各属性指标进行两两比较。例如对 n 个属性指标进行两两比较得到一个 n 阶判断矩阵：

$$J=\begin{pmatrix} a_{11} & \cdots & a_{1n} \\ \cdots & \cdots & \cdots \\ a_{n1} & \cdots & a_{m} \end{pmatrix} \tag{4-10}$$

其中 a_{ij} 是第 i 个元素与第 j 个属性的重要性之比，i，$j=1$，2，…，n。

令各属性的权重向量 $\boldsymbol{W}=(w_1, w_2, \cdots, w_n)^{\mathrm{T}}$。为了求出最小二乘意义上反映判断矩阵的权向量 $\boldsymbol{W}=(w_1, w_2, \cdots, w_n)^{\mathrm{T}}$，令 $a_{ij}\approx w_i/w_j$，构造以下非线性规划模型：

$$\min\sum_{i=1}^{n}\sum_{j=1}^{n}(a_{ij}w_j-w_i)^2$$

$$\sum_{i=1}^{n}w_i=1 \tag{4-11}$$

该问题为包含 n 个决策变量、一个等式约束的非线性规划问题。

非线性规划问题通常可表示为以下形式：

$$\begin{gathered}\min f(X)\\ h_i(X)=0, i=1,2,\cdots,m\\ g_j(X)\geqslant 0, j=1,2,\cdots,l\end{gathered} \tag{4-12}$$

式中 X——n 维欧氏空间 E^n 中的向量；

$f(X)$——目标函数；

$h_i(X)$——等式约束；

$g_j(X)$——不等式约束条件。

由于 $\max f(X)=-\min[-f(X)]$，当求目标函数极大化时，只需取其负值极小化即可。等式约束 $h_i(X)=0$ 等价于两个不等式约束 $h_i(X)\geqslant 0$ 和 $h_i(X)\leqslant 0$，即 $-h_i(X)\geqslant 0$。

因而非线性规划模型根据有无约束可以表述为：

$$\min f(X), X\in E^n \tag{4-13}$$

$$\text{或}\ \min f(X) \quad g_j(X)\geqslant 0, j=1,2,\cdots,n \tag{4-14}$$

对于式（4-13）表示的无约束非线性规划问题，可以用直接法和解析法求解，也可以用智能优化算法求解。对于式（4-14）表示的有约束非线性规划问题，通常先将其转化为无约束的非线性规划问题，再进行求解，也可以寻找其 K－T 点进行求解。

4.3.1 最速下降法

1. 基本原理

最速下降法是求解无约束非线性规划问题的解析法。它沿着负梯度方向求解目标函数的极小值，又被称为梯度法。

假定无约束极值问题中的目标函数 $f(X)$ 有一阶连续偏导数，存在极小点 X^*，以 $X^{(k)}$ 表示极小点的第 k 次近似。

将 $f(X)$ 在 $X^{(k)}$ 点处进行泰勒展开：

$$f(X)=f(X^{(k)}+\lambda p^{(k)})=f(X^{(k)})+\lambda\nabla f(X^{(k)})^{\mathrm{T}}p^{(k)}+0(\lambda) \tag{4-15}$$

其中，$\lim\limits_{\lambda\to 0}\dfrac{0(\lambda)}{\lambda}=0$，只要 $\nabla f(X^{(k)})^{\mathrm{T}}p^{(k)}<0$，则有

$$f(X^{(k)}+\lambda p^{(k)})<f(X^{(k)}) \tag{4-16}$$

如果取 $X^{(k+1)}=X^{(k)}+\lambda p^{(k)}$，就能使目标函数值下降。

为使目标函数得到尽量大的改善，寻求使$\nabla f(X^{(k)})^{\mathrm{T}}p^{(k)}$取最小的方向 $p^{(k)}$。

$$\nabla f(X^{(k)})^{\mathrm{T}}p^{(k)}=\|\nabla f(X^{(k)})\|\cdot\|p^{(k)}\|\cos\theta \tag{4-17}$$

式中　θ——$\nabla f(X^{(k)})$ 与 $p^{(k)}$的夹角。

当$\nabla f(X^{(k)})$ 与 $p^{(k)}$反方向时，$\theta=180°$，$\cos\theta=-1$，$\nabla f(X^{(k)})^{\mathrm{T}}p^{(k)}<0$ 且取最小值。

$p^{(k)}=-\nabla f(X^{(k)})$ 为负梯度方向，是使函数值下降最快的方向。

在确定了搜索方向之后，还要确定搜索步长。搜索步长 λ 需要满足 $f[X^{(k)}-\lambda\nabla f(X^{(k)})]<f(X^{(k)})$，否则缩小 λ 以满足上述不等式。确定步长的方法可以通过在负梯度方向进行一维搜索，确定使 $f(X)$ 最小的 λ_k。

2. 计算步骤

第 1 步，给定初始近似点 $X^{(0)}$ 及精度 $\varepsilon>0$，若 $\|\nabla f(X^{(0)})\|^2\leqslant\varepsilon$，停止计算，$X^{(0)}$ 即为近似极小点；

第 2 步，若 $\|\nabla f(X^{(0)})\|^2>\varepsilon$，求搜索步长 λ_0，并计算 $X^{(1)}=X^{(0)}-\lambda_0\nabla f(X^{(0)})$，令 $k=1$；

第 3 步，若 $\|\nabla f(X^{(k)})\|^2\leqslant\varepsilon$，停止计算，则 $X^{(k)}$ 即为所求的近似极小点；若 $\|\nabla f(X^{(k)})\|^2>\varepsilon$，求搜索步长 λ_k，根据式（4-18）确定下一个近似点。

$$X^{(k+1)}=X^{(k)}-\lambda_k\nabla f(X^{(k)}) \tag{4-18}$$

如此继续下去，直到达到要求的搜索精度为止。

3. 最佳步长

若 $f(X)$ 具有二阶连续偏导数，在 $X^{(k)}$作 $f[X^{(k)}-\lambda_k\nabla f(X^{(k)})]$ 的泰勒展开：

$$\begin{aligned}f[X^{(k)}-\lambda_k\nabla f(X^{(k)})]\approx\ & f(X^{(k)})-\nabla f(X^{(k)})^{\mathrm{T}}\lambda\nabla f(X^{(k)})\\&+\frac{1}{2}\lambda\nabla f(X^{(k)})^{\mathrm{T}}H(X^{(k)})\lambda\nabla f(X^{(k)})\end{aligned} \tag{4-19}$$

对 λ 求导并令其等于零，可得到近似最佳步长：

$$\lambda_k=\frac{\nabla f(X^{(k)})^{\mathrm{T}}\nabla f(X^{(k)})}{\nabla f(X^{(k)})^{\mathrm{T}}H(X^{(k)})\nabla f(X^{(k)})} \tag{4-20}$$

由式（4-20）可以看出，近似最佳步长不仅与梯度有关，还与海赛矩阵 H 有关。海赛矩阵计算式如下：

$$H(X^{(k)})=\begin{pmatrix}\dfrac{\partial^2 f}{\partial x_1^2} & \dfrac{\partial^2 f}{\partial x_1\partial x_2} & \cdots & \dfrac{\partial^2 f}{\partial x_1\partial x_n}\\ \dfrac{\partial^2 f}{\partial x_2\partial x_1} & \dfrac{\partial^2 f}{\partial x_2^2} & \cdots & \dfrac{\partial^2 f}{\partial x_2\partial x_n}\\ \vdots & \vdots & \vdots & \vdots\\ \dfrac{\partial^2 f}{\partial x_n\partial x_1} & \dfrac{\partial^2 f}{\partial x_n\partial x_2} & \cdots & \dfrac{\partial^2 f}{\partial x_n^2}\end{pmatrix}_{X=X^{(k)}} \tag{4-21}$$

可以将搜索方向 $p^{(k)}$ 的模规格化为 1 后再确定搜索步长：

$$p^{(k)}=\frac{-\nabla f(X^{(k)})}{\|\nabla f(X^{(k)})\|} \tag{4-22}$$

将式（4-22）带入式（4-20），得到规格化近似最佳步长计算式，见式（4-23）。

$$\lambda_k=\frac{\nabla f(X^{(k)})^{\mathrm T}\nabla f(X^{(k)})\|\nabla f(X^{(k)})\|}{\nabla f(X^{(k)})^{\mathrm T}H(X^{(k)})\nabla f(X^{(k)})} \tag{4-23}$$

确定搜索步长也可以不用式（4-20）或式（4-23），而采用一维搜索。

【例 4-3】 用最速下降法求 $f(X)=(x_1-1)^2+(x_2-1)^2$ 的极小点，已知 $\varepsilon=0.1$。

解 取初始点 $X^{(0)}=(0,0)^{\mathrm T}$

$\nabla f(X)=[2(x_1-1),2(x_2-1)]^{\mathrm T}$

$\nabla f(0)=(-2,-2)^{\mathrm T}$

$\|\nabla f(X^{(0)})\|^2=(\sqrt{(-2)^2+(-2)^2})^2=8>\varepsilon$

$H(X)=\begin{pmatrix}2&0\\0&2\end{pmatrix}$，为正定矩阵。

$$\lambda_0=\frac{\nabla f(X^{(0)})^{\mathrm T}\nabla f(X^{(0)})}{\nabla f(X^{(0)})^{\mathrm T}H(X^{(0)})\nabla f(X^{(0)})}$$

$$=\frac{(-2,-2)\begin{pmatrix}-2\\-2\end{pmatrix}}{(-2,-2)\begin{pmatrix}2&0\\0&2\end{pmatrix}\begin{pmatrix}-2\\-2\end{pmatrix}}=\frac{8}{16}=\frac{1}{2}$$

$$X^{(1)}=X^{(0)}-\lambda_0\nabla f(X^{(0)})$$

$$=\begin{pmatrix}0\\0\end{pmatrix}-\frac{1}{2}\begin{pmatrix}-2\\-2\end{pmatrix}=\begin{pmatrix}1\\1\end{pmatrix}$$

$$\nabla f(X^{(1)})=[2(1-1),2(1-1)]^{\mathrm T}=(0,0)^{\mathrm T},\|\nabla f(X^{(1)})\|^2=0<\varepsilon$$

停止计算，$X^{(1)}$ 为极小点。

搜索步长也可以用一维搜索进行计算。

$$X^{(1)}=X^{(0)}-\lambda\nabla f(X^{(0)})=\begin{pmatrix}0\\0\end{pmatrix}-\lambda\begin{pmatrix}-2\\-2\end{pmatrix}=\begin{pmatrix}2\lambda\\2\lambda\end{pmatrix}$$

代入目标函数 $f(X^{(1)})=(2\lambda-1)^2+(2\lambda-1)^2=2(2\lambda-1)^2$

令 $\mathrm{d}f(X^{(1)})/\mathrm{d}\lambda=0$，求得搜索步长 $\lambda_0=1/2$。

除了最速下降法外，无约束非线性规划问题也可以用坐标轮换法、步长加速法、方向加速法等直接法求解。直接法与解析法相比，收敛速度相对较慢，但由于不需要计算导数，迭代比较简单，对变量不多的问题，往往能得到较好的效果。

4.3.2 坐标轮换法

1. 基本原理

坐标轮换法又称轴向搜索法、降维法。坐标轮换法每次搜索时只在一个维度上进行，其他分量保持不变，即将一个 n 维无约束优化问题转化为依次沿相应的 n 个坐标轴方向的一维搜索问题。从初始点 $X^{(0)}$ 出发，轮流沿坐标轴方向搜索极值点，并反复进行若干轮循环。

2. 计算步骤

第 1 步，给定初始点 $X^{(0)}$ 和允许误差 $\varepsilon>0$。

第 2 步，从 $X^{(k-1)}$ 出发，依次沿 n 个坐标轴方向进行一维搜索，按照一维搜索计算最优步长 λ_k。

$$f(X^{(k-1)}+\lambda_k e_k)=\min_{\lambda} f(X^{(k-1)}+\lambda e_k) \tag{4-24}$$

其中，$e_k=(0, \cdots, 0, 1, 0, \cdots, 0)^{T}$，$k=1, 2, \cdots, n$。

$$X^{(k)}=X^{(k-1)}+\lambda_k e_k \tag{4-25}$$

第3步，若 $k=n$，转第4步；否则令 $k=k+1$，转第2步。

第4步，若 $\|X^{(n)}-X^{(0)}\|<\varepsilon$，停止计算，输出 $X^*=X^{(n)}$；否则，$X^{(0)}=X^{(n)}$，$k=1$，转入第2步。

由于坐标轮换法始终沿固定的 n 个坐标轴方向搜索，没有利用搜索过程中得到的信息进行调整，故搜索效率低，收敛速度慢。但其基本思想简单，计算和编程容易，适合变量较少的优化问题。

4.3.3 步长加速法

1961年胡克（Hooke）和吉福斯（Jeeves）在坐标轮换法基本思路的基础上提出了步长加速法，它是一种求解无约束极值问题的直接搜索方法。该方法无须函数梯度。搜索中，除沿坐标轴方向移动以外，还添加了模式移动，故此方法又称 Hooke－Jeeves 模式搜索法。步长加速法分为探测移动和模式移动，其中探测移动沿 n 个坐标轴方向进行搜索，找出目标函数值下降的方向；模式移动则沿着有利的下降方向加速移动。两种移动交替进行，逐步逼近极值点。

1. 基本原理

任取初始点 $X^{(0)}$，首先做探测移动，探测移动的出发点称为参考点，用 $r^{(j)}$ 表示。令 $r^{(0)}=X^{(0)}$，依次沿 n 个坐标轴方向寻找下降点，设沿 n 个坐标轴方向探测完得到点 $r^{(n)}$。

若 $f(r^{(n)})<f(X^{(0)})$，令 $X^{(1)}=r^{(n)}$，此时 $f(X^{(1)})<f(X^{(0)})$，沿 $X^{(1)}-X^{(0)}$ 方向有可能继续使目标函数值下降，进入模式移动。

令
$$r^{(0)}=X^{(1)}+\alpha(X^{(1)}-X^{(0)}) \tag{4-26}$$

式中：α 为加速因子。

从新的 $r^{(0)}$ 再进行探测移动，再进行模式移动，如此交替进行下去，迭代点逐渐向极小点靠近。若探测移动进行到某一步求不出新的下降点，则可缩短步长再进行探测；当步长缩小到某一精度要求，仍求不出新的下降点时，就停止迭代，并将该点作为近似极小点。

2. 计算步骤

第1步，给定初始点 $X^{(0)}$，初始步长 $\delta>0$，加速因子 α（$1\leqslant\alpha\leqslant2$），搜索因子 $0<\beta<1$，允许误差 $\varepsilon>0$。

令 $r^{(0)}=X^{(0)}$，$k=0$，$j=0$。

第2步，若 $f(r^{(j)}+\delta e_j)<f(r^{(j)})$，则令 $r^{(j+1)}=r^{(j)}+\delta e_j$；若 $f(r^{(j)}-\delta e_j)<f(r^{(j)})$，则令 $r^{(j+1)}=r^{(j)}-\delta e_j$；否则，令 $r^{(j+1)}=r^{(j)}$，转第3步。

第3步，若 $j<n$，则 $j=j+1$，转第2步；否则，转第4步。

第4步，若 $f(r^{(n)})<f(X^{(k)})$，令 $X^{(k+1)}=r^{(n)}$；

令 $r^{(0)}=X^{(k+1)}+\alpha(X^{(k+1)}-X^{(k)})$，$k=k+1$，$j=0$，转第2步；否则，转第5步。

第5步，若 $f(r^{(n)})\geqslant f(X^{(k)})$，且 $r^{(0)}=X^{(k)}$，$\delta\leqslant\varepsilon$，则停止计算，输出 $X^*=X^{(k)}$；否则，令 $\delta=\beta\delta$，$j=0$，转第2步。

若 $f(r^{(n)})\geqslant f(X^{(k)})$，$r^{(0)}\neq X^{(k)}$，则令 $r^{(0)}=X^{(k)}$，$k=k+1$，$j=0$，转第2步。

4.3.4　方向加速法

1964年鲍威尔（M. J. powell）提出方向加速法，故方向加速法又称Powell法，后经过了改进。方向加速法在迭代过程中构造一组共轭方向作为搜索方向，其本质属于共轭方向法。

1. 基本原理

方向加速法的每一轮搜索过程中由$n+1$个一维搜索组成。首先依次沿着n个已知的线性无关方向搜索，然后沿本轮迭代的初始点和第n次搜索所得点的连线方向进行搜索，得到这一轮迭代的最好点并作为下一阶段的起点，再用第$n+1$个方向代替前n个方向的一个，开始下一轮的迭代。

2. 计算步骤

第1步，给定初始点$X^{(0)}$，n个线性无关的方向$D^{(j)}(j=1,2,\cdots,n)$，允许误差$\varepsilon>0$，$k=0$。

第2步，从$X^{(k)}$出发，令$X_{k,0}=X^{(k)}$，依次沿方向$D^{(j)}(j=1,2,\cdots,n)$进行一维搜索，计算最优步长λ_{j-1}。

$$f(X_{k,j-1}+\lambda_{j-1}D^{(j)})=\min_{\lambda}f(X_{k,j-1}+\lambda D^{(j)}) \tag{4-27}$$

$$X_{k,j}=X_{k,j-1}+\lambda_{j-1}D^{(j)} \tag{4-28}$$

第3步，从$X_{k,n}$出发，令$D^{(n+1)}=X_{k,n}-X_{k,0}$，沿此方向进行一维搜索，计算最优步长。

$$f(X_{k,n}+\lambda_n D^{(n+1)})=\min_{\lambda}f(X_{k,n}+\lambda D^{(n+1)}) \tag{4-29}$$

$$X^{(k+1)}=X_{k,n}+\lambda_n D^{(n+1)} \tag{4-30}$$

第4步，若$\|X^{(k+1)}-X^{(k)}\|\leqslant\varepsilon$，则停止搜索，得$X^*=X^{(k+1)}$，否则，对$j=1,2,\cdots,n-1$，令$D^{(j)}=D^{(j+1)}$，$D^{(n)}=X_{k,n}-X_{k,0}$，$k=k+1$，转第2步。

改进的Powell法与Powell原始算法的区别在于替换方向的规则不同，即在考虑加速方向是否要替换原来的n个搜索方向之一和替换哪一个存在区别。

【例4-4】 运用坐标轮换法、步长加速法和方向加速法求解下面问题$\min f(X)=x_1^2+2x_2^2-2x_1x_2-4x_1$，取初始点$X^{(0)}=(1,1)^T$，$\varepsilon=0.05$。

解　(1) 坐标轮换法。经过12次迭代运算，得到近似极小点，计算成果见表4-4。

表4-4　**坐标轮换法计算表**

k	$(X^{(k)})^T$	$\leqslant\varepsilon$	λ_k	k	$(X^{(k)})^T$	$\leqslant\varepsilon$	λ_k
0	(1, 1)	—	2	7	(31/8, 15/8)	—	1/16
1	(3, 1)	—	1/2	8	(31/8, 31/16)	—	1/16
2	(3, 3/2)	—	1/2	9	(63/16, 31/16)	—	1/32
3	(7/2, 3/2)	—	1/4	10	(63/16, 63/32)	—	1/32
4	(7/2, 7/4)	—	1/4	11	(127/32, 63/32)	—	1/64
5	(15/4, 7/4)	—	1/8	12	(127/32, 127/64)	+	
6	(15/4, 15/8)	—	1/8				

$X^*=(127/32,\ 127/64)$，$f(X^*)=-\dfrac{16\,383}{2048}$，得到近似极小值点和极小值。

(2) 步长加速法。取初始步长 $\delta=1$，加速因子 $a=1$，搜索因子 $\beta=\frac{1}{6}$。

第 1 次迭代：

$r^{(0)}=X^{(0)}=(1,\ 1)^T$，$f(r^{(0)})=-3$

$f(r^{(0)}+\delta e_1)=-6<f(r^{(0)})$

取 $r^{(1)}=r^{(0)}+\delta e_1=(2,\ 1)^T$

$f(r^{(1)}+\delta e_2)=-4>f(r^{(1)})$，$f(r^{(1)}-\delta e_2)=-3>f(r^{(1)})$

取 $r^{(2)}=r^{(1)}=(2,\ 1)^T$

因为 $f(r^{(2)})<f(X^{(0)})$，取 $X^{(1)}=r^{(2)}=(2,\ 1)^T$

作模式移动，$r^{(0)}=2X^{(1)}-X^{(0)}=(3,\ 1)^T$

第 2 次迭代：

$r^{(0)}=(3,\ 1)^T$，$f(r^{(0)})=-7$

$f(r^{(0)}+\delta e_1)=-6<f(r^{(0)})$，$f(r^{(0)}-\delta e_1)=-6>f(r^{(0)})$

取 $r^{(1)}=r^{(0)}=(3,\ 1)^T$

$f(r^{(1)}+\delta e_2)=-7=f(r^{(1)})$，$f(r^{(1)}-\delta e_2)=-3>f(r^{(1)})$

取 $r^{(2)}=r^{(0)}=(3,\ 1)^T$

因为 $f(r^{(2)})<f(X^{(1)})$，取 $X^{(2)}=r^{(2)}=(3,\ 1)^T$

作模式移动，$r^{(0)}=2X^{(2)}-X^{(1)}=(4,\ 1)^T$

第 3 次迭代：

$r^{(0)}=(4,\ 1)^T$，$f(r^{(0)})=-6$

$f(r^{(0)}+\delta e_2)=-8<f(r^{(0)})$，$f(r^{(0)}-\delta e_2)=-3>f(r^{(0)})$

取 $r^{(1)}=r^{(0)}+\delta e_2=(4,\ 2)^T$

$f(r^{(1)}+\delta e_1)=-7>f(r^{(0)})$，$f(r^{(1)}-\delta e_1)=-7>f(r^{(0)})$

取 $r^{(2)}=r^{(1)}=(4,\ 2)^T$，令 $X^{(3)}=r^{(2)}$

模式移动，$r^{(0)}=2X^{(3)}-X^{(2)}=(5,\ 3)^T$

第 4 次迭代：

$r^{(0)}=(5,\ 3)^T$，$f(r^{(0)})=-7$

$f(r^{(0)}+\delta e_1)=-6>f(r^{(0)})$，$f(r^{(0)}-\delta e_1)=-6>f(r^{(0)})$

取 $r^{(1)}=r^{(0)}$

$f(r^{(1)}+\delta e_2)=-3>f(r^{(1)})$，$f(r^{(0)}-\delta e_2)=-7>f(r^{(1)})$

取 $r^{(2)}=r^{(1)}=(5,\ 3)^T$。

因为 $f(r^{(2)})>f(X^{(3)})$，$r^{(0)}\neq X^{(3)}$，令 $r^{(0)}=X^{(3)}=(4,\ 2)^T$，即回到 $X^{(3)}$。

第 5 次迭代：

$r^{(0)}=(4,\ 2)^T$，$f(r^{(0)})=-8$

$f(r^{(0)}+\delta e_1)=-7>f(r^{(0)})$，$f(r^{(0)}-\delta e_1)=-7>f(r^{(0)})$

取 $r^{(1)}=r^{(0)}$

$f(r^{(1)}+\delta e_2)=-6>f(r^{(1)})$，$f(r^{(0)}-\delta e_2)=-6=f(r^{(1)})$

取 $r^{(2)}=r^{(1)}=(4,\ 2)^T$

$f(r^{(2)})=f(X^{(3)})$，将步长缩短为 $\delta=\frac{1}{6}$，继续搜索。

第 6 次迭代：

$r^{(0)}=(4,\ 2)^{\mathrm{T}}$，$f(r^{(0)})=-8$，$\delta=\dfrac{1}{6}$

$f(r^{(0)}+\delta e_1)=-7.97>f(r^{(0)})$，$f(r^{(0)}-\delta e_1)=-7.97>f(r^{(0)})$

取 $r^{(1)}=r^{(0)}$

$f(r^{(1)}+\delta e_2)=-7.94>f(r^{(1)})$，$f(r^{(0)}-\delta e_2)=-7.94>f(r^{(1)})$

取 $r^{(2)}=r^{(1)}=(4,\ 2)^{\mathrm{T}}$

因为 $f(r^{(2)})=f(X^{(3)})$，令 $r^{(0)}=r^{(2)}$，将步长再缩短为 $\delta=\dfrac{1}{36}$，继续搜索。

第 7 次迭代：

$r^{(0)}=(4,\ 2)^{\mathrm{T}}$，$f(r^{(0)})=-8$，$\delta=\dfrac{1}{36}$

$f(r^{(0)}+\delta e_1)=-7.999>f(r^{(0)})$，$f(r^{(0)}-\delta e_1)=-7.999>f(r^{(0)})$

取 $r^{(1)}=r^{(0)}$

$f(r^{(1)}+\delta e_2)=-7.998>f(r^{(1)})$，$f(r^{(0)}-\delta e_2)=-7.998=f(r^{(1)})$

取 $r^{(2)}=r^{(1)}=(4,\ 2)^{\mathrm{T}}$

此时步长 $\delta=\dfrac{1}{36}<\varepsilon$，满足精度要求，停止搜索。

最优解 $X^*=X^{(4)}=(4,\ 2)$，$f(X^*)=-8$。

(3) 方向加速法。

第 1 次迭代：

令 $D^{(1)}=(1,\ 0)^{\mathrm{T}}$，$D^{(2)}=(0,\ 1)^{\mathrm{T}}$，给定初始点 $X_{0,0}=X^{(0)}=(1,\ 1)^{\mathrm{T}}$

从 $X^{(0)}$ 沿 $D^{(1)}$ 做一维搜索，得 $\lambda_0=2$。

$X_{0,1}=X_{0,0}+\lambda_0 D^{(1)}=(3,\ 1)^{\mathrm{T}}$

从 $X_{0,1}$ 沿 $D^{(2)}$ 做一维搜索，得 $\lambda_1=\dfrac{1}{2}$。

$X_{0,2}=X_{0,1}+\lambda_1 D^{(2)}=\left(3,\ \dfrac{3}{2}\right)^{\mathrm{T}}$，$D^{(3)}=X_{0,2}-X_{0,0}=\left(2,\ \dfrac{1}{2}\right)^{\mathrm{T}}$

从 $X_{0,2}$ 沿 $D^{(3)}$ 做一维搜索，得 $\lambda_2=\dfrac{2}{5}$。

$X^{(1)}=X_{0,2}+\lambda_2 D^{(3)}=\left(\dfrac{19}{5},\ \dfrac{17}{10}\right)^{\mathrm{T}}$

第 2 次迭代：

令 $D^{(1)}=(0,\ 1)^{\mathrm{T}}$，$D^{(2)}=\left(2,\ \dfrac{1}{2}\right)^{\mathrm{T}}$，$X_{1,0}=X^{(1)}=\left(\dfrac{19}{5},\ \dfrac{17}{10}\right)^{\mathrm{T}}$

从 $X^{(1)}$ 沿 $D^{(1)}$ 做一维搜索，得 $\lambda_0=\dfrac{1}{5}$。

$X_{1,1}=X_{1,0}+\lambda_0 D^{(1)}=\left(\dfrac{19}{5},\ \dfrac{19}{10}\right)^{\mathrm{T}}$

从 $X_{1,1}$ 沿 $D^{(2)}$ 做一维搜索，得 $\lambda_1=\dfrac{2}{25}$。

$X_{1,2}=X_{1,1}+\lambda_1 D^{(2)}=\left(\dfrac{99}{25},\ \dfrac{97}{50}\right)^{\mathrm{T}}$，$D^{(3)}=X_{1,2}-X_{1,0}=\left(\dfrac{4}{25},\ \dfrac{6}{25}\right)^{\mathrm{T}}$

从 $X_{1,2}$ 沿 $D^{(3)}$ 做一维搜索，得 $\lambda_2=\frac{1}{4}$。

$X^{(2)}=X_{1,2}+\lambda_2 D^{(3)}=(4,\ 2)^{\mathrm{T}}$，得到极小点。

4.3.5 K—T点

极小化约束极值问题

$$\begin{cases}\min f(X)\\ h_i(X)=0, i=1,2,\cdots,m\\ g_j(X)\geqslant 0, j=1,2,\cdots,l\end{cases} \tag{4-31}$$

讨论这类约束非线性规划问题，除了要使目标函数在每次迭代后有所下降之外，还要注意解的可行性问题。

1. 基本概念

假定 $f(X)$，$h_i(X)$ 和 $g_i(X)$ 具有一阶导数。$X^{(0)}$ 为非线性规划的一可行解。

对于约束 $g_i(X)\geqslant 0$，可行解 $X^{(0)}$ 满足该约束有两种可能性：

$g_i(X^{(0)})>0$ 或 $g_i(X^{(0)})=0$

对于 $g_i(X^{(0)})>0$，$X^{(0)}$ 不在该约束条件形成的可行域边界上，因而约束对 $X^{(0)}$ 的微小摄动不起限制作用，该约束对 $X^{(0)}$ 是不起作用的约束，称为无效约束。

对于 $g_i(X^{(0)})=0$，$X^{(0)}$ 在该约束条件形成的可行域边界上，因而约束对 $X^{(0)}$ 的微小摄动起限制作用，该约束对 $X^{(0)}$ 是起作用的约束，称为有效约束。

$X^{(0)}$ 为非线性规划的一可行解，考虑此点的某一方向 D，若存在实数 $\lambda_0>0$，使对任意 $\lambda\in[0,\ \lambda_0]$，均有 $X^{(0)}+\lambda D\in R$，就称方向 D 是 $X^{(0)}$ 点的一个可行方向。

对于 $X^{(0)}$ 点的可行方向 D，则对该点所有起作用约束均有 $\nabla g_i(X^{(0)})^{\mathrm{T}}D\geqslant 0$，$j\in J$，$J$ 为该点所有起作用约束下标的集合。

$X^{(0)}$ 为非线性规划的一可行解，D 是 $X^{(0)}$ 点的某一方向，若存在实数 $\lambda_0'>0$，均存在 $f(X^{(0)}+\lambda D)<f(X^{(0)})$，就称方向 D 为 $X^{(0)}$ 的一个下降方向。

如果方向 D 既是 $X^{(0)}$ 点的可行方向，又是该点的下降方向，就称它是该点的可行下降方向。

2. K—T 条件

设 X^* 位于有效约束 $g_1(X^*)\geqslant 0$ 形成的可行域边界上，即第一个约束是 X^* 点的起作用约束，若 X^* 是极小点，则 $\nabla g_1(X^*)$ 必与 $-\nabla f(X^*)$ 在一条直线上且方向相反。则存在实数 $r_1>0$，满足：

$$\nabla f(X^*)-\gamma_1\nabla g_1(X^*)=0 \tag{4-32}$$

若 X^* 有两个起作用的约束，如 $g_1(X^*)\geqslant 0$ 和 $g_2(X^*)\geqslant 0$，则 $\nabla f(X^*)$ 必位于 $\nabla g_1(X^*)$ 和 $\nabla g_2(X^*)$ 的夹角之内，且可将 $\nabla f(X^*)$ 表示成 $\nabla g_1(X^*)$ 和 $\nabla g_2(X^*)$ 的非负线性组合，即存在实数 $r_1>0$，$r_2>0$，满足：

$$\nabla f(X^*)-\gamma_1\nabla g_1(X^*)-\gamma_2\nabla g_2(X^*)=0 \tag{4-33}$$

将不起作用的约束一并加入模型，可以表示如下：

$$\begin{aligned}\gamma_j g_j(X^*)&=0\\ \gamma_j&\geqslant 0\end{aligned} \tag{4-34}$$

库恩—塔克条件：设 X^* 是非线性规划模型的极小点，而且 X^* 点起作用约束的梯度线性无关，则存在向量 $\Gamma^* = (\gamma_1^*, \gamma_2^*, \cdots, \gamma_l^*)$，满足式（4-35）。

$$\begin{cases} \nabla f(X^*) - \sum_{j=1}^{l} \gamma_j^* \nabla g_j(X^*) = 0 \\ \gamma_j^* g_j(X^*) = 0 \\ \gamma_j^* \geqslant 0 \\ j = 1,2,\cdots,l \end{cases} \tag{4-35}$$

式（4-35）称为K—T条件，满足该条件的点称为K—T点。

等式约束在 X^* 点起作用约束的梯度 $\nabla h_i(X^*)$（$i=1, 2, \cdots, m$）和 $\nabla g_j(X^*)$（$j \in J$）线性无关，则存在向量 $\Lambda^* = (\lambda_1^*, \lambda_2^*, \cdots, \lambda_m^*)$ 和 $\Gamma^* = (\gamma_1^*, \gamma_2^*, \cdots, \gamma_l^*)$，满足下列条件：

$$\begin{cases} \nabla f(X^*) - \sum_{i=1}^{m} \lambda_i^* \nabla h_i(X^*) - \sum_{j=1}^{l} \gamma_j^* \nabla g_j(X^*) = 0 \\ \gamma_j^* g_j(X^*) = 0, j = 1,2,\cdots,l \\ \gamma_j^* \geqslant 0, j = 1,2,\cdots,l \\ h_i(X^*) = 0, i = 1,2,\cdots,m \end{cases} \tag{4-36}$$

其中，$\lambda_1^*, \lambda_2^*, \cdots, \lambda_m^*, \gamma_1^*, \gamma_2^*, \cdots, \gamma_l^*$ 称为广义拉格朗日乘子。

【例 4-5】 用库恩—塔克条件求解下列非线性规划问题：

$\min f(X) = (x-3)^2$，$0 \leqslant x \leqslant 5$。

解 原非线性规划可以转换成下列形式

$\min f(X) = (x-3)^2$，$g_1(x) = x \geqslant 0$，$g_2(x) = 5 - x \geqslant 0$

$\nabla f(x) = 2(x-3)$，$\nabla g_1(x) = 1$，$\nabla g_2(x) = -1$

因为要求梯度函数线性无关，则有

$\nabla f(x) - \gamma_1 \nabla g_1(x) - \gamma_2 \nabla g_2(x) = 0$ （1）

带入梯度函数，再考虑互补松弛型，得到以下关系式

$2(x-3) - \gamma_1 + \gamma_2 = 0$ （2）

$\gamma_1 x = 0$ （3）

$\gamma_2(5-x) = 0$ （4）

$\gamma_1, \gamma_2 \geqslant 0$

求解讨论：

（1）当 $\gamma_1 = 0$，$\gamma_2 \neq 0$ 时，由第（4）式可得 $x=5$，$\gamma_2 = -4$，该点不是K—T点。

（2）当 $\gamma_1 = 0$，$\gamma_2 = 0$ 时，由第（2）式得 $x=3$，该点是K—T点，此时 $f(X^*) = 0$。

（3）当 $\gamma_1 \neq 0$，$\gamma_2 = 0$ 时，由第（3）式得 $x=0$，带入第（2）式得 $\gamma_1 = -6 < 0$，显然该点不是K—T点。

（4）当 $\gamma_1 \neq 0$，$\gamma_2 \neq 0$ 时，由第（4）式得 $x=5$，由第（3）式得 $x=0$，相互矛盾。

综合上述结果可知，$x=3$ 为极小点，极小值为0。

4.4 整 数 规 划

整数规划是专门研究系统的决策变量部分或全部取整数的一类规划问题。在很多实际问

题中，决策变量往往代表的是人数、设备台数等，这些决策变量只有取整数才有意义，取小数、分数不符合系统要求。在整数规划中，如果要求决策变量全部都为整数，那么这类整数规划称为纯整数规划，或称全整数规划。如果只要求部分决策变量为整数、另一些决策变量可以为非整数，则称为混合整数规划。如果要求决策变量只能取 0 和 1，则称为 0－1 型规划，它是整数规划的特殊形式。

对于整数规划的求解，人们自然会想到先不考虑整数约束求线性规划的最优解，然后采取舍入取整的方法，即把带有小数或分数的解转化成整数作为最优解。但取整后的解不一定是可行解，即使是可行解也不一定是最优解。

$$\max z = 20x_1 + 10x_2$$

$$\begin{cases} 5x_1 + 4x_2 \leqslant 24 \\ 2x_1 + 5x_2 \leqslant 13 \\ x_1, x_2 \geqslant 0, \text{整数} \end{cases}$$

先不考虑整数约束，求解相应的线性规划问题，最优解为 $x_1=4.8$，$x_2=0$，$z=96$。用舍入取整的办法可得到两个解 $x_1=5$，$x_2=0$ 和 $x_1=4$，$x_2=0$。可以验证，第一个解不满足约束条件；第二个虽然是可行解，但不是整数规划的最优解，该整数规划问题的最优解是 $x_1=4$，$x_2=1$，$z=90$。所以整数规划问题不能用先不考虑整数约束求解相应线性规划问题，然后再采取取整的办法得到整数最优解。常用的求解整数规划的方法有分枝定界法、割平面法、隐枚举法、匈牙利法等。下面以分枝定界法为例说明整数规划的求解。

4.4.1 分枝定界法基本思想

分枝定界法（branch and bound method）是一种求解整数规划问题的常用算法。求解时首先不考虑整数约束，求相应线性规划问题的最优解。若最优解符合整数约束，则为整数规划的最优解。若不符合整数约束，则构造新约束条件，缩小可行域，丢弃不含整数解的区域，然后在缩小后的可行域中继续求解，直至得到最优整数解。分枝定界法主要有分枝和定界两个过程。

分枝：对整数规划问题，先不考虑其整数约束，求相应的线性规划的最优解，若最优解不符合整数条件，则以这个解任一非整数分量相邻的两个整数点为边界将线性规划的可行域分成两个子区域，每个子区域就是一个分枝，每个分枝构成一个子问题。因为在相邻的两个整数点之间没有整数解，所以所有子区域仍然包含了原整数规划问题的整数解。然后再对每个子问题求解。

定界：在分枝过程中，确定整数规划最优值的上界与下界，逐步减小上、下界之间的范围。当上、下界相同时，也就得出了整数最优解。由于整数规划的可行域是相应的线性规划可行域内的有限点集，所以极大化整数规划的最优值一定小于或等于相应的线性规划的最优值。假如整数规划的最优值为 Z^*，那么相应线性规划的最优值一定是 Z^* 的上界，记为 $\overline{Z}$，即 $Z^* \leqslant \overline{Z}$。整数规划任一可行解的目标值都可作为 Z^* 的下界，记为 $\underline{Z}$，即 $Z^* \geqslant \underline{Z}$，也就是说 $\underline{Z} \leqslant Z^* \leqslant \overline{Z}$。

4.4.2 分枝定界法的求解步骤

以求极大值的整数规划为例说明分枝定界法的求解步骤。

第 1 步，首先不考虑整数约束条件，求解相应的线性规划问题，可能会有以下几种情况：

(1) 如果相应线性规划没有可行解，则整数规划也没有可行解，停止计算；

(2) 如果相应线性规划有最优解，而且符合整数条件，则相应线性规划的最优解也是整数规划的最优解，停止计算；

(3) 如果相应线性规划有最优解，但不符合整数条件，假设线性规划的最优解为$X^{(0)}=(b_1, b_2, \cdots, b_r, \cdots, b_m, 0\cdots0)^{\mathrm{T}}$，目标最优值为 $Z^{(0)}$，其中 $b_i(i=1, 2, \cdots, m)$ 不全为整数，转入下面步骤。

第 2 步，定界。设整数规划的目标最优值为 Z^*，显然，$Z^{(0)}$ 为 Z^* 的上界，记为 $\bar{Z}=Z^{(0)}$，再取整数规划的一个可行解所对应的目标值作为 Z^* 的下界，记为 $\underline{Z}$，即有 $\underline{Z}\leqslant Z^*\leqslant\bar{Z}$。

第 3 步，分枝。在最优解 $X^{(0)}$ 中，任选一个不符合整数条件的变量，构造两个新约束条件如下：

$$x_r \leqslant [b_r], x_r \geqslant [b_r]+1 \tag{4-37}$$

其中，$[b_r]$ 表示不超过 b_r 的最大整数。将这两个约束条件分别加入原整数规划问题中，再求解包含这两个新约束的相应线性规划问题的最优解。

第 4 步，修改上、下界。修改上、下界按照下列规则进行：

(1) 在各分枝中，找出目标值最大者作为整数规划新的上界；

(2) 从已符合整数条件的分枝中，找出目标值最大者作为整数规划新的下界。

第 5 步，比较和剪枝。在各个分枝的目标值中，如果有分枝的目标值小于$\underline{Z}$，则剪掉这个分枝，表示整数规划最优目标值不会在该分枝上，这个分枝不必再分枝了；如果有分枝的目标值大于$\underline{Z}$但不满足整数约束，则继续分枝，返回第 2 步。

反复进行，当 $\underline{Z}=Z^*=\bar{Z}$ 时，即得到整数最优解和最优值。

【例 4-6】 用分枝定界法求解下列整数规划：

$$\max z = 40x_1 + 90x_2$$
$$\begin{cases} 9x_1 + 7x_2 \leqslant 56 \\ 7x_1 + 20x_2 \leqslant 70 \\ x_1, x_2 \geqslant 0, \text{整数} \end{cases}$$

解 先不考虑整数条件，求解相应线性规划，得其最优解为 $X^{(0)}=(4.81, 1.82)^{\mathrm{T}}$，$Z^{(0)}=356$，该最优解不符合整数约束。

定界：取 $Z^{(0)}=356$ 作为整数规划最优值 Z^* 的上界，$\bar{Z}=Z^{(0)}=356$；下界取 $X=(0, 0)^{\mathrm{T}}$，$\underline{Z}=0$，$0\leqslant Z^*\leqslant 356$。

分枝：由于 x_1 和 x_2 都不满足整数约束，任取一个分量构造两个新约束条件，如取 $x_1=4.81$，将 $x_1\leqslant 4$ 和 $x_1\geqslant 5$ 分别加入原整数规划问题中，形成两个子问题 B1 和 B2，如下：

$$\max z = 40x_1 + 90x_2 \qquad\qquad \max z = 40x_1 + 90x_2$$
$$\text{B1:}\begin{cases} 9x_1 + 7x_2 \leqslant 56 \\ 7x_1 + 20x_2 \leqslant 70 \\ x_1 \leqslant 4 \\ x_1, x_2 \geqslant 0, \text{整数} \end{cases} \qquad \text{B2:}\begin{cases} 9x_1 + 7x_2 \leqslant 56 \\ 7x_1 + 20x_2 \leqslant 70 \\ x_1 \geqslant 5 \\ x_1, x_2 \geqslant 0, \text{整数} \end{cases}$$

分枝丢掉了原可行域中非整数解部分，将原可行域分成了两部分 B1 和 B2。对这两个子问题先不考虑整数约束分别求解，得最优解分别为：

B1：$X^{(1)}=(4.0, 2.10)^{T}$，$Z^{(1)}=349$

B2：$X^{(2)}=(5.0, 1.57)^{T}$，$Z^{(2)}=341$

修改上、下界：由于 $X^{(1)}$ 和 $X^{(2)}$ 都不是整数解，下界不能修改，仍为 $\underline{Z}=0$，上界取 $Z^{(1)}$ 和 $Z^{(2)}$ 中的最大值，则 $\overline{Z}=Z^{(1)}=349$，即有 $0\leqslant Z^{*}\leqslant 349$。

再分枝：由于 $Z^{(1)}>Z^{(2)}$，故先对 B1 进行分枝，取 $x_2=2.10$ 构造两个新约束条件，$x_2\leqslant 2$ 和 $x_2\geqslant 3$，将 B1 问题分成两个子问题 B3 和 B4。

$$\max z = 40x_1 + 90x_2 \qquad\qquad \max z = 40x_2 + 90x_2$$

$$\text{B3:}\begin{cases} 9x_1 + 7x_2 \leqslant 56 \\ 7x_1 + 20x_2 \leqslant 70 \\ x_1 \leqslant 4 \\ x_2 \leqslant 2 \\ x_1, x_2 \geqslant 0, \text{整数} \end{cases} \qquad \text{B4:}\begin{cases} 9x_1 + 7x_2 \leqslant 56 \\ 7x_1 + 20x_2 \leqslant 70 \\ x_1 \leqslant 4 \\ x_2 \geqslant 3 \\ x_1, x_2 \geqslant 0, \text{整数} \end{cases}$$

分枝使 B1 的可行域分为两部分 B3 和 B4，丢掉了中间非整数部分。分别求 B3 和 B4 的最优解为：

B3：$X^{(3)}=(4.0, 2.0)^{T}$，$Z^{(3)}=340$

B4：$X^{(4)}=(1.42, 3.0)^{T}$，$Z^{(4)}=327$

再考虑对 B2 进行分枝，取 $x_2=1.57$，构造两个新约束条件 $x_2\leqslant 1$ 和 $x_2\geqslant 2$ 将 B2 问题分成两个子问题 B5 和 B6，如下：

$$\max z = 40x_1 + 90x_2 \qquad\qquad \max z = 40x_2 + 90x_2$$

$$\text{B5:}\begin{cases} 9x_1 + 7x_2 \leqslant 56 \\ 7x_1 + 20x_2 \leqslant 70 \\ x_1 \geqslant 5 \\ x_2 \leqslant 1 \\ x_1, x_2 \geqslant 0, \text{整数} \end{cases} \qquad \text{B6:}\begin{cases} 9x_1 + 7x_2 \leqslant 56 \\ 7x_1 + 20x_2 \leqslant 70 \\ x_1 \geqslant 5 \\ x_2 \geqslant 2 \\ x_1, x_2 \geqslant 0, \text{整数} \end{cases}$$

分枝使原 B2 可行域分为 B5 和 B6 两部分，B6 可行域为空集，该分枝无可行解。求解 B5 得到 $X^{(5)}=(5.44, 1.0)^{T}$，$Z^{(5)}=308$。

再定界：从所有分枝中找目标值最大的作为新的上界，上界修改为 $\overline{Z}=340$。由于 $X^{(3)}$ 是整数解，最优值为 $Z^{(3)}=340$，所以下界修改为 $\overline{Z}=Z^{(3)}=340$，此时 $\overline{Z}=Z^{*}=\underline{Z}$，得到最优整数解。

该整数规划问题的最优解和最优值为 $x_1=4$，$x_2=2$，$z^{*}=340$。

4.5 动 态 规 划

动态规划是解决多阶段决策问题的一种优化方法。所谓多阶段决策问题是指系统的实施过程需要经历多个阶段才能完成，而在各阶段又存在许多不同的决策。由于各阶段决策不同，整个过程实现产生的效果也不同。在每一阶段应该如何决策才能使得系统的整个过程产生的效果最好，即如何实现总体最优或全局最优，这就是多阶段决策问题。

4.5.1 动态规划模型的基本概念

1. 阶段

对所要研究的问题按照时间或空间或研究过程的顺序等特征划分为若干个相互联系的部分，这些部分即为阶段。描述这些不同阶段的变量称为阶段变量，通常用整数 k 表示过程所含的阶段数。

划分阶段应具有以下几个特征：

(1) 阶段必须具有顺序性；

(2) 在各阶段上作出相应的决策使阶段发生推移，引起系统的变化；

2. 状态和状态集合

状态是指各阶段开始（或终止）时的系统状况或客观条件，它是描述各阶段属性的量。通常一个阶段包含有若干个状态，描述这些不同状态的变量称为状态变量，用 s_k 表示。所有 s_k 取值称为第 k 阶段的状态集合，用 S_k 表示。

状态是动态规划中一个重要的概念。定义的状态要能反映过程的具体特征、描述过程的演变，还必须具有无后效性，即当某一阶段的状态确定以后，系统在这以后发生的演变，就不再受这一阶段以前状态的影响，而仅仅与当前的状态有关，与系统过去的状态和决策无关。

3. 决策和允许决策集合

决策是指根据某一阶段的状态所做出的决定或选择。由于在某一阶段的状态可以作出各种不同的选择或决定，因此把描述这些不同决策的变量称为决策变量，记为 $u_k(s_k)$，它表示在第 k 阶段的决策与状态 s_k 有关。

某阶段决策变量取值的范围称为允许决策集合，用 $D_k(s_k)$ 表示第 k 阶段初始状态为 s_k 时所有允许作出的决策集合，决策和允许决策集合之间的关系为 $u_k(s_k) \in D_k(s_k)$。

4. 状态转移方程

动态规划的状态转移方程描述了系统由一个状态向另一个状态转移的规律或者相互之间的联系。如果确定了第 k 阶段的状态变量 s_k 和决策变量 u_k 值，第 $k+1$ 阶段的状态变量 s_{k+1} 的值也就完全确定，这种状态之间的对应关系称为状态转移方程。表示如下：

$$s_{k+1} = T(s_k, u_k) \tag{4-38}$$

5. 策略、允许策略集合和最优策略

当系统实施的各阶段决策确定后，由所有决策按照顺序排列形成的决策序列称为一个策略。策略可分为全过程策略和子过程策略。如果决策序列包括第1阶段至第 n 阶段，则称为全过程策略，表示如下：

$$P_{1,n}(s_1) = \{u_1(s_1), u_2(s_2), \cdots, u_n(s_n)\} \tag{4-39}$$

如果决策序列仅包括由第 k 阶段到第 n 阶段，则称为一个 k 子过程策略，见式（4-40）。

$$P_{k,n}(s_k) = \{u_k(s_k), u_{k+1}(s_{k+1}), \cdots, u_n(s_n)\} \tag{4-40}$$

实际问题中往往存在着许多可供选择的策略范围，称为允许策略集合，用 P 表示。在允许策略集合中，使整个问题达到最优效果的策略称为最优策略，用 $P_{1,n}^*$ 表示。多阶段决策的优化问题就是要从允许策略集合中寻找一个使系统整体达到最优的策略。

6. 指标函数和最优指标函数

指标函数是用来衡量所选择的策略优劣的一种数量指标，分为全过程的指标函数和子过程的指标函数，分别用式（4-41）和式（4-42）表示。

$$V_{1n}=V_{1n}(s_1,u_1,s_2,u_2,\cdots,s_{n+1}) \tag{4-41}$$

$$V_{kn}=V_{kn}(s_k,u_k,s_{k+1},u_{k+1},\cdots,s_{n+1}) \tag{4-42}$$

阶段指标表示在第 k 阶段处于 s_k 状态下，经过决策 u_k 后所产生的阶段效果，它是状态和决策的函数，用 $v_k(s_k,u_k)$ 表示。

实际问题中指标函数或为各阶段指标之和，或为各阶段指标之积，分别用式（4-43）和式（4-44）表示。

$$V_{kn}(s_k,u_k,\cdots,s_{n+1})=\sum_{j=k}^{n}v_j(s_j,u_j) \tag{4-43}$$

$$V_{kn}(s_k,u_k,\cdots,s_{n+1})=\prod_{j=k}^{n}v_j(s_j,u_j) \tag{4-44}$$

最优指标函数表示从第 k 阶段 s_k 状态开始到第 n 阶段终止状态采取最优策略所得到的指标函数值，记为 $f_k(s_k)$。

$$f_k(s_k)=\underset{(u_k,\cdots,u_n)}{\text{opt}}V_{k,n}(s_k,u_k,\cdots,s_{n+1})=V_{k,n}(s_k,p_{k,n}^{*}) \tag{4-45}$$

式（4-45）中 opt 为 optimization 的缩写，根据实际问题要求取 min 或 max。

7. 动态规划的基本方程

通常，第 k 阶段与第 $k+1$ 阶段的递推关系可以表示为式（4-26）。

$$f_k(s_k)=\text{opt}[v_k(s_k,u_k)_{*}f_{k+1}(s_{k+1})],k=n,n-1,\cdots,1 \tag{4-46}$$

式（4-46）中 * 根据总指标函数与各阶段指标的关系选择取＋或者×。

4.5.2 最优性原理

最优性原理是贝尔曼（Bellman）等人在 20 世纪 50 年代提出的，其主要内容为：作为整个过程的最优策略具有这样的性质，即无论过去的状态和决策如何，对于前面的（已经）决策所形成的状态而言，其以后的所有决策一定构成最优策略。也就是说，一个最优策略的子策略总是最优的。

4.5.3 动态规划模型的递推求解

对于动态规划，可以采取逐阶段顺推或逐阶段逆推求解。如逆推法中，在求解每一段过程中要利用已求解的上一段的最优结果，直至第 1 阶段得到整个问题的最优值。

【例 4-7】 某公司有资金 10 万元，可投资于 3 个项目。若项目投资额为 x_i，3 个项目的投资收益分别为 $g_1(x_1)=2x_1^2$，$g_2(x_2)=9x_2$，$g_3(x_3)=9x_3$。问应如何分配 3 个项目的投资数额使得总收益最大？

解 建立此问题的模型：

$$\max z=2x_1^2+9x_2+4x_3$$

$$\begin{cases}x_1+x_2+x_3=10\\ x_i\geqslant 0 \quad i=1,2,3\end{cases}$$

虽然该投资问题对项目的投资及其收益与时间、投资顺序没有关系，但是可以人为引入时间和顺序因素，且按照项目数将此问题划分为三个阶段。

决策变量 x_k：表示给第 k 项目的投资金额；

状态变量 s_k：表示第 k 阶段可以分配给第 k 个项目到第 3 个项目的资金额；

状态转移方程为：$s_{k+1}=s_k-x_k$，$s_1=10$，$s_2=s_1-x_1$，$s_3=s_2-x_2$

允许决策集合为 $0\leqslant x_3\leqslant s_3$，$0\leqslant x_2\leqslant s_2$，$0\leqslant x_1\leqslant 10$

最优指标函数 $f_k(s_k)$：表示从第 k 个项目到第 3 个项目所获得的投资收益。递推方程如下：

$$\begin{cases} f_k(s_k)=\max\limits_{x_k}\{g_k(x_k)+f_{k+1}(s_{k+1})\} & k=3,2,1 \\ f_4(s_4)=0 \end{cases}$$

当 $k=3$ 时

$$f_3(s_3)=\max_{0\leqslant x_3\leqslant s_3}\{4x_3+f_4(s_4)\}=\max_{0\leqslant x_3\leqslant s_3}\{4x_3\}$$

当 $x_3=s_3$ 时，取得极大值，有 $f_3(s_3)=4s_3$。

当 $k=2$ 时

$$\begin{aligned} f_2(s_2)&=\max_{0\leqslant x_2\leqslant s_2}\{9x_2+f_3(s_3)\}=\max_{0\leqslant x_2\leqslant s_2}\{9x_2+4s_3\} \\ &=\max_{0\leqslant x_2\leqslant s_2}\{9x_2+4(s_2-x_2)\}=\max_{0\leqslant x_2\leqslant s_2}\{4s_2+5x_2\} \end{aligned}$$

当 $x_2=s_2$ 时，$f_2(s_2)=9s_2$。

当 $k=1$ 时

$$\begin{aligned} f_1(s_1)&=\max_{0\leqslant x_1\leqslant s_1}\{2x_1^2+f_2(s_2)\}=\max_{0\leqslant x_1\leqslant s_1}\{2x_1^2+9s_2\} \\ &=\max_{0\leqslant x_1\leqslant s_1}\{2x_1^2+9(s_1-x_1)\}=\max_{0\leqslant x_1\leqslant s_1}\{2x_1^2+9(s_1-x_1)\} \end{aligned}$$

令 $h_1(s_1, x_1)=2x_1^2+9(s_1-x_1)$，则 $h_1'(s_1, x_1)=4x_1-9$。

令 $h_1'(s_1, x_1)=0$，则 $x_1=9/4$，$h_1''(s_1, x_1)=4>0$，所以$x_1=9/4$ 是极小点，极大值只可能在$[0, s_1]$。$f_1(0)=9s_1$　$f_1(s_1)=2s_1^2$。

当 $s_1=10$ 时，$f_1(10)=200$ 为最优值。

$s_1=10$，$x_1=s_1=10$，$s_2=s_1-x_1=0$，$x_2=0$，$s_3=s_2-x_2=0$，$x_3=s_3=0$。

所以，最优投资方案为全部资金投入第 1 个项目，可获得最大收益 200 万元。

4.6 目 标 规 划

一般线性规划问题追求单一目标的优化问题，如最大利润或最小成本等。但实际问题中往往想实现的目标不止一个，而且有时这些目标之间还有资源冲突。1961 年，美国的查恩斯（A. Charnes）和库伯（W. Cooper）首先提出了目标规划的有关概念，如偏差变量、满意解等，并建立了目标规划的数学模型。1965 年，爱吉利（Y. Ijiri）提出了优先因子和权系数等概念，并进一步完善了目标规划模型，之后杰斯基莱恩（U. Jaashelaineu）又对目标规划的求解方法进行了研究，最后形成了现在的目标规划的理论和方法。

4.6.1 目标规划的基本概念

1. 目标值、决策值、正负偏差变量

目标值指预先给定的某个目标的一个期望值。

决策值指当决策变量确定后，目标实际达到的值。

决策值和目标值之间有一定的差距，这种差距用偏差变量表示。

在目标规划中，有两种变量，即决策变量和偏差变量。偏差变量又分为正偏差变量和负偏差变量。

正偏差变量指决策值超过目标值的部分，记 d^+，且 $d^+ \geqslant 0$；

负偏差变量指决策值低于目标值的部分，记 d^-，且 $d^- \geqslant 0$；

正偏差变量 d^+ 和负偏差变量 d^- 之间的关系有以下几种情况：

当希望决策值超过目标值时，则有 $d^+ > 0$，$d^- = 0$；

当希望决策值低于目标值时，则有 $d^+ = 0$，$d^- > 0$；

当希望决策值等于目标值时，则有 $d^+ = 0$，$d^- = 0$。

2. 绝对约束和目标约束

绝对约束是指必须严格满足的等式或不等式约束。目标规划中的绝对约束同线性规划问题中的所有约束条件一样，不满足这些约束条件的解为非可行解，所以绝对约束又称为硬约束、刚性约束。

目标约束是目标规划特有的约束条件。在目标规划中对于所要达到的目标是作为约束条件来处理的。目标规划将决策值加上负偏差变量 d^-、减去正偏差变量 d^+、并取等于目标值所构成的约束条件作为目标约束。由于允许目标实现可以有一定的偏差，并不严格要求达到目标值，所以目标约束又称为软约束。

3. 优先因子和权系数

在目标规划中，各个目标的重要性对决策者来说是有主次之分的。目标规划用优先因子来表示各个目标实现的优先次序和重要性，记为 P_1，P_2，…，P_k，并规定 $P_k >> p_{k+1}$，即 P_k 比 P_{k+1} 有更大的优先权。在决策时，首先要保证 P_1 级目标的实现，这时可以不考虑次级目标；P_2 级目标的实现不能破坏 P_1 级目标，即要在 P_1 级目标的基础上考虑 P_2 级目标的实现，以此类推。如果有两个或多个目标重要程度相同，则可以赋予它们相同的优先等级。

对于具有相同优先级的多个目标，若有重要性差别，则可以赋以不同的权系数 w_j 表示指标在同一优先级下重要程度的不同。

4. 目标规划的目标函数

由于目标规划追求的是各项目标的决策值与目标值之间的偏差为最小，所以目标规划的目标函数是求所有目标的偏差极小值，即 $\min z = f(d^+, d^-)$。

目标规划的目标函数中出现的偏差变量有以下三种情形：

(1) 要求决策值恰好达到目标值，则正负偏差都尽可能小，目标函数为 $\min z = f(d^+, d^-)$。

(2) 要求决策值不超过目标值，则正偏差应尽可能小，目标函数为 $\min z = f(d^+)$。

(3) 要求决策值超过目标值，则负偏差应尽可能小，目标函数为 $\min z = f(d^-)$。

具体构造目标函数时，应由决策者根据各个目标的重要性确定优先等级和权系数，分析要求控制的偏差变量，然后再组成一个由优先因子和权系数以及相应的偏差变量构成的、使总偏差为最小的目标函数。

5. 满意解

目标规划的求解是按照目标重要程度分级进行求解的。分级求出的解对前面的目标可以保证实现或部分实现，但对后面的目标就不能保证全部实现，但都称为满意解。

4.6.2 目标规划模型求解

1. 图解法

目标规划问题的图解法步骤不同于线性规划问题的图解法，它重点体现目标规划中目标约束的正负偏差变量和分级求解思想。具体步骤如下：

第 1 步，建立坐标系，将所有绝对约束条件和目标约束对应直线在坐标平面上绘出；

第 2 步，在目标约束上标出正负偏差变量的区域；

第 3 步，首先考虑绝对约束，找出满足绝对约束的区域；

第 4 步，在不破坏绝对约束的情况下，找出满足 P_1 级目标约束的区域；

第 5 步，在同时满足绝对约束和 P_1 级目标约束的区域，寻找满足 P_2 级目标约束的区域，以此类推下去，直至考虑所有目标约束，找出满意解。

2. 单纯形法

目标规划的数学形式与线性规划的数学形式基本一样，但它有一些特殊性，如目标函数都是求极小值。所以非基变量检验数大于等于零时得到了满意解，计算终止。另外，考虑到目标重要程度的差异，目标规划给各目标赋予了不同的优先级。在单纯形法求解中，非基变量检验数的正负首先取决于 P_1 级的系数。若 P_1 级系数为零，则看 P_2 级的系数，以此类推。具体求解步骤如下：

第 1 步，首先构造初始可行基，建立初始单纯形表。

第 2 步，计算各非基变量检验数，并按照优先因子数分行列出。

第 3 步，首先检查所有非基变量检验数的某一列是否有负的系数以及该负检验数前面系数是否为零。如果是，该非基变量的检验数就小于零，进入第 4 步。如果该负检验数前面行有正的系数，则该非基变量的检验数就大于零，得到满意解，停止计算。

第 4 步，在所有检验数小于零中找一个最小者对应的变量作为换入变量，换出变量确定同线性规划的单纯形法。

第 5 步，旋转计算。

重复第 2 步至第 5 步，直至求出满意解为止。

【例 4-8】 某工厂生产 A、B 两种产品，已知生产这两种产品时每件产品的资源消耗数，现有资源拥有量及每件产品可获利润见表 4-5。

表 4-5　　现有资源拥有量及每件产品可获利润

产品	A	B	拥有量
原材料（kg）	2	1	11
设备（台时）	1	2	10
利润（元/件）	8	10	

工厂决策者在制订生产计划时考虑了一些其他因素：

(1) 根据市场产品销售情况，产品 A 的销售量有下降的趋势，决定产品 A 的产量不应大于产品 B；

(2) 原材料超计划使用时，需要高价采购，会使成本增加；

(3) 要尽可能充分利用设备有效台时，不加班；

(4) 应尽可能达到并超过计划利润指标 56 元。

综合考虑各项指标，工厂决策者认为：产品 B 的产量不低于产品 A 的产量很重要，应首先考虑；其次是应充分利用设备有效台时，不加班；第三是利润额不应小于 56 元。问应该如何制订生产计划？

解 此问题的目标规划模型为

$$\min z = P_1 d_1^+ + P_2(d_2^- + d_2^+) + P_3 d_3^-$$

$$\begin{cases} 2x_1 + x_2 \leqslant 11 \\ x_1 - x_2 + d_1^- - d_1^+ = 0 \\ x_1 + 2x_2 + d_2^- - d_2^+ = 10 \\ 8x_1 + 10x_2 + d_3^- - d_3^+ = 56 \\ x_1, x_2, d_k^-, d_k^+ \geqslant 0, k = 1,2,3 \end{cases}$$

将其化为标准型

$$\min z = P_1 d_1^+ + P_2(d_2^- + d_2^+) + P_3 d_3^-$$

$$\begin{cases} 2x_1 + x_2 + x_s = 11 \\ x_1 - x_2 + d_1^- - d_1^+ = 0 \\ x_1 + 2x_2 + d_2^- - d_2^+ = 10 \\ 8x_1 + 10x_2 + d_3^- - d_3^+ = 56 \\ x_1, x_2, d_k^-, d_k^+ \geqslant 0, k = 1,2,3 \end{cases}$$

x_s、d_1^-、d_2^-、d_3^- 为初始基变量，其对应的系数列向量为单位矩阵，构成初始可行基，目标规划求解的初始单纯形表见表 4-6。

表 4-6　目标规划求解的初始单纯形表

c_j			0	0	0	0	P_1	P_2	P_2	P_3	0	θ
C_B	X_B	b	x_1	x_2	x_s	d_1^-	d_1^+	d_2^-	d_2^+	d_3^-	d_3^+	
	s	11	2	1	1							11/1
	d_1^-	0	1	−1		1	−1					—
P_2	d_2^-	10	1	(2)				1	−1			10/2
P_3	d_3^-	56	8	10						1	−1	56/10
		P_1					1					
		P_2	−1	−2					2			
		P_3	−8	−10							1	

在检验数行，x_1 和 x_2 的 P_1 优先级所在行的检验数为 0，但 P_2 优先级所在行的检验数有负检验数，而且负检验数上一优先级对应的检验数为 0，说明还没有得到满意解。选取 P_2 优先级所在行负检验数最小者所对应的变量为换入变量，即 x_2 为换入变量。

$$\min\theta = \min\left(\frac{11}{1}, -, \frac{10}{2}, \frac{56}{10}\right) = 5$$

按照最小比值 θ 规则，确定基变量 d_2^- 为换出变量，主元素为 2，进行初等变换得到新的单纯形表，见表 4-7。

表 4-7　　　目标规划求解的中间表

	c_j		0	0	0	0	P_1	P_2	P_2	P_3	0	θ
C_B	X_B	b	x_1	x_2	x_s	d_1^-	d_1^+	d_2^-	d_2^+	d_3^-	d_3^+	
	x_s	6	2/3		1			−1/2	1/2			6/（3/3）
	d_1^-	5	3/2			1	−1	1/2	−1/2			5/（3/2）
	x_2	5	1/2	1				1/2	−1/2			5/（1/2）
3	d_3^-	6	(3)					−5	5	1	−1	6/3
		P_1					1					
		P_2							1	1		
		P_3	−3						5	−5	1	

P_2 级所在行的检验数没有负检验数，P_3 级所在行的检验数存在负检验数−3 和−5，而且−3 检验数对应的前几个优先级的检验数为 0，所以确定该检验数对应的变量 x_1 为换入变量。

$$最小\ \theta=\min\left(\frac{6}{\frac{3}{2}},\frac{5}{\frac{3}{2}},\frac{5}{\frac{1}{2}},\frac{6}{3}\right)=2$$

按照最小比值 θ 规则，对应的基变量 d_3^- 为换出变量，主元素为 3，作初等行变换得到满意解表，见表 4-8。

表 4-8　　　目标规划求解的满意解表

	c_j		0	0	0	0	P_1	P_2	P_2	P_3	0	θ
C_B	X_B	b	x_1	x_2	x_s	d_1^-	d_1^+	d_2^-	d_2^+	d_3^-	d_3^+	
	x_s	3			1			2	−2	−1/2	1/2	
	d_1^-	2				1	−1	3	−3	−1/2	1/2	
	x_2	4		1				4/3	−4/3	−1/6	1/6	
	x_1	2	1					−5/3	5/3	1/3	−1/3	
		P_1					1				0	
		P_2						1	1		0	
		P_3								1	0	

从表 4-8 可以看出，各个优先级目标对应的检验数全为非负，即已经得到满意解。

满意解为 $x_1=2$，$x_2=4$，目标函数中所有偏差变量均为 0，说明所有目标都得到了满足。

4.7　案例：汽车制造公司最佳生产安排

汽车联盟是一家大型的汽车制造公司，位于密歇根州底特律郊外，这家工厂组装了家庭探险家和豪华巡洋舰两款车型。

家庭探险家是一款四门轿车，带有乙烯基座椅、塑料内饰、标准配置和低油耗，市场定位于预算紧张的中产阶级家庭。每售出一辆家庭探险家为公司带来 3600 美元的微利。

豪华巡洋舰是一款双门豪华轿车，配有真皮座椅、木质内饰、定制功能和导航功能，市场定位于富裕的中产阶级家庭。每售出一辆豪华巡洋舰，公司就能获得 5400 美元的利润。

装配厂经理目前正在决定下个月的生产计划，需要在工厂组装多少辆家庭探险家和多少辆豪华巡洋舰以最大限度地为公司谋利。这家工厂一个月的生产能力为 4.8 万工时，组装一辆家庭探险家的车型需要 6 工时，组装一辆豪华巡洋舰的车型需要 10.5 工时。因为该工厂只是一个装配厂，装配这两种型号所需的零件是从密歇根地区的其他工厂运来的，如轮胎、方向盘、车窗、座椅和车门都来自不同的供应商工厂。未来一个月里，装配厂只能从各供应商那里获得 20 000 扇门，其中 10 000 个左手门和 10 000 个右手门。假设家庭探险家和豪华巡洋舰都使用相同的门部件。公司最近对不同车型的需求进行了预测，结果显示对豪华巡洋舰的需求仅限于 3500 辆。公司需要解决以下问题：

（1）应组装的家庭探险家和豪华巡洋舰的最佳装配数量。

（2）市场部拟进行 5000 美元的目标广告活动，旨在提高下个月 20％豪华巡洋舰的需求。是否应该开展这项广告运动？

（3）通过加班可以使下个月的工厂产能增加 25％。若有了增加的产能，应该组装多少辆家庭探险家和豪华巡洋舰？

解 （1）设家庭探险家和豪华巡洋舰的装配数量分别为 x_1，x_2，此问题可以用整数规划模型描述为：

$\text{MAX}=3600X_1+5400X_2$；

$6X_1+10.5X_2\leqslant 48\,000$；

$2X_1+X_2\leqslant 10\,000$；

$X_2\leqslant 3500$；

X_1，$X_2\geqslant 0$，整数

用软件求解结果截图如图 4-3 所示。

```
Global optimal solution found.
Objective value:                              0.2664000E+08
Infeasibilities:                               0.000000
Total solver iterations:                              2


                    Variable           Value        Reduced Cost
                          X1        3800.000            0.000000
                          X2        2400.000            0.000000

                         Row    Slack or Surplus      Dual Price
                           1       0.2664000E+08        1.000000
                           2        0.000000          480.0000
                           3        0.000000          360.0000
                           4        1100.000            0.000000
```

图 4-3　软件求解截图 1

结论：家庭探险家和豪华巡洋舰分别装配 3800 台和 2400 台，利润为 2664 万美元。

（2）对于是否开展广告宣传需要权衡广告费用与需求提升带来的效益，建立整数模型如下：

$\text{MAX}=3600X_1+5400X_2-5000$；

$6X_1+10.5X_2\leqslant 48\,000$；

$2X_1+X_2\leqslant 10\,000$；

$X_2 \leqslant 1.2 \times 3500$；

X_1，$X_2 \geqslant 0$，整数

软件求解结果截图如图 4-4 所示。

```
Global optimal solution found.
Objective value:                              0.2663500E+08
Infeasibilities:                               0.000000
Total solver iterations:                              2

                      Variable           Value        Reduced Cost
                            X1        3800.000            0.000000
                            X2        2400.000            0.000000

                           Row    Slack or Surplus      Dual Price
                             1       0.2663500E+08        1.000000
                             2            0.000000        480.0000
                             3            0.000000        360.0000
                             4            1800.000        0.000000
```

图 4-4 软件求解截图 2

结论：如果做广告的话，家庭探险家和豪华巡洋舰还是分别装配 3800 台和 2400 台，利润为 2663.5 万美元，比之前少了 5000 美金。

(3) 如果能通过加班提高产能，不考虑加班引起的额外成本，建立模型如下：

$MAX = 3600X_1 + 5400X_2$；

$6X_1 + 10.5X_2 \leqslant 48\,000 \times 1.25$；

$2X_1 + X_2 \leqslant 10\,000$；

$X_2 \leqslant 3500$；

X_1，$X_2 \geqslant 0$，整数

软件求解结果截图如图 4-5 所示。

```
Global optimal solution found.
Objective value:                              0.3060000E+08
Infeasibilities:                               0.000000
Total solver iterations:                              1

                      Variable           Value        Reduced Cost
                            X1        3250.000            0.000000
                            X2        3500.000            0.000000

                           Row    Slack or Surplus      Dual Price
                             1       0.3060000E+08        1.000000
                             2            3750.000        0.000000
                             3            0.000000        1800.000
                             4            0.000000        3600.000
```

图 4-5 软件求解截图 3

结论：如果加班，家庭探险家和豪华巡洋舰分别装配 3250 台和 3500 台，利润为 3060 万美元。

4.8 本章知识结构安排与讲学建议

本章知识结构安排如图 4-6 所示。

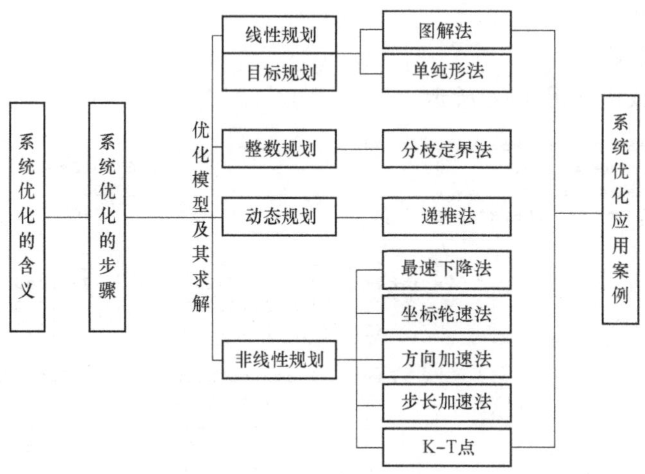

图 4-6 本章知识结构安排

讲学建议：建议安排 4 学时。优化问题模型种类很多，应用非常广泛。在介绍 4.1 优化的含义与步骤时，建议结合专业案例进行讲解。对于 4.2～4.6 的各种优化模型，可以根据专业实用性选择性讲授。在这部分，求解模型的算法原理及其步骤是重点。对于有运筹学基础的学生，可安排阅读有优化模型的文献，并自学求解软件，如 LINGO 和 QM。

4.9 本章思考题

(1) 举例说明优化的含义与优化过程。
(2) 比较线性规划模型与非线性规划模型的特点及其应用领域。
(3) 举例说明求解线性规划模型的单纯形法原理及其求解步骤。
(4) 简述无约束非线性规划的最速下降法的原理及其求解步骤。
(5) 说明有约束非线性规划中有效约束与无效约束的含义。
(6) 说明最速下降法中下降方向、可行方向、可行下降方向的含义及关系。
(7) 简述分枝定界法求解整数规划问题的原理与步骤。
(8) 举例说明动态规划模型的特点及求解方法。
(9) 如何理解目标规划的目标约束与满意解的含义？
(10) 目标规划是如何实现按照目标重要性分级求解的？

第5章　系　统　评　价

一个人关于生活中真正重要的事情是什么以及不是什么的判断，是建立在价值观基础上的。

——奥尔波特《价值观研究》

家有敝帚，享之千金。

——汉·班固《东观汉记·光武帝纪》

本章主要内容

(1) 系统评价的内容与步骤；
(2) 系统评价的原则；
(3) 系统评价的指标体系构建；
(4) 指标权重的确定方法；
(5) 系统评价的主要方法。

5.1　系统评价的含义及特性

系统评价是根据预先设定的目标来测定对象系统的属性并将这种属性变为客观定量的计值或者主观效用的过程。系统评价是系统分析中复杂而又重要的一个工作环节，它利用模型和各种资料，基于系统的整体观点，对比各种可行方案，从技术、经济等多方面权衡各方案的利弊得失，选择出适当且可能实现的最优方案。

系统评价是利用指标来评定系统的，即用指标比较不同系统之间的优劣。指标是价值的体现，而价值又是一个综合、主观的概念，是在人们的长期实践活动中形成的。指标包含着很多因素，每个因素称为价值因素，它们共同决定系统的总价值。由于系统是由众多要素构成的整体，因此系统的输出性能也常常不唯一。对系统的认知差异和价值观的差异导致对系统的评价不是一件容易的事情。系统评价须借助于现代科学技术发展成果，采用科学的、系统的、综合的评价原则和方法对评价对象做出客观、公正、专业性的评价。系统评价具有以下特点：

(1) 系统评价多为多目标评价。当系统评价为单目标时，其评价工作是容易进行的。但实际问题中系统评价往往具有多目标、多指标的特征。例如对于一个大型水利枢纽工程，它不仅要解决灌溉的问题，还要兼顾发电、防洪、航运、排沙等功能，故对这样的工程系统进行评价就是多目标评价问题。

(2) 评价指标不但有定量指标，而且有定性指标。对定量指标通过比较标准能容易地排出优劣的顺序。而对于定性指标，由于没有明确的数量表示大小，往往通过人的主观感觉和经验进行判断，故会产生主观偏差。例如评价一辆汽车的技术性能，可以有百公里油耗、最高时速等定量数据指标，而对于其方便性、舒适性指标，则来自驾驶员及乘客的主观感觉，常常仁者见仁、智者见智。需要指出的是，系统评价不能仅仅偏重定量指标，忽视那些难以度量的、但对系统评价至关重要的定性指标。

(3) 评价的对象往往各有所长，各有千秋。不同的评价系统在不同的指标上会有不同的优势和劣势。设有两个方案甲、乙，在某些指标上，甲比乙优越，而在另一些指标上，乙又比甲优越，这时就很难断定谁优谁劣。往往评价指标越多、方案越多，这种现象就越突出。

(4) 多指标间的综合要考虑量纲和趋势问题。既然系统评价多为多目标评价，指标间就可能存在量纲不统一的问题，需要对量纲进行标准化处理后再进行综合。例如对轿车的综合评价涉及汽车的时速与油耗，量纲不同，进行标准化处理后才可以进行综合。此外，指标中可能存在趋势相异的逆向指标，通常将它转为正向指标，一般用指标值的倒数代替。

(5) 人的价值观在评价中起很大作用。系统评价是由人或由人组成的机构来进行的，评价方案及评价指标的选择都是由人来完成的，因此人的价值观在评价中起很大作用。尽管大家存在共同的价值，但大多数情况是各人有各人的观点、立场、标准。

5.2 系统评价的原则

为使系统评价有效果，系统评价必须遵守以下基本原则：

(1) 保证评价的客观性。系统评价的目的是决策，系统评价的质量好坏直接影响决策的正确与否。参与评价的人员组成要有代表性和全面性，保证专家人数在评价人员中占有一定比例。另外，必须保证评价人员能自由发表观点，防止评价人员被诱导、压制和带有倾向性引导。

(2) 保证评价对象的可比性。各评价对象系统在保证实现系统的目标和功能上要有可比性和一致性。可比性是指对于某个标准，能够对评价对象做出比较，不能比较的系统当然谈不上评价。另外，评价时不能以点概面，系统个别功能的突出只能说明其相关方面，不能代替其他方面的得分。

(3) 评价指标要成体系。评价指标必须反映系统目标，应包括系统目标所涉及的主要方面。由于系统目标是多元的、多层次的、多时序的，因此评价指标往往也具有多元、多层次、多时序的特点。而且评价指标应是一个有机体系。制订评价指标必须注意它的系统性，即使对定性问题也应有恰当的评价指标或者规范化的描述，以保证评价不出现片面性。

(4) 评价指标的合法性。评价指标必须与所在地区和国家的方针、政策、法令的要求相一致，不允许有相悖和疏漏之处。

(5) 评价数据的真实性。在评价指标确定后，待评价系统的资料和数据对评价结果有重要影响。因此系统评价中必须保证评价资料的真实性、全面性和可靠性。

5.3 系统评价的步骤与工作内容

5.3.1 系统评价的步骤

系统评价是一项复杂的工作，为了保证整个评价过程高效、有效地开展，需要遵循以下步骤：

（1）对各评价对象做出简要说明，使评价对象的优缺点清晰明了，便于评价人员掌握；

（2）依据系统的目标和功能要求确定评价指标体系；

（3）对整个评价指标体系做出判断和评价，确定各大类及单项指标的权重，权重的确定必须能反映系统目标和功能的要求；

（4）进行单项评价，查明系统在各项评价指标上的实现程度；

（5）进行单项评价指标的综合，得出某一大类指标的价值；

（6）依次进行各大类指标的综合，直到得出系统方案的总价值。

5.3.2 系统评价的工作内容

系统评价一般包括以下内容：

（1）熟悉评价对象，即确切掌握评价对象的优缺点，对各项基本目标、功能要求的实现程度、方案实现的条件和可能性进行充分估计。这类估计一般是通过技术评价、经济评价、社会评价等单项评价来实现的。

（2）确定评价因素或指标。依据评价目的、评价要求、期望达到的目标来确定评价因素或指标，它通常应包括政策指标、技术指标、经济指标和社会指标等。

系统的输出体现系统的功能，就是系统的价值，可作为评价因素。因为系统总是在特定环境条件下存在的，因此系统的价值都是相对价值。决定系统的相对价值除了系统自身的性能外，还包括环境条件，如自然地理环境、技术环境、资源环境、需求环境、市场环境、社会环境、政策环境等。例如在考虑一个钢铁企业的筹建方案时，除了要考虑冶炼技术、冶炼设备、生产线布局这些与生产能力有关的因素外，还要考虑气候、地质、资源、地理、交通、产品的市场要求、环境污染、建厂的机构自身的各种因素等。

（3）确定指标权重及综合指标。为了做出有实际效果的评价，要建立这些指标的定量数值，确定对这些指标有影响的参数，同时对某一指标给出权重加以综合，进而求出系统的综合评价值，对各种不同方案进行比较，最终确定出最优方案。

5.4 系统评价指标体系

系统评价的重要工作内容之一是确定评价指标体系，涉及一些指标选取、分类、相关性等具体问题。

（1）评价指标体系的确定。评价指标体系在评价中的重要性要求对指标体系的选择尽可能地做到科学、合理、实用。评价指标体系内容的多面性又使上述要求变得很困难。为了解决这种矛盾，通常使用德尔菲法广泛征求专家意见，反复交换信息，统计处理和归纳综合，期望达到上述要求。

（2）指标的大类和数量问题。一般来讲，对象系统越复杂，涉及的评价指标范围越广，指标数量越多，也就越能捕捉方案之间的细小差别，因而有利于判断和评价。但指标越多，确定指标的大类和指标的重要程度也越困难，对系统本质特性描述失真的可能性也越大。划分指标大类和确定指标的重要程度是问题的关键。

（3）关于各评价指标之间的相互关系问题。在制订单项指标时，要避免指标的重复交叉情况，大指标已经包含的指标，不要再出现。如企业费用和投资费用、折旧费用与成本，在使用中的交叉处必须明确加以划分和规定。

(4) 评价指标的权重问题。合理确定评价指标在整个指标体系中的权重体现了系统评价中主次有别。一般而言，各评价指标在实现系统的目标和功能上的重要程度是不一样的，这个重要程度用权重体现。权重确定得是否合理，往往直接关系到评价的结果。正确确定权重依赖于人们对系统指标、功能、特性及实现系统目标的各方面因素的了解。指标的权重分配可采取德尔菲法广泛征求各种意见，避免轻率地取得一致意见。例如目前核电是一个低碳、可大规模利用的发电方式，但是核燃料的安全利用与回收循环是一个需要重点考虑的问题，综合评估核燃料循环系统的性能需要确定一个有效的价值评价体系并合理分配权重，以衡量各种方案的成熟度以及潜在的风险。核燃料循环系统的性能评价指标体系包括核电站的选址、建设方案、核废料管理能力、资源、扩散风险、人身安全、国家安全、经济性、环境影响、技术成熟度、许可情况和现有设施管理制度等。

(5) 评价指标效果综合。系统评价涉及的指标多，系统评价会面临如何将单一指标综合成反映系统总体性能的分值。而且当各项评价指标量纲不统一时，就不能进行简单的综合，需要将量纲进行处理后再综合。

在构建了评价指标体系及确定权重后，需要将单一评价指标的得分综合成大类评价指标的得分，直至总指标体系的得分。下面介绍几种常用的评价方法。

5.5 模糊综合评价法

层次分析法（AHP）是运筹学学者萨蒂（Saaty）在 20 世纪 70 年代提出的、将定量和定性分析结合起来的多目标与多层次性的系统评价法。其基本原理是把评价目标进行层层分解，转化成可量化的具体因素，然后对元素进行两两比较，利用数值反映元素间的相对重要性，构造出不同层级的判断矩阵。在判断矩阵满足一致性检验的基础上进行单指标的排序，最后进行层次排序和总排序，确定每个因素的权重系数。

模糊综合评价法是在层次分析法的基础上发展起来的，它是把层次分析法确定的权重和模糊数学综合起来的一种定性和定量相结合的方法，适合解决复杂的多目标问题。

5.5.1 相关术语

1. *层次结构模型*

进行系统评价首先要识别出与系统问题有关的元素，把这些元素按属性不同分成若干组，以形成不同的层次。同一层次的元素作为对下一层的某些元素起支配作用的准则，同时它又受上一层次元素的支配，相邻两层次具有支配关系的元素之间用直线标明，这样元素就按属性不同分成了不同的互不相交的递阶层次。最高层通常只有一个元素，一般为问题的决策目标，称为目标层；中间的层次根据问题的复杂性可分为多个层次，一般是准则层、子准则层；最低一层为解决问题的决策方案，称为方案层。递阶层次结构如图 5-1 所示。

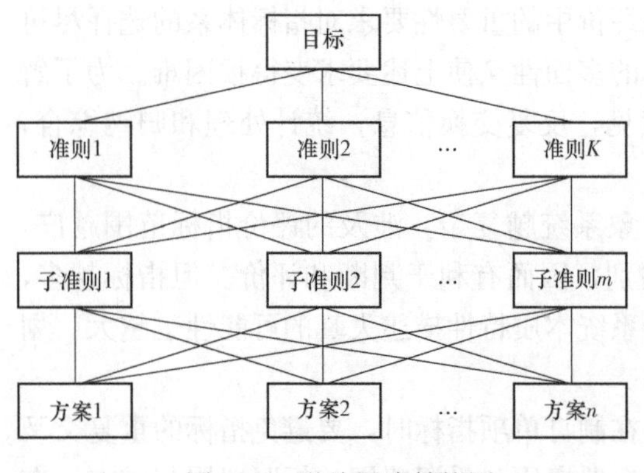

图 5-1 递阶层次结构图

2. 判断矩阵

判断矩阵是由评价系统内因素两两比较构成的、反映决策者的偏好信息的矩阵，它是专家针对上一层次的某一元素对下一层次的各元素之间或同一层级的要素之间的相对重要性做出的判断。在图5-1中，根据上下层次元素之间的关系，可构建出各准则相对于上一层目标、各方案依次相对于上一层准则的两两判断矩阵。假定将上一层的元素 C_k 作为准则，其对下一层元素 D_1，D_2，…，D_n 有支配关系。针对准则 C_k，决策者对元素 D_1，D_2，…，D_n 进行两两比较，可构建出 D_1，D_2，…，D_n 相对于上一层准则 C_k 的两两判断矩阵 A，如式(5-1)所示。

$$\boldsymbol{A}=\begin{pmatrix} a_{11} & \cdots & a_{1n} \\ \vdots & \vdots & \vdots \\ a_{n1} & \cdots & a_{nn} \end{pmatrix} \tag{5-1}$$

其中，$\boldsymbol{A}=(a_{ij})_{n\times n}$，满足 $a_{ij}>0$，$a_{ij}=\dfrac{1}{a_{ji}}$，$a_{ii}=1$。

构造 n 阶判断矩阵需对 n $(n-1)$ $/2$ 个元素给出判断值。在构造的判断矩阵中，a_{ij} 表示在准则 C_k 下 D_i 对 D_j 的相对重要性。在 Saaty 标度中，a_{ij} 取整数1，2，…，9及它们的倒数。Saaty 标度法见表5-1。

表5-1　　Saaty标度法

标　度	定　义	解　释
1	因素 i 与 j 同等重要	两元素同等重要
3	因素 i 比 j 稍微重要	行因素 i 稍微重要于列因素 j
5	因素 i 比 j 明显重要	行因素 i 明显重要于列因素 j
7	因素 i 比 j 强烈重要	行因素 i 强烈重要于列因素 j
9	因素 i 比 j 极端重要	行因素 i 极端重要于列因素 j
2，4，6，8	因素 i 比 j 重要性在两个奇数之间	
上述1～9的倒数	因素 i 比 j 没有上述意义的重要	

3. 判断矩阵的一致性

如果 $a_{ik}\times a_{kj}=a_{ij}$，则称判断矩阵 $\boldsymbol{A}$ 满足一致性。但是由于决策者的判断不准确或前后思维不一致，判断矩阵 $\boldsymbol{A}$ 中的元素不一定满足传递性，即有时出现 $a_{ik}\times a_{kj}\neq a_{ij}$。另外，由于实际问题的复杂性，专家在分析实际问题时，同样也会带有一定的主观性和思维的矛盾性。因此在评价前有必要对判断矩阵 A 进行一致性检验。其检验步骤如下：

(1) 计算一致性指标（$C.I.$）。

$$C.I.=\frac{\lambda_{\max}-n}{n-1} \tag{5-2}$$

当 $\lambda_{\max}=n$ 时，$C.I.=0$，此时判断矩阵具有完全一致性。

(2) 平均随机一致性指标（$R.I.$）。

判断矩阵阶数 n 越大越容易出现不一致的现象，所以还需要将 $C.I.$ 与同阶矩阵的 $R.I.$ 进行比较。$R.I.$ 指标是多次（500次以上）重复进行随机判断矩阵特征值计算，计算之后取算术平均数得到的，*R. I.* 的大小是随判断矩阵的阶数而变化的。表 5 - 2 是 1～15 阶重复计算 1000 次的平均随机一致性指标（*R. I.*）数值表。

表 5 - 2 **平均随机一致性指标数值表**

阶数	1	2	3	4	5	6	7	8	9	10	11	12	13	14	15
R. I.	0	0	0.52	0.89	1.12	1.26	1.36	1.41	1.46	1.49	1.52	1.54	1.56	1.58	1.59

(3) 计算一致性比率（*C. R.*）。

$$C.R. = \frac{C.I.}{R.I.} \tag{5-3}$$

C. R. 指标可以用来检验判断矩阵是否具有可接受的一致性程度，或称是否具有满意的一致性。当 $C.R. < 0.1$ 时，一般认为判断矩阵具有满意的一致性，是可以接受的。当 $C.R. \geqslant 0.1$ 时，说明判断矩阵 $\boldsymbol{A}$ 中各元素 a_{ij} 的估计一致性较差，所给出的判断矩阵不能令人满意，需要进行调整修正，直到检验通过为止。

4. 指标权重

指标权重反映了这些元素在本层次的相对重要性。排序权重越大，相应的元素越重要。权重对方案的综合评价值起着关键作用。一般根据上一层次某一个准则 C_k 得到判断矩阵 $\boldsymbol{A}$，计算本层次 n 个元素的排序权重，并进行一致性检验。具体计算见式（5 - 4）。

$$\boldsymbol{A}\boldsymbol{w} = \lambda_{\max}\boldsymbol{w} \tag{5-4}$$

根据判断矩阵计算其最大特征根和特征向量，代入式（5 - 4）解出 $\boldsymbol{w}$ 并经过正规化后，可作为元素在某一准则 C_k 下的权重。由于求最大特征根、特征向量的过程较为复杂，因此在保证精度的情况下，可以利用一些近似公式来计算 $\boldsymbol{w}$ 值，近似计算方法有以下几种：

(1) 几何平方法（又称方根法）。

$$w_i = \Big(\prod_{j=1}^{n} a_{ij}\Big)^{\frac{1}{n}} \Big/ \sum_{i=1}^{n}\Big(\prod_{j=1}^{n} a_{ij}\Big)^{\frac{1}{n}} \tag{5-5}$$

第 1 步，计算判断矩阵每一行元素的乘积 M_i。

$$M_i = \prod_{j=1}^{n} a_{ij}, i = 1,2,\cdots,n \tag{5-6}$$

第 2 步，计算 M_i 的 n 次方根 $\overline{w}_i$。

$$\overline{w}_i = \sqrt[n]{M_i}, i = 1,2,\cdots,n \tag{5-7}$$

第 3 步，对向量 $\overline{\boldsymbol{w}} = (\overline{w}_1, \overline{w}_2, \cdots, \overline{w}_n)^{\mathrm{T}}$ 正规化。

$$w_i = \frac{\overline{w}_i}{\sum_{i=1}^{n}\overline{w}_i}, i = 1,2,\cdots,n \tag{5-8}$$

则 $\boldsymbol{w} = (w_1, w_2, \cdots, w_n)^{\mathrm{T}}$ 即为所求特征向量。

(2) 行和法（又称和积法）。

第 1 步，将判断矩阵每一列正规化。

$$\overline{a}_{ij} = \frac{a_{ij}}{\sum_{i=1}^{n} a_{ij}}, i,j = 1,2,\cdots,n \tag{5-9}$$

第 2 步，将每一列经正规化后的判断矩阵按行加总。

$$\overline{w}_i = \sum_{j=1}^{n} \overline{a}_{ij}, i = 1,2,\cdots,n \tag{5-10}$$

第 3 步，对向量 $\overline{\boldsymbol{w}} = (\overline{w}_1, \overline{w}_2, \cdots, \overline{w}_n)^T$ 正规化。

$$w_i = \frac{\overline{w}_i}{\sum_{i=1}^{n} \overline{w}_i}, i = 1,2,\cdots,n \tag{5-11}$$

在计算每一层次中各元素相对于上一层所有元素的相对权重后，按照递阶层次结构逐层转化可得到元素权重的综合排序，即各指标的权值大小。

此外，利用近似方法求出 $\boldsymbol{w} = (w_1, w_2, \cdots, w_n)^T$ 后，可用式（5-12）计算判断矩阵的最大特征根 $\lambda_{\max}$ 的近似值。

$$\lambda_{\max} = \frac{1}{n} \sum_{i=1}^{n} \frac{(\boldsymbol{Aw})_i}{w_i} \tag{5-12}$$

判断矩阵的最大特征根近似值可以用来计算一致性指标，完成对判断矩阵的一致性判断。

5. 模糊评语集与模糊矩阵

对于任何一个层级指标，可设评语集为

$$\boldsymbol{V} = (V_1, V_2, \cdots, V_m) \tag{5-13}$$

由专家们针对某对象系统在任意一个指标下选择评语合适的等级，一般分为 5 级或更多，m 是指标划分的级别。对专家的评语进行处理后可得到对象系统的模糊矩阵。某对象系统在某指标 i 下不同评级的模糊评语为

$$\boldsymbol{R}_i = (r_{i1}, r_{i2}, \cdots, r_{im}) \tag{5-14}$$

某对象系统在评价指标体系下的模糊矩阵为

$$\boldsymbol{R} = \begin{pmatrix} r_{11} & r_{12} & \cdots & r_{1m} \\ r_{21} & r_{22} & \cdots & r_{2m} \\ \vdots & \vdots & \ddots & \vdots \\ r_{n1} & r_{n2} & \cdots & r_{nm} \end{pmatrix} \tag{5-15}$$

5.5.2 分析步骤

第 1 步，构造系统的层次结构模型；

第 2 步，构造判断矩阵并进行一致性检验；

第 3 步，确定指标权重；

第 4 步，确定模糊评语集和模糊矩阵；

第 5 步，模糊综合评价。

利用指标权重和模糊矩阵采用最大最小规则进行计算可得到模糊综合评价结果。计算见式（5-16）。

$$\boldsymbol{B} = \boldsymbol{W} \cdot \boldsymbol{R} \tag{5-16}$$

模糊综合评价法在指标的选取、判断矩阵的构造以及系统方案在某指标的隶属度评定上都依赖于专家的观点，主观性非常大。

5.6　数据包络分析法

数据包络分析法（data envelop analysis，DEA）是由著名的运筹学家查恩斯（A. Charnes）和库伯（W. W. Cooper）于1978年提出的，用于评价具有多输入和多产出的决策单元（DMU）的相对有效性。通过对决策单元的输入和输出数据的综合分析，得出每个决策单元的综合效率的数量指标，据此确定有效的（即相对效率高的）决策单元。

5.6.1　DEA的相关术语

1. 决策单元

需要评价的“单位”被称为决策单元（decision making unit，DMU），它可以是某个企业、组织或个体，也可以是某项活动、方案或项目。每个决策单元均有输入“耗费的资源”和输出“生产的产品”，而且具有相同类别的输入和输出。

2. 生产可能集

设DMU在经济活动中的m种输入为$\boldsymbol{x}=(x_1, x_2, \cdots, x_m)^{\mathrm{T}}$，$S$种输出为$\boldsymbol{y}=(y_1, y_2, \cdots, y_s)^{\mathrm{T}}$，则$\boldsymbol{T}=\{(\boldsymbol{x}, \boldsymbol{y})/$由投入向量$x$可以生产出来向量$y\}$为所有可能的生产活动构成的生产可能集，记为$\boldsymbol{T}=\{(\boldsymbol{x}, \boldsymbol{y})\ /\boldsymbol{x}\in \boldsymbol{E}_{+}^{m}, \boldsymbol{y}\in \boldsymbol{E}_{+}^{S}\}$。

假设对于n个生产决策单元，其投入与产出分别为$\boldsymbol{X}_j=(x_{1j}, x_{2j}, \cdots x_{mj})^{\mathrm{T}}$，$j=1, 2, \cdots, n$，$\boldsymbol{Y}_j=(y_{1j}, y_{2j}, \cdots y_{sj})^{\mathrm{T}}$，$j=1, 2, \cdots, n$，总满足$(\boldsymbol{X}_j, \boldsymbol{Y}_j)\in \boldsymbol{T}$。

3. 生产有效性与生产前沿面

设$(\boldsymbol{X}_j, \boldsymbol{Y}_j)\in \boldsymbol{T}$，如果不存在$(\boldsymbol{X}_j, \boldsymbol{Y}_j')\in \boldsymbol{T}$，满足$\boldsymbol{Y}_j'>\boldsymbol{Y}_j$，则称$(\boldsymbol{X}_j, \boldsymbol{Y}_j)$为有效生产行为。

设$(\boldsymbol{X}_j, \boldsymbol{Y}_j)\in \boldsymbol{T}$，如果不存在$(\boldsymbol{X}_j', \boldsymbol{Y}_j)\in \boldsymbol{T}$，满足$\boldsymbol{X}_j'<\boldsymbol{X}_j$，则称$(\boldsymbol{X}_j, \boldsymbol{Y}_j)$为有效生产行为。

所有生产有效点的集合称为生产可能集的有效生产前沿面。有效生产前沿面需要从大量的观测数据中估计，然后用此对决策单元进行分析。

4. 生产可能集的公理体系

凸性公理：对于任意的$(\boldsymbol{X}, \boldsymbol{Y})\in \boldsymbol{T}$，$(\overline{\boldsymbol{X}}, \overline{\boldsymbol{Y}})\in \boldsymbol{T}$，以及任意的$\lambda\in[0, 1]$，均有

$$\lambda(\boldsymbol{X},\boldsymbol{Y})+(1-\lambda)(\overline{\boldsymbol{X}},\overline{\boldsymbol{Y}})=(\lambda\boldsymbol{X}+(1-\lambda)\overline{\boldsymbol{X}},\lambda\boldsymbol{Y}+(1-\lambda)\overline{\boldsymbol{Y}})\in \boldsymbol{T}$$

以投入量$\boldsymbol{X}$的λ倍和$\overline{\boldsymbol{X}}$的$(1-\lambda)$倍组合投入，产出也是$\boldsymbol{Y}$的$\lambda$倍和$\overline{\boldsymbol{Y}}$的$(1-\lambda)$倍的组合。

无效性公理（经济学界称为自由处置公理）：对于任意的$(\boldsymbol{X}, \boldsymbol{Y})\in \boldsymbol{T}$，且$\overline{\boldsymbol{X}}\geqslant\boldsymbol{X}$，均有$(\overline{\boldsymbol{X}}, \boldsymbol{Y})\in \boldsymbol{T}$；对于任意的$(\boldsymbol{X}, \boldsymbol{Y})\in \boldsymbol{T}$，且$\overline{\boldsymbol{Y}}\leqslant\boldsymbol{Y}$，均有$(\boldsymbol{X}, \overline{\boldsymbol{Y}})\in \boldsymbol{T}$，即在原来生产活动的基础上增加投入或减少产出的生产总是可能的。

锥性公理：对于任意的$(\boldsymbol{X}, \boldsymbol{Y})\in \boldsymbol{T}$，以及$k\geqslant 0$，均有$k(\boldsymbol{X}, \boldsymbol{Y})=(k\boldsymbol{X}, k\boldsymbol{Y})\in \boldsymbol{T}$，即以投入量的$k$倍输入，那么输出量也以原来产出的$k$倍产出。

最小性公理：生产可能集$\boldsymbol{T}$是满足上述公理的所有集合的交集。

5.6.2　DEA的工作步骤

应用DEA模型进行系统分析时，需要经历明确问题、建模计算、成果分析等多个步

骤，具体如下：

(1) 明确问题阶段。所谓明确问题是要弄清楚以下事项：

1) 要明确分析的目标，包括辨识主目标和子目标以及影响这些目标的因素，建立一个层次结构；

2) 确定各种因素的性质，分为可变的或不可变的、可控的或不可控的、主要的或次要的；

3) 确定因素间的定性与定量关系；

4) 确定决策单元的边界，对决策单元的结构及层次进行分析；

5) 对结果进行定性分析与预测。

(2) 建模计算。建模计算包括以下内容：

1) 根据明确问题阶段的分析，确定能全面反映评价目标的指标体系，并且将指标间的一些定性关系反映到权重的约束中，同时考虑输入和输出体系的多样性，将每种情况下的分析结果进行比较研究，然后获得合理的管理信息。

2) 选择决策单元。选择决策单元要满足具有相同的目标、任务、外部环境和输入输出指标，且具有一定的代表性。

3) 收集和整理的 DMU 数据具有可获得性。

4) 根据有效性分析的目的和实际问题的背景选择适当的 DEA 模型并进行计算。

(3) 成果分析阶段。

1) 对计算成果进行分析和比较，找出无效单元及其无效原因，提出进一步改进的途径；

2) 根据定性和预测的结果考察评价结果的合理性。必要时可用多种 DEA 模型分别评价，将结果综合分析。

5.6.3 DEA 模型 C^2R

C^2R 是数据包络分析法的第一个基本模型，是以相对效率为基础提出的一种崭新的系统分析方法。假设需要评价 n 个决策单元，记为 DMU_1，DMU_2，…，DMU_n，评价的指标由 $m+s$ 项组成，其中有 m 项输入，即耗费的资源，如劳动力和资金等；有 s 项输出，即工作的成效，如经济效益和产品等。

x_{ij} 为第 j 个决策单元 DMU_j 对第 i 项资源的输入量，$x_{ij}>0$；

y_{rj} 为第 j 个决策单元 DMU_j 对第 r 项资源的输出量，$y_{rj}>0$；

$i=1，2，…，m，j=1，2，…，n，r=1，2，…，s$。

令 v_i 为第 i 种输入的一种度量（或称权系数），$i=1，2，…，m$；

令 u_r 为第 r 种输出的一种度量（或称权系数），$r=1，2，…，s$。

决策单元的输入和输出可表示如下：

$$
\begin{array}{cc}
 & \\
m & 1\\
\text{种} & 2\\
\text{输} & \vdots\\
\text{入} & m
\end{array}
\begin{array}{c}
\begin{array}{cccc} DMU_1 & DMU_2 & \cdots & DMU_n \end{array}\\
\left(\begin{array}{cccc}
x_{11} & x_{12} & \cdots & x_{1n}\\
x_{21} & x_{22} & \cdots & x_{2n}\\
\vdots & \vdots & \vdots & \vdots\\
x_{m1} & x_{m2} & \cdots & x_{mn}
\end{array}\right)
\end{array}
\begin{array}{c}
 \\
v_1\\
v_2\\
\vdots\\
v_m
\end{array}
\tag{5-17}
$$

$$\begin{array}{cc} & DMU_1 \quad DMU_2 \quad \cdots \quad DMU_n \\ \begin{matrix} s & 1 \\ 种 & 2 \\ 输 & \vdots \\ 出 & s \end{matrix} & \begin{pmatrix} y_{11} & y_{12} & \cdots & y_{1n} \\ y_{21} & y_{22} & \cdots & y_{2n} \\ \vdots & \vdots & \vdots & \vdots \\ y_{m1} & y_{m2} & \cdots & y_{mn} \end{pmatrix} \begin{matrix} u_1 \\ u_2 \\ \vdots \\ u_s \end{matrix} \end{array} \tag{5-18}$$

记：

$\boldsymbol{X}_j=(x_{1j}，x_{2j}，\cdots x_{mj})^{\mathrm{T}}$，$j=1，2，\cdots，n$

$\boldsymbol{Y}_j=(y_{1j}，y_{2j}，\cdots y_{sj})^{\mathrm{T}}$，$j=1，2，\cdots，n$

$\boldsymbol{v}=(v_1，v_2，\cdots，v_m)^{\mathrm{T}}$

$\boldsymbol{u}=(u_1，u_2，\cdots，u_s)^{\mathrm{T}}$

每一个决策单元的效率评价指数记为

$$h_j=\frac{u^{\mathrm{T}}Y_j}{v^{\mathrm{T}}X_j},j=1,2,\cdots,n \tag{5-19}$$

适当地选择权系数向量 u，v，使得 $h_j\leqslant 1$，$j=1，2，\cdots，n$。

考察第 j_0 个决策单元 DMU_0 的效率，将第 j_0 个决策单元的效率评价指数 h_{j0} 作为目标，以所有决策单元的效率指标为约束，即 $h_j\leqslant 1$，$j=1，2，\cdots，n$。

令 $\boldsymbol{X}_{j0}=(x_{10}，x_{20}，\cdots，x_{m0})^{\mathrm{T}}=\boldsymbol{X}_0$，$\boldsymbol{Y}_{j0}=(Y_{10}，Y_{20}，\cdots Y_{s0})^{\mathrm{T}}=\boldsymbol{Y}_0$

构建以下最优化模型 C^2R：

$$\bar{P}(C^2R)\begin{cases}\max\dfrac{\boldsymbol{u}^{\mathrm{T}}\boldsymbol{Y}_0}{\boldsymbol{v}^{\mathrm{T}}\boldsymbol{X}_0}=h_{j0}^*=V_P\\ \dfrac{\boldsymbol{u}^{\mathrm{T}}\boldsymbol{Y}_j}{\boldsymbol{v}^{\mathrm{T}}\boldsymbol{X}_j}\leqslant 1,j=1,2,\cdots,n\\ \boldsymbol{u}\geqslant 0,\boldsymbol{v}\geqslant 0\end{cases} \tag{5-20}$$

其中，$\boldsymbol{X}_j=(x_{1j}，x_{2j}，\cdots，x_{mj})^{\mathrm{T}}$，$\boldsymbol{Y}_j=(y_{1j}，y_{2j}，\cdots，y_{sj})^{\mathrm{T}}$，$j=1，2，\cdots，n$。

由于式（5-20）所示 C^2R 模型是一分式规划，使用由查恩斯和库伯给出的 Charnes-Cooper 变换，可将该分式规划变为一个等价的线性规划问题。

令
$$\boldsymbol{t}=\frac{1}{\boldsymbol{v}^{\mathrm{T}}X_0},\boldsymbol{\omega}=\boldsymbol{tv},\boldsymbol{\mu}=\boldsymbol{tu} \tag{5-21}$$

$$\boldsymbol{\mu}^{\mathrm{T}}Y_0=\frac{\boldsymbol{u}^{\mathrm{T}}\boldsymbol{Y}_0}{\boldsymbol{v}^{\mathrm{T}}\boldsymbol{X}_0} \tag{5-22}$$

$$\frac{\boldsymbol{\mu}^{\mathrm{T}}\boldsymbol{Y}_j}{\boldsymbol{\omega}^{\mathrm{T}}\boldsymbol{X}_j}=\frac{\boldsymbol{u}^{\mathrm{T}}\boldsymbol{Y}_j}{\boldsymbol{v}^{\mathrm{T}}\boldsymbol{X}_j}\leqslant 1,j=1,2,\cdots,n \tag{5-23}$$

可得下列线性规划问题：

$$P(C^2R)\begin{cases}\max\boldsymbol{\mu}^{\mathrm{T}}\boldsymbol{Y}_0=\boldsymbol{h}_{j0}^*=\boldsymbol{V}_P\\ s.t.\begin{cases}\boldsymbol{\omega}^{\mathrm{T}}\boldsymbol{X}_j-\boldsymbol{\mu}^{\mathrm{T}}\boldsymbol{Y}_j\geqslant 0,j=1,2,\cdots,n\\ \boldsymbol{\omega}^{\mathrm{T}}\boldsymbol{X}_0=1\\ \boldsymbol{\omega}\geqslant 0,\boldsymbol{\mu}\geqslant 0\end{cases}\end{cases} \tag{5-24}$$

定理 分式规划 $\bar{P}(C^2R)$ 与线性规划 $P(C^2R)$ 在下述意义上是等价的：

1）若 $\boldsymbol{v}^0$，$\boldsymbol{u}^0$ 为 $\bar{P}(C^2R)$ 的最优解，则 $\boldsymbol{\omega}^0=t^0\boldsymbol{v}^0$，$\boldsymbol{\mu}^0=t^0\boldsymbol{u}^0$ 为 $P(C^2R)$ 的最优解，并且

最优值相等，其中 $t^0=\dfrac{1}{(\boldsymbol{v}^0)^{\mathrm{T}}\boldsymbol{X}_0}$。

2）若 $\boldsymbol{\omega}^0$，$\boldsymbol{\mu}^0$ 为 $P(C^2R)$ 的最优解，则 $\boldsymbol{v}^0$，$\boldsymbol{u}^0$ 为 $\bar{P}(C^2R)$ 的最优解，并且最优值相等。

C^2R 生产可能集 $\boldsymbol{T}$ 为

$$\boldsymbol{T}=\left\{(\boldsymbol{X},\boldsymbol{Y})/\sum_{j=1}^{n}\boldsymbol{X}_j\lambda_j\leqslant\boldsymbol{X},\sum_{j=1}^{n}\boldsymbol{Y}_j\lambda_j\geqslant\boldsymbol{Y},\lambda_j\geqslant 0,j=1,2,\cdots,n\right\}$$

满足凸性公理、无效性公理、锥性公理和最小性公理体系。

根据线性规划的对偶理论，可得到 C^2R 模型的对偶模型：

$$D_1\begin{cases}\min\vartheta=\boldsymbol{V}_D\\ s.t.\begin{cases}\sum_{j=1}^{n}\boldsymbol{X}_j\lambda_j\leqslant\vartheta\boldsymbol{X}_0\\ \sum_{j=1}^{n}\boldsymbol{Y}_j\lambda_j\geqslant\boldsymbol{Y}_0\\ \lambda_j\geqslant 0,j=1,2,\cdots,n,\vartheta\text{无约束}\end{cases}\end{cases}\tag{5-25}$$

约束条件分别引入松弛变量 s^- 和剩余变量 s^+ 后得到：

$$D(C^2R)\begin{cases}\min\vartheta=V_D\\ s.t.\begin{cases}\sum_{j=1}^{n}\boldsymbol{X}_j\lambda_j+s^-=\vartheta\boldsymbol{X}_0\\ \sum_{j=1}^{n}\boldsymbol{Y}_j\lambda_j-s^+=\boldsymbol{Y}_0\\ \lambda_j\geqslant 0,j=1,2,\cdots,n,\vartheta\text{无约束}\\ s^-\geqslant 0,s^+\geqslant 0\end{cases}\end{cases}\tag{5-26}$$

模型中，$\sum_{j=1}^{n}\boldsymbol{X}_j\lambda_j$ 和 $\sum_{j=1}^{n}\boldsymbol{Y}_j\lambda_j$ 为投入和产出要素的组合，λ_j 为各单元的组合比例，ϑ 为单元 DMU_j 与有效前沿面的“距离”，ϑ 越接近 1，表示该单元越有效。松弛变量 s^+ 和 s^- 分别表示无效单元沿水平、垂直方向到达有效前沿面的“距离”。

(1) 若线性规划 $P(C^2R)$ 的最优解为 $\boldsymbol{\omega}^0$，$\boldsymbol{\mu}^0$，满足 $\boldsymbol{V}_P=(\boldsymbol{\mu}^0)^{\mathrm{T}}\boldsymbol{Y}_0=1$，则称决策单元 j_0 为弱 DEA 有效（C^2R）。

(2) 若线性规划 $P(C^2R)$ 的最优解为 $\boldsymbol{\omega}^0>0$，$\boldsymbol{\mu}^0>0$，满足 $\boldsymbol{V}_P=(\boldsymbol{\mu}^0)^{\mathrm{T}}\boldsymbol{Y}_0=1$，则称决策单元 j_0 为 DEA 有效（C^2R）。

(3) 若 $D(C^2R)$ 的最优值 $\vartheta=1$，则称决策单元 j_0 为弱 DEA 有效（C^2R），反之亦然。

(4) 若 $D(C^2R)$ 的最优值 $\vartheta=1$，并且它的每个最优解 $\lambda^0=(\lambda_1^0,\cdots,\lambda_n^0)$，$s^{-0}$，$s^{+0}$，$\theta^0$ 都有 $s^{-0}=0$，$s^{+0}=0$，则称决策单元 j_0 为 DEA 有效（C^2R），反之亦然。

自查恩斯等人给出第一个 DEA 模型 C^2R 模型后，这种通过构建生产前沿面来评价决策单元相对绩效的方法受到了广泛的关注，并且获得了快速的发展。

5.6.4 DEA 模型 BC^2

1984 年，Banker，Charnes 和 Cooper 等提出了不考虑生产可能集满足锥性的 BC^2 模型。假设 n 个决策单元对应的输入输出数据分别为：

$$\boldsymbol{X}_j=(x_{1j},x_{2j},\cdots,x_{mj})^{\mathrm{T}},j=1,2,\cdots,n$$

$$\boldsymbol{Y}_j=(y_{1j},y_{2j},\cdots,y_{sj})^{\mathrm{T}},j=1,2,\cdots,n$$

其中，$\boldsymbol{X}_j\in\boldsymbol{E}^m$，$\boldsymbol{Y}_j\in\boldsymbol{E}^s$，$\boldsymbol{X}_j>0$，$\boldsymbol{Y}_j>0$，$j=1,2,\cdots,n$。

BC^2 模型为

$$P(BC^2)\begin{cases}\max(\boldsymbol{\mu}^{\mathrm{T}}\boldsymbol{Y}_0+\boldsymbol{\mu}_0)=\boldsymbol{V}_P\\ \boldsymbol{\omega}^{\mathrm{T}}\boldsymbol{X}_j-\boldsymbol{\mu}^{\mathrm{T}}\boldsymbol{Y}_j-\mu_0\geqslant 0,j=1,2,\cdots,n\\ \boldsymbol{\omega}^{\mathrm{T}}x_0=1\\ \boldsymbol{\omega}\geqslant 0,\boldsymbol{\mu}\geqslant 0,u_0\in\boldsymbol{E}^1\end{cases}\tag{5-27}$$

式（5-27）描述的模型的对偶模型为

$$D(BC^2)\begin{cases}\min\vartheta=\boldsymbol{V}_D\\ s.t.\begin{cases}\sum\limits_{j=1}^{n}\boldsymbol{X}_j\lambda_j+s^-=\vartheta\boldsymbol{X}_0\\ \sum\limits_{j=1}^{n}\boldsymbol{Y}_j\lambda_j-s^+=\boldsymbol{Y}_0\\ \sum\limits_{j=1}^{n}\lambda_j=0,j=1,2,\cdots,n\\ s^-\geqslant 0,s^+\geqslant 0,\lambda_j\geqslant 0,j=1,\cdots,n\end{cases}\end{cases}\tag{5-28}$$

BC^2 的生产可能集为

$$\boldsymbol{T}=\left\{(\boldsymbol{X},\boldsymbol{Y})\Big/\sum_{j=1}^{n}\boldsymbol{X}_j\lambda_j\leqslant\boldsymbol{X},\sum_{j=1}^{n}\boldsymbol{Y}_j\lambda_j\geqslant\boldsymbol{Y},\sum_{j=1}^{n}\lambda_j=1,\lambda_j\geqslant 0,j=1,2,\cdots,n\right\}$$

满足凸性公理、无效性公理和最小性公理体系。

若线性规划 $P(BC^2)$ 的最优解为 w^0，$\boldsymbol{\mu}^0$，满足 $\boldsymbol{V}_P=(\boldsymbol{\mu}^0)^{\mathrm{T}}\boldsymbol{Y}_0+\mu_0^0=1$，则称决策单元 j_0 为弱 DEA 有效（BC^2）。若进而满足 $w^0>0$，$\boldsymbol{\mu}^0>0$，则称决策单元 j_0 为 DEA 有效（BC^2）。

若线性规划 $D(BC^2)$ 的任意最优解为 λ^0，s^{-0}，s^{+0}，θ^0，都有

(1) $\theta^0=1$，则称决策单元 j_0 为弱 DEA 有效（BC^2）；

(2) 若 $\theta^0=1$，并且 $s^{-0}=0$，$s^{+0}=0$，则称决策单元 j_0 为 DEA 有效（BC^2）；

【例 5-1】 现有仅包含一个输入和一个输出的 3 个决策单元，如表 5-3 所示。分析 3 个决策单元的有效性。

表 5-3　　3 个决策单元

决策单元	决策单元 1	决策单元 2	决策单元 3
输入	1	3	7
输出	1	2	4

考察决策单元 1 对应的线性规划问题：

$$D(C^2R)\begin{cases}\min\vartheta\\ s.t.\begin{cases}\lambda_1+3\lambda_2+7\lambda_3+s^-=\vartheta\\ \lambda_1+2\lambda_2+4\lambda_3-s^+=1\\ \lambda_j\geqslant 0,j=1,2,3,\vartheta\text{ 无约束}\\ s^-\geqslant 0,s^+\geqslant 0\end{cases}\end{cases}$$

求解后得到最优解为 $\lambda_1^0=1$，$\lambda_2^0=0$，$\lambda_3^0=0$，$\theta_0=1$，$s_1^{+0}=0$，$s_1^{-0}=0$。

由 $\theta_0=1$ 得知决策单元 1 为弱 DEA 有效。

再继续考察下列线性规划问题：

$$\hat{D}(C^2R)\begin{cases}\min(s^+ + s^-)\\ s.t.\begin{cases}\lambda_1+3\lambda_2+7\lambda_3+s^-=1\\ \lambda_1+2\lambda_2+4\lambda_3-s^+=1\\ \lambda_j\geqslant 0, j=1,2,3\\ s^-\geqslant 0, s^+\geqslant 0\end{cases}\end{cases}$$

求解得 $\hat{\lambda}_1=1$，$\hat{\lambda}_2=0$，$\hat{\lambda}_3=0$，$\theta_0=1$，$\hat{s}_1^+=0$，$\hat{s}_1^-=0$。

由 $\hat{s}_1^+ + \hat{s}_1^-=0$ 得知决策单元 1 为 DEA 有效。

对决策单元 2 和决策单元 3 进行同样分析，分别得到 $\theta_0=\frac{2}{3}$和 $\theta_0=\frac{4}{7}$，均小于 1，故决策单元 2 和决策单元 3 不为弱 DEA 有效。

5.6.5 DEA 基本模型特点

(1) DEA 可以处理有多个输入输出决策单元的相对效率评价问题，而且无须指定投入产出的生产函数形态，就可评价具有较复杂生产关系的决策单位的相对效率；

(2) 应用 DEA 法进行多目标要素的综合评价时，在评价的输入输出变量不太复杂的情况下无须考虑指标的量纲不统一问题；

(3) DEA 中的权重是根据数据分析产生的，不需要事前设定投入与产出的权重，因此它不像模糊综合评价法受人为主观因素的影响，避免了在进行综合运算时带有较多的主观性；

(4) DEA 测定若干决策单元的相对效率时关注的是对每个决策单元的优化问题，这样能使得出的相应的相对效率是最大值；

(5) 基于 DEA 法的综合评价方法既能对待评价系统的输入输出元素的相对效率进行评价，还能将非有效评价单元向 DEA 的有效面“投影”，确定各非有效决策单元当前的弱势和需要改进的方向和调整的量。

此外，DEA 模型还能将决策单元数从有限个扩展到无限个，能计算分配效率和技术效率，技术效率又可分解为规模效率（scale efficiency）和纯技术效率（pure technical inefficiency)。各个模型还可分为投入导向（input - oriented）和产出导向（output - oriented）两种形式。产出导向的 DEA 模型设定为给定一定量的投入要素，求取产出值最大。反之，投入导向的 DEA 模型是指在给定产出水平下使投入成本最小。DEA 模型除了基本的 C^2R 和 BC^2 外，还有一些派生出来的新模型，此处限于篇幅不做赘述了。

5.7 主成分分析法

5.7.1 基本原理

在评价多目标问题时考虑的评价指标很多，指标间会存在一定的相关性，使得反映的信息出现重叠，而且指标越多也会增加计算量和分析问题的复杂性。因此人们就希望能找出几个综合评价指标，既保持原有指标的主要信息，又使新的评价指标之间不相关。Hotelling

于 1933 年提出了主成分分析法，它利用降维的思想，把多指标转化为少数几个综合指标。在变换中，总信息量（总方差）不变，但信息分布发生了变化。

设有 p 个指标构成的 p 维随机向量 $\boldsymbol{X}=(X_1, X_2, \cdots, X_p)^{\mathrm{T}}$，现有实际 n 个样本：

$$\boldsymbol{X}=\begin{pmatrix} x_{11} & x_{12} & \cdots & x_{1p} \\ x_{21} & x_{22} & \cdots & x_{2p} \\ \vdots & \vdots & & \vdots \\ x_{n1} & x_{n2} & \cdots & x_{np} \end{pmatrix}=(x_{ij})_{n\times p}$$

考虑到指标间的量纲不同和数量差异，通常先将样本按照式（5-29）、式（5-30）进行标准化处理，形成 Z 矩阵，见式（5-31）。

$$\bar{x}_j=\frac{1}{n}\sum_{i=1}^{n}x_{ij},\mathrm{var}(x_j)=\frac{1}{n-1}\sum_{i=1}^{n}(x_{ij}-\bar{x}_j)^2,j=1,2,\cdots,p \tag{5-29}$$

$$z_{ij}=\frac{x_{ij}-\bar{x}_j}{\sqrt{\mathrm{var}(x_j)}} \quad i=1,2,\cdots,n;j=1,2,\cdots,p \tag{5-30}$$

$$\boldsymbol{Z}=\begin{pmatrix} z_{11} & z_{12} & \cdots & z_{1p} \\ z_{21} & z_{22} & \cdots & z_{2p} \\ \vdots & \vdots & & \vdots \\ z_{n1} & z_{n2} & \cdots & z_{np} \end{pmatrix} \tag{5-31}$$

可证明原始样本矩阵 $\boldsymbol{X}$ 经过标准化处理后的矩阵 $\boldsymbol{Z}$ 的协方差阵就是原始样本矩阵 $\boldsymbol{X}$ 的相关矩阵 $\boldsymbol{R}$，由矩阵 $\boldsymbol{Z}$ 的协方差阵求出的主成分与相关系数矩阵 $\boldsymbol{R}$ 求出的主成分是相同的。

设 r_{jk} 为矩阵 $\boldsymbol{Z}$ 第 j 指标与第 k 指标的相关系数，依据式（5-32）和式（5-33）计算相关系数矩阵 $\boldsymbol{R}$ 为

$$\boldsymbol{R}=(r_{jk})_{p\times p},j,k=1,2,\cdots,p \tag{5-32}$$

$$r_{jk}=\frac{1}{n-1}\sum_{i=1}^{n}\left[(x_{ij}-\bar{x}_j)/\sqrt{\mathrm{var}(x_j)}\right]\left[(x_{ik}-\bar{x}_k)/\sqrt{\mathrm{var}(x_k)}\right] \qquad j,k=1,2,\cdots,p \tag{5-33}$$

即 $r_{jk}=\frac{1}{n-1}\sum_{i=1}^{n}z_{ij}z_{ik}$，且有 $r_{jj}=1$，$r_{jk}=r_{kj}$。

设相关系数矩阵 $\boldsymbol{R}$ 的特征值为 λ_1，λ_2，…，λ_p，相应的标准正交特征向量为 a_1，a_2，…，a_p，对 $\boldsymbol{Z}$ 作正交变换 $\boldsymbol{Y}=\boldsymbol{A}^{\mathrm{T}}\boldsymbol{Z}$，即

$$\begin{cases} y_1=a_{11}Z_1+a_{12}Z_2+\cdots+a_{1p}Z_p \\ y_2=a_{21}Z_1+a_{22}Z_2+\cdots+a_{2p}Z_p \\ \cdots \\ y_p=a_{p1}Z_1+a_{p2}Z_2+\cdots+a_{pp}Z_p \end{cases} \tag{5-34}$$

$\boldsymbol{a}_1=(a_{11}, a_{12}, \cdots, a_{1p})$，…，$\boldsymbol{a}_p=(a_{p1}, a_{p2}, \cdots, a_{pp})$ 是矩阵 $\boldsymbol{Z}$ 的协方差阵的特征向量。$\mathbf{A}=(a_1, a_2, \cdots, a_p)^{\mathrm{T}}$ 为特征向量构成的正交阵，满足 $\mathbf{A}^{\mathrm{T}}\mathbf{A}=\boldsymbol{I}$。$y_1$，$y_2$，…，$y_p$ 分别称为 X 的第一主成分、第二主成分、…、第 p 主成分。

由于进行标准化和正交化处理后，p 个指标样本数据的均值都等于 0，方差都等于 1，因此其相关系数矩阵和协方差阵相同，而且满足

（1）y_i 与 y_j（$i\neq j$，i，$j=1$，2，…，p）相互独立。

(2) y_1 是 Z_1，Z_2，…，Z_p 所有线性组合中方差最大者；y_2 是与 y_1 不相关的 Z_1，Z_2，…，Z_p 所有线性组合中方差最大者；y_p 是与 y_1，y_2，…，y_{p-1} 都不相关的 Z_1，Z_2，…，Z_p 所有线性组合中方差最大者。

(3) $a_{k1}^2+a_{k2}^2+\cdots+a_{kp}^2=1$，$k=1$，2，…，$p$。

方差贡献率：第 k 个主成分 Y_k 的方差贡献率为

$$w_k = \lambda_k \Big/ \sum_{i=1}^{p} \lambda_i \tag{5-35}$$

方差贡献率 w_k 反映第 k 个主成分 y_k 的方差 λ_k 在全部方差中的比值。w_k 值越大，说明新变量 y_k 综合 Z_1，Z_2，…，Z_p 信息的能力越强。所以，用方差贡献率 w_k 作为每个主成分 y_i 的权数，第一主成分的方差贡献率最大。

累计贡献率：前 k 个主成分的累积贡献率为

$$\rho = \sum_{i=1}^{k} \lambda_i \Big/ \sum_{i=1}^{p} \lambda_i \tag{5-36}$$

累计贡献率反映了前 k 个主成分包含原指标信息的比重。该指标越大，前 k 个主成分包含原指标的信息就越多。一般取主成分的累积贡献率 ρ 达到 85%以上的前 k 个主成分替代原有的 p 个指标。

因子负荷量：主成分 y_k 与标准化后变量 Z_i 的相关系数 $\rho(y_k, z_i)$ 称为因子负荷量，它解释了主成分与各个变量指标的亲疏关系。

$$\rho(y_k, z_i) = \sqrt{\lambda_k} a_{ik}, i,k = 1,2,\cdots,p \tag{5-37}$$

$a_{ik}=(a_{1k}, a_{2k}, \cdots, a_{pk})^{\mathrm{T}}$ 是对应的单位正交特征向量。

前 k 个主成分 y_1，y_2，…，y_k 对标准化后变量 Z_i 的贡献率定义为

$$u_i^{(k)} = \sum_{j=1}^{k} a_{ij}^2 \lambda_j, i = 1,2,\cdots,p \tag{5-38}$$

通常按照累计贡献率达到一定程度确定主成分个数，也可以先计算 R 的 p 个特征值的均值，取大于均值的特征值的个数。通常，第一个方法容易去掉较多的主成分，后一种方法容易取太少的主成分，所以可以将两种方法结合起来使用。

各样本对应的综合因子按式（5-39）计算。

$$y_{ij} = \sum_{r=1}^{k} a_{ir} Z_{rj}, i = 1,2,\cdots,n, j = 1,2,\cdots,k \tag{5-39}$$

各样本的综合值取为综合因子的线性加权之和，权数为各综合因子相应的方差贡献率，按式（5-40）计算。

$$F = yW, F_i = \sum_{j=1}^{k} y_{ij} w_j, i = 1,2,\cdots,n \tag{5-40}$$

5.7.2 计算步骤

(1) 对原始样本数据矩阵进行标准化处理；

(2) 计算标准化后的数据矩阵的相关矩阵 $\boldsymbol{R}$、特征根及特征向量；

(3) 对标准化后的矩阵进行正交化处理，得到主成分；

(4) 计算各主成分的方差贡献率、累计贡献率；

(5) 根据累计贡献率大于 85%以及对因子负荷矩阵的分析确定主成分个数 k 或者选择

所有主成分作为评价因子；

（6）计算各样本的主成分值及综合得分。

5.8 案例：建筑企业招投标中竞争力评价

在建设项目招投标中，评标是一项重要而又棘手的工作，它不仅是取舍投标者的问题，更重要的是关系到建设项目的成败和投资者的利益。从理论上讲，投资者通过招标可选择到满意的投标者。事实上，实际的评标结果往往受多种因素影响，如指标体系不合理、人为因素的影响等。如评标时考虑不周，极可能使评标工作偏离择优的原则。因此，在评标中，选择一个科学的、客观的评标方法是至关重要的。

首先确定评标指标体系。根据建设项目的规模、性质等特点，经比较与筛选，确定8个评标指标，即报价（X_1）、完工工期（X_2）、三材用量［包括钢材用量（X_3）、木材用量（X_4）和水泥用量（X_5）］、施工方案（X_6）、技术力量与管理水平（X_7）和社会信誉（X_8）。

对经投标资格审查、核准后的14家投标单位分别用M_1，M_2，…，M_{14}表示。在评标指标中，施工方案（X_6）、技术力量与管理水平（X_7）和社会信誉（X_8）皆为非量化指标，需进行量化处理。邀请专家组对各投标单位的这3项指标进行评分，通过建立白化曲线求得量化指标值。各投标单位的投标资料见表5-4。

表5-4 各投标单位的投标资料

投标单位	报价 X_1(万元)	工期 X_2(月)	钢材用量 X_3(t)	木材用量 X_4(m^3)	水泥用量 X_5(t)	施工方案 X_6	技术力量与管理水平 X_7	社会信誉 X_8
M_1	2122	34	2698	2148	8722	0.7898	0.8396	0.7770
M_2	2031	32	2804	1938	8044	0.7692	0.7698	0.8110
M_3	2250	29	2468	2021	8704	0.6357	0.8539	0.7558
M_4	2180	31	2514	2342	8541	0.6798	0.9001	0.8802
M_5	2391	30	2701	2101	8604	0.5405	0.7605	0.8396
M_6	2010	33	2840	1986	8286	0.5801	0.8000	0.7800
M_7	2310	29	2907	2085	8800	0.5168	0.7102	0.9001
M_8	2010	32	2745	2169	8714	0.7598	0.8503	0.8203
M_9	2081	30	2690	2207	8201	0.8598	0.8896	0.9302
M_{10}	2173	28	2680	1964	8560	0.6702	0.8591	0.7598
M_{11}	2047	31	2872	2361	8642	0.7402	0.7800	0.8503
M_{12}	2300	32	2781	1976	8301	0.5599	0.8803	0.8097
M_{13}	2213	31	2630	2320	8700	0.5310	0.7402	0.8503
M_{14}	2300	30	2580	2071	8690	0.5998	0.7502	0.7407

将表5-4中的原指标数据进行标准化处理，并计算相关系数矩阵 $\boldsymbol{R}$。

$$
\boldsymbol{R}=\begin{bmatrix}
1 & -0.481 & -0.3012 & -1.2240 & 0.4607 & 0.6693 & 0.2643 & 0.0477 \\
 & 1 & 0.2714 & 0.0832 & -0.2637 & -0.2571 & -0.1291 & 0.0693 \\
 & & 1 & -0.1539 & -0.2338 & 0.0691 & 0.3893 & -0.2891 \\
 & & & 1 & 0.3735 & -0.1722 & -0.0065 & -0.5720 \\
 & & & & 1 & 0.3042 & 0.2897 & 0.1283 \\
 & & & & & 1 & 0.5578 & 0.0374 \\
 & & & & & & 1 & -0.050 \\
 & & & & & & & 1
\end{bmatrix}
$$

计算特征方程$|\boldsymbol{R}-\lambda \boldsymbol{I}|=0$的特征值$\lambda_i$，$i=1$，2，…，8 和对应的特征向量$\boldsymbol{a}_i$，$i=1$，2，…，8，以及每个特征值对信息量的贡献率和累计贡献率，见表 5-5。

表 5-5　　综合后主成分及特征值、贡献率

指　标	y_1	y_2	y_3	y_4	y_5	y_6	y_7	y_8
Z1	0.5483	0.0951	−0.0624	−0.1733	−0.3826	0.2538	0.5593	−0.3643
Z2	−0.3702	−0.0936	0.1862	0.5860	−0.6345	0.0269	0.2285	0.1437
Z3	−0.1319	−0.4117	0.5704	−0.0138	0.2080	0.5623	−0.0812	−0.3486
Z4	−0.0371	−0.5224	−0.5317	0.2084	−0.0711	−0.1978	−0.1953	−0.5633
Z5	0.4033	−0.1134	−0.3145	0.5302	0.2756	0.4731	−0.0258	0.3796
Z6	0.5073	−0.0805	0.2745	−0.0240	−0.4483	−0.0918	−0.6651	0.0926
Z7	0.3440	−0.3481	0.3907	0.2334	0.2959	−0.5839	0.3475	0.0648
Z8	0.0725	0.6319	0.1628	0.4968	0.1957	−0.0797	−0.1626	−0.5010
特征值	2.5630	1.6580	1.6110	0.9448	0.6020	0.3600	0.1876	0.0729
贡献率	0.3204	0.2073	0.2014	0.1181	0.0753	0.0450	0.0235	0.0090
累计贡献率	0.3204	0.5277	0.7291	0.8472	0.9225	0.9675	0.9910	1.0000

前 5 个因子的累计贡献率达到了 92.25%，可以至少选前 5 个主成分因子进行投标单位的评价。本例选取了所有新构成的综合因子作为新的评标指标体系，各投标单位对应的综合因子和综合评标值见表 5-6。

表 5-6　　各投标单位的综合评标值

投标单位	综合评标得分 F 值	排序	投标单位	综合评标得分 F 值	排序
M_1	−0.1774	6	M_8	−0.3472	4
M_2	−0.2705	5	M_9	−1.2860	1
M_3	0.6058	12	M_{10}	0.5048	10
M_4	−0.8857	2	M_{11}	−0.6454	3
M_5	0.5836	11	M_{12}	0.2092	9
M_6	0.057	8	M_{13}	0.0440	7
M_7	0.6622	13	M14	0.9460	14

此例中综合评标值越低越好，从表 5-5 中可看出投标单位 M_9 的综合评标值最低，投标单位 M_4 次之。招标人可从中选取中标候选人。需要指出的是，表 5-5 中评标值是投标单位综合情况的代表值，正负值可理解为距离平均水平的远近和不同的方向。

5.9 本章知识结构安排及讲学建议

本章知识结构安排如图 5-2 所示。

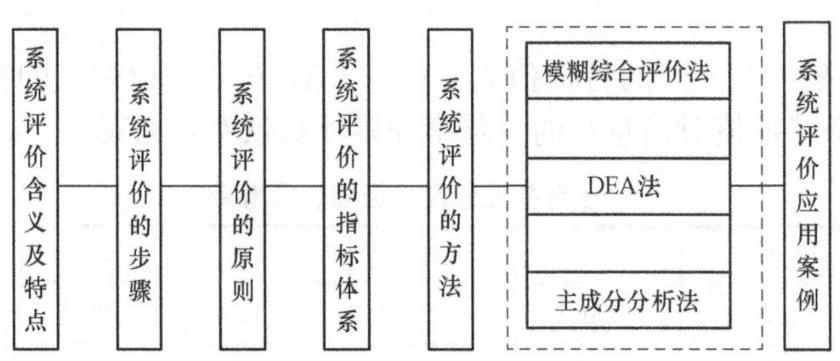

图 5-2　本章知识结构安排

讲学建议： 建议 4 学时。系统评价重点是评价指标、评价模型及评价原则。建议结合专业实例对 5.2 系统评价的原则和 5.3 系统评价的步骤进行讲解。评价中指标体系的选择是主要内容，需要对指标体系构建进行重点阐述。对 5.5 模糊综合评价法、5.6 数据包络分析法和 5.7 主成分分析法可结合专业问题和评价方法特点进行选择性、比较性讲授。对于有评价知识的同学，可查阅一些系统评价的文献。

5.10 本章思考题

(1) 举例说明系统评价的工作内容、步骤。
(2) 结合专业实例说明系统评价的原则。
(3) 建立系统评价指标体系时需要注意什么问题？
(4) 模糊综合评价中专家在其中起什么作用？指标权重是如何确定的？
(5) 与模糊综合评价法比较，简述数据包络分析法的主要特点及代表性模型。
(6) 主成分分析法如何选择主成分？各主成分的权重是如何确定的？

第6章 系 统 决 策

决策是管理的心脏，管理是由一系列决策组成的，管理就是决策。

——赫伯特·西蒙

绝大多数人类决策（不论是个人的或组织的）都是有关发现和选择令人满意的方案的；只有在例外的情况下才是有关发现和选择最优决策的。

——詹姆斯·马奇 赫伯特·西蒙

本章主要内容

(1) 系统决策的含义及分类；
(2) 系统决策的主要步骤；
(3) 确定型决策与不确定型决策的区别；
(4) 不确定型决策的原则；
(5) 风险型决策的特点及原则；
(6) 决策树的决策步骤。

6.1 决策问题的基本描述

决策是在人们的政治、经济、技术和日常生活中，为了达到预期的目的，从所有可供选择的多个方案中找出最满意的方案的一种活动。决策的正确与否会给国家、企业、机构、个人、家庭带来利益或损失。一个错误的决策可能会造成较大损失。所谓一着不慎，满盘皆输。

决策中广泛采用的决策模型的基本结构为

$$a_{ij} = G(K_i, W_j), i = 1, \cdots, m; j = 1, \cdots, n \tag{6-1}$$

式中 K_i——决策者可以控制的因素，称为决策方案；
W_j——决策者不可以控制的因素，称为自然状态；
a_{ij}——损益值，是 K_i 和 W_j 的函数。

决策方案、自然状态和相应的损益值称为决策三要素，它们之间的关系可以用表6-1表示。

表6-1 决 策 的 三 要 素

决策方案 K_i	自然状态			
	W_1	W_2	…	W_n
K_1	a_{11}	a_{12}	…	a_{1n}
K_2	a_{21}	a_{22}	…	a_{2n}

续表

决策方案 K_i	自然状态			
	W_1	W_2	…	W_n
⋮	⋮	⋮	⋮	⋮
K_m	a_{m1}	a_{m2}	…	a_{mn}

6.1.1 决策的步骤

任何决策者在进行决策时，一般都要经历三个决策阶段。

(1) 确定决策的目标。这是决策的首要步骤，这个阶段主要是发现问题、进行现状调查和制定决策目标。问题是实际状态与标准或期望状态之间的差距，发现问题是构成决策内部动力的前提条件。现状调查是通过认真细致的调查研究，充分认识问题产生的原因、变化的规律。通过发现问题和现状调查，为制定决策目标提供充分的客观依据。表 6 - 2 列出了某工业产品进行设计时发现的问题。

表 6 - 2　　某工业产品进行设计时发现的问题

序号	环节	该环节需要解决的问题
1	流程分析	在确定主题的前提下，梳理整体问题的流程，在其中寻找用户迫切要解决的问题、渴望（又称为痛点），以圈定设计内容范畴
2	人群分析	确定谁是设计针对人群（潜在受众）
3	人物侧写	对潜在受众的形象、性格、习惯等进行调查分析
4	需求分析	分析使用人群的需求
5	功能分析	根据需求设定产品应该具备的功能

(2) 建立可行方案及其方案评价。建立可行方案要经过轮廓设想、方案预测和详细设计多个阶段。轮廓设想要保证可行方案的齐全与多样性，要求从各种不同的角度和途径，大胆设想各种可行方案。方案预测的任务是对轮廓设想提出的方案进行环境条件、可行性、有效性等预测。详细设计是对可行方案的进一步充实和完善。

方案的评价和选择是决策过程的关键步骤，可以分为方案论证、方案选择和模拟检验。方案论证是对各个决策方案进行可行性研究，包括技术可行性、经济可行性和社会性评价。方案选择是整个决策过程的中心环节，选择的方法主要有定性分析法、定量分析法、经验方法和试验方法等，也可以采取投票或打分等形式。对于一些重大项目，缺乏历史经验又不便于运用数学方法进行分析的决策问题，可进行仿真实验。

表 6 - 2 所示的某工业产品设计提出的问题、解决方案和后续环节见表 6 - 3。

表 6 - 3　　某工业产品设计各环节问题及解决方案

序号	环节	该环节需要解决的问题	解决的方案及要求
1	流程分析	在确定主题的前提下，梳理整体问题的流程，在其中寻找用户迫切要解决的问题、渴望（又称为痛点），以圈定设计内容范畴	在现场进行调查，总结分析调研结果，找出痛点
2	人群分析	确定谁是设计针对人群（潜在受众）	根据痛点圈定能获益的人群

续表

序号	环节	该环节需要解决的问题	解决的方案及要求
3	人物侧写	对潜在受众的形象、性格、习惯等进行调查分析	绘制人物速写并配以文字注解
4	需求分析	分析使用人群的需求	从多个方面分析，找出所有需求
5	功能分析	根据需求设定产品应该具备的功能	结合现有技术、材料等设定基本功能，并在此基础上进行创新
6	设计草图	绘制产品草图	绘制迅速类似速写，但需大量，应绘制多种且多角度的方案，从中挑选最合适的产品解决方案
7	产品外观详图	根据确定的草图方案采用什么样的正式产品外观	使用彩铅、马克笔、色粉等进行多角度排版手绘，贴近真实地表达产品外观结构、色彩方案及使用场景
8	细节图	如何进一步细化产品外观以及内部结构	放大展示整体效果图中细微的结构，突出创新的功能，展示实现方法及效果
9	爆炸图	产品的各部分如何进行装配	将产品完全打开，按照一定透视比例展现内部结构及与外部的联系
10	建模效果图	如何建立产品的计算机模型	使用 Rhino、3DMax 等软件进行建模，keyshot 进行渲染使其外观材质等贴近真实效果，最终可用 photoshop 修饰得最终效果图。必要时可制作拆解或展开动画辅助解释
11	使用场景图	产品对具体现实使用环境的适用性怎样	可采用手绘、建模、真实模型摄像记录等方式，展现出产品具体使用效果，也可从中发现并修改新的问题

工业产品设计可采用不同的方式和手段实施，需要进行比较，做出选择。

(3) 方案实施及其总结。方案实施是决策过程的最终阶段。这个过程包括追踪协调和反馈控制等环节。

追踪协调是对决策方案的实施偏离决策目标时要进行根本性修正，并对目标之间、系统之间、方案之间的不一致现象给予协调和调整。反馈控制是对方案实施中主客观情况的变化及时把握，对决策方案和行为进行修正，以保证决策目标的顺利实现。表 6-2 所示的某工业产品设计的方案实施及总结见表 6-4。

表 6-4　　某工业产品设计的方案实施及总结

序　号	环　节	该环节需要解决的问题	解决的方案及要求
12	四方故事版	核实问题痛点是否解决了	用漫画等形式进行“讲故事”的叙述展示
13	设计总结	该设计过程是否完成	整合成果，梳理从发现痛点到解决痛点得到最终产品的一系列流程
14	设计心得	该设计中是否有经验？是否有教训	总结此次设计中发现的问题与提出的创新点，分析解决方法与技术亮点，为下次设计积累经验

按照设计方案完成产品设计后，需要对照目标检验设计产品能否达到预期目标、提出的问题是否逐一得到了解决。

6.1.2 决策分类

决策的分类方法很多，从不同的角度出发可得到不同的决策分类。

（1）按内容的重要性分类，可以分为战略决策、战术决策和执行决策。

战略决策是关于某个组织生存发展的全局性、长远性问题的决策，如国家发展规划、行业发展规划、能源发展规划、企业新产品和新市场的开发方向等。

战术决策是为了保证完成战略决策规定的目标而进行的决策，例如对一个企业来说，产品规格的选择、工艺方案的制定、厂区的合理布置等。

执行决策是按照战术决策的要求对实施方案进行选择，如电厂燃料调度、机组运行调度、车间装配线启用计划等。

（2）按决策的性质分类，可以分为定性决策和定量决策。

当决策对象的有关指标可以量化时，可以采用定量决策，否则只能采用定性决策。目前也可以通过专家意见法等多种方法将定性指标转化为定量指标，用定量方法进行决策。

（3）按决策的环境分类，可以分为确定型、不确定型和风险型决策。

确定型决策是指自然环境完全确定、作出的选择也是确定的决策。不确定型决策是决策者对将要发生结果及其发生概率均无法确定或者一无所知，只能凭借主观意向进行的决策。风险型决策是指自然环境及其发生的概率是可以推算或者已知情况下进行的决策。

（4）按决策的结构分类，可以分为程序性决策和非程序性决策。所谓程序性决策一般是有章可循、可以重复的决策。非程序性决策一般是无章可循，凭借当前经验和直觉做出的决策。这种决策往往是一次性的，如战略性的决策多半属于非程序性决策。

6.2 确定型决策问题

确定型决策具备以下 4 个条件：

（1）具有决策者希望的一个明确目标，如收益最大或者损失最小；

（2）只有一个确定的自然状态；

（3）具有两个以上的备选方案；

（4）不同决策方案在确定自然状态下的损益值可以推算出来。

表 6-5 确定型决策

决策方案 K_i	自然状态
	W_1
K_1	a_{11}
K_2	a_{21}
⋮	⋮
K_m	a_{m1}

确定型决策见表 6-5。

在自然状态确定后，不同方案的损益不同，选择收益最大或损失最小的方案。确定型决策看似简单，但在实际工作中可选择的方案很多时，方案收益的确定也比较麻烦，可借助于计算机解决。

6.3 不确定型决策问题

不确定型决策问题具备以下条件：

(1) 具有两个以上不以决策者的意志为转移的自然状态；

(2) 具有两个以上的备选方案；

(3) 不同备选方案在不同自然状态下的损益值是可以推算出来的。

不确定型决策各要素关系见表 6 - 6。

表 6 - 6 不确定型决策各要素关系

决策方案 K_i	自然状态			
	W_1	W_2	…	W_n
K_1	a_{11}	a_{12}	…	a_{1n}
K_2	a_{21}	a_{22}	…	a_{2n}
⋮	⋮	⋮	⋮	⋮
K_m	a_{m1}	a_{m2}	…	a_{mn}

对于不确定型决策，决策者的性格、胆识和所处的条件不同，采用的决策准则会有不同。

(1) 最大最大准则。持这种准则的决策者对事物抱有乐观和冒险的态度，决不放弃任何获得最好结果的机会，争取以好中之好的态度来选择决策方案，故其又称为乐观主义准则。最大最大准则决策见表 6 - 7。

表 6 - 7 最 大 最 大 准 则 决 策

决策方案 K_i	自然状态				$\max\max(K_i, W_j)$
	W_1	W_2	W_3	W_4	
K_1	4	5	6	7	7
K_2	2	4	6	9	9*
K_3	5	7	3	5	7
K_4	3	5	6	8	8
K_5	3	5	5	5	5

依此最大最大准则，决策者对决策表中各个方案在各个状态的结果中选出收益最大者，记在表的最右列，再从该列中选出最大者，即从最大中选择最大者。这种决策原则选择的方案实际得到的收益不会超出预期。

(2) 沃尔德准则。沃尔德准则也称为最大最小准则。持这种决策思想的决策者是对事物抱有悲观和保守的态度，从各种最坏的可能结果中选择最好的，故其又称为悲观主义。沃尔德准则决策见表 6 - 8。

表 6 - 8　　沃尔德准则决策

决策方案 K_i	自然状态				max min(K_i, W_j)
	W_1	W_2	W_3	W_4	
K_1	4	5	6	7	4*
K_2	2	4	6	9	2
K_3	5	7	3	5	3
K_4	3	5	6	8	3
K_5	3	5	5	5	3

依照沃尔德准则，决策时从决策表中各方案对各个状态的结果选出收益最小者，记在表的最右列，再从该列中选出最大者，即从最小中选择最大者。这种决策原则选择的方案实际得到的收益不会小于预期。

(3) 赫威斯准则。赫威斯准则又称为折衷主义准则。持这种决策思想的决策者对事物既不乐观冒险、也不悲观保守，而是采取折中平衡的办法。折衷系数 α 表示折中程度，$\alpha \in (0, 1)$，具体计算见式 (6 - 2)。

$$CV(K_i) = \alpha \max a_{ij} + (1 - a)\min a_{ij} \tag{6 - 2}$$

对表 6 - 8 所示例子取 $\alpha = 0.8$，计算见表 6 - 9。

表 6 - 9　　赫威斯准则决策

决策方案 K_i	自然状态				CV (K_i)
	W_1	W_2	W_3	W_4	
K_1	4	5	6	7	6.4
K_2	2	4	6	9	7.6*
K_3	5	7	3	5	6.2
K_4	3	5	6	8	7
K_5	3	5	5	5	4.6

依照赫威斯准则，每个决策方案在各个自然状态下的最大效益值乘以 α，加上最小效益值乘以 $1-\alpha$，然后求和得到 CV (K_i)，从中选择最大者。表 6 - 9 中 CV (K_2) 最大，故选择 K_2 方案。

(4) 拉普拉斯准则。19 世纪数学家 Laplace 提出了拉普拉斯准则，其主要内容为当决策者无法事先确定每个自然状态出现的概率时，就可以把每个状态出现的概率定为 $\frac{1}{n}$，n 是自然状态数，所以该原则又被称为等可能准则。在确定了各自然状态出现的概率后，按照最大期望值准则决策。具体计算见表 6 - 10。

$E(K_1)=(1/4)\times4+(1/4)\times5+(1/4)\times6+(1/4)\times7=5.5$

$E(K_2)=(1/4)\times2+(1/4)\times4+(1/4)\times6+(1/4)\times9=5.25$

表 6-10　　拉普拉斯准则决策

决策方案 K_i	自然状态				$E(K_i)$	$E(K_i)-\min\limits_j a_{ij}$
	W_1	W_2	W_3	W_4		
	P_j					
	$\frac{1}{4}$	$\frac{1}{4}$	$\frac{1}{4}$	$\frac{1}{4}$		
K_1	4	5	6	7	5.5	1.5
K_2	2	4	6	9	5.25	
K_3	5	7	3	5	5	
K_4	3	5	6	8	5.5	2.5
K_5	3	5	5	5	4.5	

$E(K_3)=(1/4)\times5+(1/4)\times7+(1/4)\times3+(1/4)\times5=5$

$E(K_4)=(1/4)\times3+(1/4)\times5+(1/4)\times6+(1/4)\times8=5.5$

$E(K_5)=(1/4)\times3+(1/4)\times5+(1/4)\times5+(1/4)\times5=4.5$

因为$E(K_1)=E(K_4)$且都为最大值，所以需要比较期望值与最小收益的差距，即比较$E(K_1)-\min\limits_j a_{1j}$和$E(K_4)-\min\limits_j a_{4j}$的大小。

$E(K_1)-\min\limits_j a_{1j}=5.5-4=1.5$

$E(K_4)-\min\limits_j a_{4j}=5.5-3=2.5$

所以选择方案K_1。

在期望值一样的情况下，也可以选择方差小的方案。

(5) 萨维奇准则。决策者在制定决策之后，如果不能符合理想情况，必然有后悔的感觉，故又称为后悔值准则、萨维奇（Savage）准则。该准则将每个自然状态的最大收益值（如果为损失矩阵取为最小值）作为该自然状态的理想目标，并将该状态的其他值与最大值（或损失最小值）相减所得的差作为未达到理想目标的后悔值。表 6-11 表示在不同环境状态下不同方案的收益值。

表 6-11　　收　益　值

决策方案 K_i	自然状态			
	W_1	W_2	W_3	W_4
K_1	4	5	6	7
K_2	2	4	6	9
K_3	5	7	3	5
K_4	3	5	6	8
K_5	3	5	5	5

依据表 6-11 所示的收益值可以计算得到后悔值，见表 6-12。

表 6-12　　后　悔　值

决策方案 K_i	自然状态				min max
	W_1	W_2	W_3	W_4	
K_1	1	2	0	2	2 *
K_2	3	3	0	0	3
K_3	0	0	3	4	4
K_4	2	2	0	1	2 *
K_5	2	2	1	4	4

从表 6-12 中把每一个决策方案 K_1，K_2，…，K_5 的最大后悔值找出来，在这些最大后悔值中再找最小后悔值。表 6-12 最右列显示有 2 个最小后悔值，因此可以选择方案 K_1 或者 K_4。

6.4 风险型决策问题

风险型的决策问题一般具备以下 4 个条件：

(1) 具有两个以上不以决策者的意志为转移的自然状态；

(2) 具有两个以上的决策方案可供决策者选择；

(3) 不同决策方案在不同自然状态下的损益值计算出来；

(4) 决策者可以事先计算或者估计不同自然状态出现的概率。

风险型决策表见表 6-13。

表 6-13　　风 险 型 决 策 表

决策方案 K_i	自然状态			
	W_1	W_2	…	W_n
	p_1	p_2	…	p_n
K_1	a_{11}	a_{12}	…	a_{1n}
K_2	a_{21}	a_{22}	…	a_{2n}
⋮	⋮	⋮	⋮	⋮
K_m	a_{m1}	a_{m2}	…	a_{mn}

风险型决策根据自然状态发生的概率和其他统计指标来确定决策方案。根据确定依据不同，可以分为最大可能准则和最大期望值准则等。

6.4.1 最大可能准则

根据概率论的原理，一个事件的概率越大，其发生的可能性就越大。基于这种想法，在风险型决策问题中可以选择一个发生可能性最大的自然状态，如此就将风险型决策转变成一个确定型的决策问题。

【例 6-1】 某工厂要制定下一年度产品的批量生产计划。根据市场调查和市场预测的结果，得到产品市场销路好、中、差三种状态的概率分别为 0.3、0.5、0.2。工厂拟采取采用大批、中批、小批生产，可得到的收益值见表 6-14。要求通过决策分析合理地确定生产方案，使企业获得的收益最大。

表 6-14 **最大可能准则决策**

决策方案 K_i	市场销路		
	W_1（好）	W_2（中）	W_3（差）
	$P_1=0.3$	$P_2=0.5$	$P_3=0.2$
K_1—大批量生产	20	12	8
K_2—中批量生产	16	16	10
K_3—小批量生产	12	12	12

从表 6-14 可以看出，市场销路为中等的状态出现的概率为 0.5，是 3 个市场状态概率最大的，按照概率最大就最有可能出现准则，按照市场销路中等状态进行决策，选取收益最大的。通过比较可知企业采取中批生产收益最大，所以选择决策方案 K_2。

当自然状态中某个状态的概率比较突出，而且比其他状态的概率大许多时，采取最大可能准则的决策效果是比较适合的。但是当自然状态发生的概率互相都很接近，且差异不明显时，采用这种准则，决策效果就不理想了，甚至会产生严重错误。

6.4.2 最大期望值准则

最大期望值准则就是把每一个决策方案的收益看作是离散型随机变量，计算它们的数学期望并加以比较。如果决策目标是收益最大，那么选择收益数学期望值最大的方案。如果决策目标是损失最小，则选择数学期望值最小的方案。[例 6-1] 用最大期望值准则决策，见表 6-15。

表 6-15 **最大期望值准则决策**

决策方案 K_i	市场销路			数学期望 EK_i
	W_1（好）	W_2（中）	W_3（差）	
	$P_1=0.3$	$P_2=0.5$	$P_3=0.2$	
K_1—大批量生产	20	12	8	13.6
K_2—中批量生产	16	16	10	14.8
K_3—小批量生产	12	12	12	12

如表 6-15 所示，计算出每一个决策方案的数学期望值，然后选择最大期望值。

$E(K_1)=0.3\times20+0.5\times12+0.2\times8=13.6$

$E(K_2)=0.3\times16+0.5\times16+0.2\times10=14.8$

$E(K_3)=0.3\times12+0.5\times12+0.2\times12=12$

比较可知 $E(K_2)$ 最大，所以选择决策方案 K_2，即采用中批生产。

风险型决策利用了事件的概率和数学期望进行决策。当然概率是指一个事件发生可能性的大小，不一定必然要发生。因此，这种决策准则要承担一定的风险。但要承认这个决策准则比我们的直观感觉和主观想象要科学合理得多，毕竟它是依据概率论原理，因此它也是一种科学有效的决策标准。

6.4.3 决策树法

决策树是利用图的形式依据最大期望值准则进行决策的方法，因为这种图的形态好似树形结构，故起名决策树方法。它是最大期望值准则的图解方式。

（1）决策树法的步骤：

1）画决策树。对某个风险型决策问题的未来可能情况和可能结果所作的预测，用树形图的形式反映出来。画决策树的过程是从左向右，对未来可能情况进行周密思考和预测，对决策问题逐步进行深入探讨的过程。

2）预测事件发生的概率。概率值的确定可以凭借决策人员的估计或者历史统计资料的推断。估计或推断的准确性十分重要，如果误差较大，就会引起决策失误，从而蒙受损失。但是为了得到一个比较准确的概率数据，又可能会支出相应的人力和费用，所以对概率值的确定应根据实际情况来定。

3）计算损益值。在决策树中由末梢开始从右向左顺序推算，根据损益值和相应的概率值算出每个决策方案的数学期望。如果决策目标是收益最大，那么取数学期望的最大值。反之，取最小值。

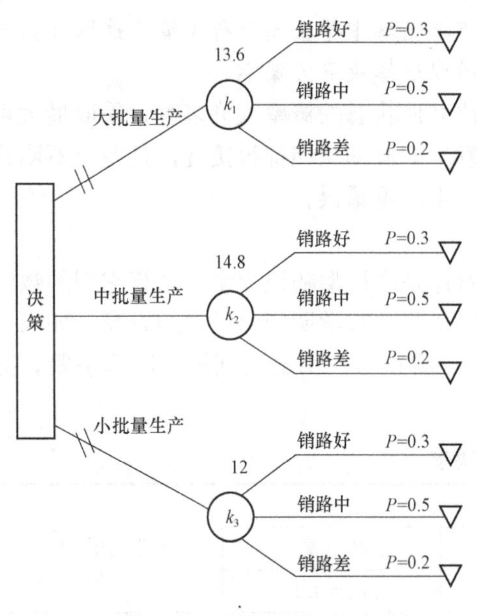

图 6-1 ［例 6-1］的决策树

（2）决策树中常用符号：

□—决策节点，从它引出的枝叫作方案支。

○—方案节点，从它引出的枝叫作概率支，每条概率支上注明自然状态和概率，节点上面的数值是该方案的数学期望值。

▽—末梢，旁边的数字是每个方案在相应自然状态下的损益值。

［例 6-1］的决策树如图 6-1 所示。

计算出每一个决策方案的数学期望值，写在决策节点旁边。通过比较可知 $E(K_2)=14.8$ 最大，所以选择决策方案 K_2，即采用中批生产。

6.4.4 效用分析法

效用分析法是融合了经济学的效用观点和心理学上的主观概率的一种分析理论。19 世纪英国经济学家边沁认为一切决策的最终目的在于追求最大的正效用而避免负效用，这是效用理论的基本思想。自 20 世纪 60 年代起，效用理论逐渐用于风险管理决策中，揭示决策者个人的风险偏好及对待风险的态度对一次性风险型决策效果的影响。

对重复性的决策来说，决策后果的期望值被公认为是选择方案的合理标准。对于一定时期多次重复出现的相同决策而言，若重复决策数目足够多，则决策后果的期望值相当于其平均值；但是对于一次性风险型决策而言，决策者面临的决策后果是某几个可能结果中的一个，而不可能是几个结果的平均值，因此决策者对风险的态度会影响方案的选择。效用理论的产生及其在风险型决策中的运用可以很好地解决此问题。

1. 效用与效用函数

效用是指决策者对待特定风险事件的期望值收益和期望损失所持有的独特兴趣、感觉或取舍反应。在风险管理决策中，效用代表着决策者对待特定风险事件的态度，是决策者胆略的一种反应。效用可以用效用值表示其度量值，效用值取值在 0 与 1 之间。

效用函数是指决策人在某种条件下对不同的预期（损失或收益）值所具有的不同的效用值。设 $\mu(x)$ 表示效用函数，$E[\mu(x)]$ 表示效用函数的期望值，假定某方案有 n 个可能结果，每个结果发生的概率为 p_i，效用值为 $\mu(x_i)$，则该方案的效用期望值为

$$E[\mu(x)] = \sum_{i=1}^{n} p_i \mu(x_i) \tag{6-3}$$

效用函数对应的曲线称为效用曲线，通常用横坐标表示期望收益或期望损失值，纵坐标表示效用值。以期望损失为例，效用曲线一般有如图 6-2 所示的三种基本类型。

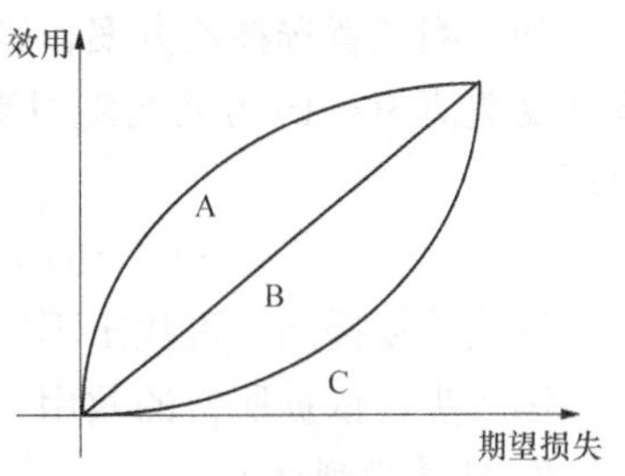

图 6-2　效用曲线

曲线 A 表示效用随着损失的增加而递增，但增幅越来越小，表示决策者对大的损失具有较小的敏感性，喜欢冒险。曲线 A 代表进取型决策人的效用曲线。曲线 C 表示效用随着损失的增加而增加，而且增幅越来越大，说明决策者对损失较为敏感，尤其是高值损失时。曲线 C 代表保守型决策人的效用曲线。直线 B 对大小损失保持一致的敏感性，代表中间型的效用曲线。

在风险管理目标中，若设定可能出现的最小损失的效用值为 0，可能出现的最大损失的效用值为 1，则其决策目标以期望损失的最小效用方案为最佳方案。若设定可能出现的最小损失结果的效用值为 1，可能出现的最大损失的效用值为 0，则其决策目标以期望损失效用最大的方案为最佳方案。

2. 效用的等价性原理

诺曼和莫根斯坦于 1944 年在 *Theory of Game and Economic Behavior* 一书中共同创立了“N－M”心理测试法，其理论依据为效用“等价性原理”。效用的等价性原理是指一个随机事件的效用可等价于一个确定型事件的效用。假设一个随机事件存在两个可能结果，其效用分别为 u_1 和 u_2，一个确定性事件的效用为 u_c，则总存在某个概率 p，使得决策者对于以下两个决策结果的效用是相等的：

（1）确定性事件：确定无疑获得 u_c；

（2）随机事件：以概率 p 获得 u_1，以概率 $1-p$ 获得 u_2。

$$u_c = p \times u_1 + (1-p)u_2 \tag{6-4}$$

该结论可以推广到具有多个可能结果的随机事件，表示为

$$u_c = \sum_{i=1}^{n} p_i u_i, i = 1, 2, \cdots, n, \sum_{i=1}^{n} p_i = 1 \tag{6-5}$$

应用等价性原理对决策者的效用进行测试的步骤如下：

第 1 步，依风险管理目标，假设以最大收益的效用为 1，以最小收益的效用值为 0。有以下两个方案：

甲方案：以 0.5 的概率收益 120 万元，以 0.5 的概率损失 40 万元；

乙方案：以 1.0 的概率收益 25 万元。

可设效用值 $u(120)=1$，$u(-40)=0$。

第 2 步，向决策者提问，他认为甲方案与乙方案哪个方案的效用大？

如果测试者选择乙方案，则下调乙方案的收益值。当乙方案的收益值降为 20 万元时，

决策者认为两个方案有选择困难时，则表示两个方案对决策者效用相同。依“等价性原理”，该确定性事件的收益为 20 万元的效用为

$$u(20) = 0.5 \times 1 + 0.5 \times 0 = 0.5$$

第 3 步，在效用值 u（20）=0.5 和效用值 u（−40）=0 之间作类似提问。

甲方案：以 0.5 的概率收益 20 万元，以 0.5 的概率损失 40 万元；

乙方案：以 1.0 的概率收益 15 万元。

如果测试者选择乙方案，则下调乙方案的收益值。如果经提问，决策者认为当以 1.0 的概率受益值为−19 万元与随机事件的效用一样，则−19 万元就是确定型方案的损益值，其效用为

$$u(-19) = 0.5 \times u(20) + 0.5 \times u(-40) = 0.25$$

依此重复提问，可找出不同损益值的效用。提问时需要注意各点分布的均匀性。

第 4 步，依据所得的效用与损失值绘制效用曲线。

3. 数学模型法

除了采用对决策者进行测试获得决策者的效用曲线外，还可以用数学函数描述效用曲线，常见有式（6-6）所示的对数函数描述的效用曲线。

$$\mu(x) = \alpha + \beta\ln(x + \theta) \tag{6-6}$$

式中：x 为损益值；$\mu(x)$为效用值；α，β，θ 为待定参数。

若已知效用曲线的三个点就可以求出 α，β，θ 三个参数，从而唯一确定该曲线。如果设定了效用值的上下界 $u(120)=1$，$u(-40)=0$，再经过一次提问后知道 $u(20)=0.5$，则可得方程组：

$$1 = \alpha + \beta\ln(120 + \theta)$$
$$0.5 = \alpha + \beta\ln(20 + \theta)$$
$$0 = \alpha + \beta\ln(-40 + \theta)$$

求解得 $\theta=130$，$\beta=0.9788$，$\alpha=-4.404$，即确立了决策者的效用函数的准确形式，据此可得到决策者的效用类型。

除了自然状态及决策者对风险的态度影响系统决策的效果外，还有其他因素也会影响系统决策，如对竞争对手的信息掌握、预期目标的多样性等，在此不再一一赘述。

6.5 案例：关于企业生产新工艺的决策问题

某工厂由于生产工艺落后产品成本偏高，在产品销售价格高时，企业才能盈利；在产品价格中等时持平，企业无利可图；在产品价格低时，企业要亏损。现在工厂的高级管理人员准备将这项工艺加以改造，用新的生产工艺来代替。新工艺的取得有两条途径，一个是自行研制，成功的概率是 0.6；另一个是购买专利技术，预计谈判成功的概率是 0.8。但是不论研制还是谈判成功，企业的生产规模都有两种方案，一个是产量不变，另一个是增加产量。如果研制或者谈判均告失败，则按照原工艺进行生产，并保持产量不变。按照市场调查和预测的结果，预计今后几年内这种产品价格上涨的概率是 0.4，价格不变的概率是 0.5，价格下跌的概率是 0.1。通过计算得到各种价格下的收益值，见表 6-16。要求通过决策分析，确定企业选择何种决策方案最为有利。

表 6-16 **工厂工艺改造信息表**

决策方案 K_i		市场状态		
		价格下跌 W_1	价格不变 W_2	价格上升 W_3
K_1 原工艺生产		−100	0	100
购买专利 成功概率 $P=0.8$	K_2 产量不变	−200	50	150
	K_3 扩大生产	−300	50	250
自行研制 成功概率 $P=0.6$	K_4 产量不变	−200	0	200
	K_5 扩大生产	−300	−250	600

解：(1) 依据表 6-16 的信息绘制决策树，如图 6-3 所示。

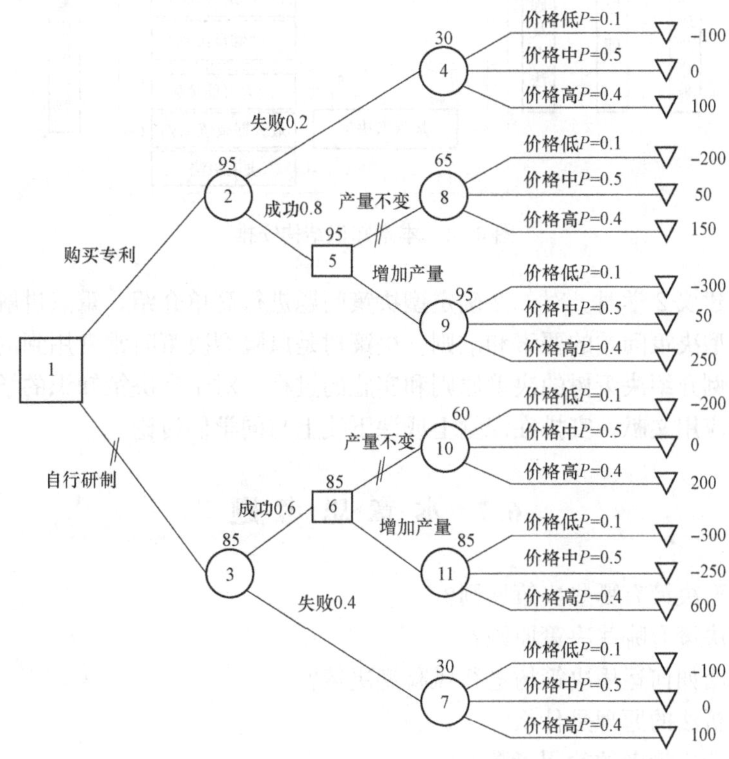

图 6-3 决策树模型图

(2) 计算各节点的收益期望值。

节点 4：0.1×（−100）+0.5×0+0.4×100=30

节点 8：0.1×（−200）+0.5×50+0.4×150=65

节点 9：0.1×（−300）+0.5×50+0.4×250=95

因为 65<95，所以将节点 5 引出的“产量不变”枝剪掉，将节点 9 移到节点 5。

同理，将节点 11 移到节点 6，将“产量不变”枝剪掉。

(3) 确定决策方案。由于节点 2 的期望值比节点 3 大，因此将“自行研制”枝剪掉，最优决策是购买专利。

6.6 本章知识结构安排及讲学建议

本章知识结构安排如图 6-4 所示。

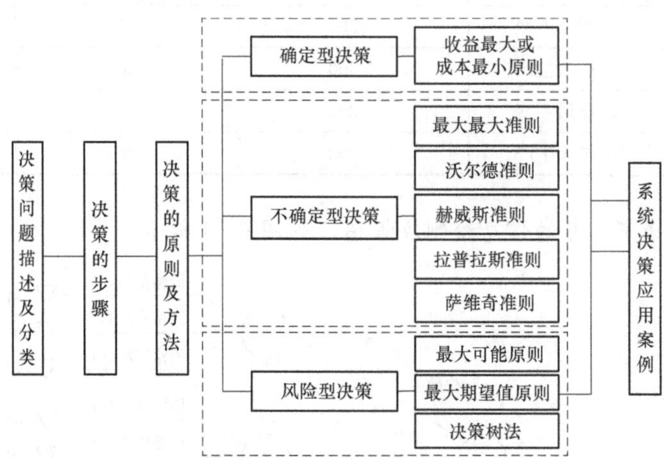

图 6-4 本章知识结构安排

讲学建议：建议 2 学时。对 6.2 确定型决策问题进行简单介绍，重点讲解 6.3 不确定型决策问题和风险型决策问题的要素和准则。决策树是风险型决策时常常用到的决策方法和工具，建议结合实例介绍决策树的决策原则和实施的过程。对于有决策知识的学生建议安排其阅读系统决策的应用文献，安排在课堂上或课下线上与同学们讨论。

6.7 本章思考题

(1) 不确定型决策有哪些决策原则?

(2) 风险型决策有哪些决策原则?

(3) 举例说明如何运用决策树进行风险型决策?

(4) 效用分析法的原理是什么?

(5) 如何构造决策者的效用函数?

6.8 填一填

(1) 系统决策是____。

(2) 系统决策的主要要素有__________、__________、__________等。

(3) 系统决策的主要步骤是：__________、__________、__________、__________等。

(4) 不确定型决策的原则：__________、__________、__________、__________、__________等。

(5) 风险型决策的原则：__________、__________等。

第 7 章　系统结构模型及解析

组织不是机械性工作，不能组装也不能预制。组织是有机的，对于每一个企业或机构来说也是独特的。现在我们知道，组织是一个机构为达到目的和目标的一种手段。

——彼得·F·德鲁克

我猜想 21 世纪的方向要整体统一，微观的基本粒子要和宏观的真空构造、大量量子态结合起来，这些很可能是 21 世纪的研究目标。

——李政道关于 21 世纪物理学的发展论述

本章主要内容

(1) 系统结构的图形表达；
(2) 系统结构的矩阵表达；
(3) 源点及汇点的含义；
(4) 邻接矩阵的含义及性质；
(5) 可达矩阵的含义与计算；
(6) 系统结构模型分解的含义；
(7) 矩阵可约与既约的含义；
(8) 无回路系统结构矩阵的可归约性分析；
(9) 有回路系统结构矩阵的可归约性分析；
(10) ISM 模型的工作步骤与实施的要求；
(11) 前因集合、可达集合、无关集的含义；
(12) 可约布尔矩阵的区域分解；
(13) 可约布尔矩阵的分级；
(14) 由可达矩阵寻求结构模型的思路；
(15) 邻接矩阵与可达矩阵的相互转化。

7.1　系统构造的表述

系统是由许多具有一定功能的要素组成的，而各个要素之间总是存在着相互支持或相互制约的关系。这些关系可分为直接关系和间接关系。当开发或改造一个系统时，首先需要了解系统中各要素间存在怎样的关系，是直接的还是间接的关系等问题。要了解系统中各要素之间的关系就要了解和掌握系统的结构，即建立系统的结构模型。

所谓结构模型，就是用图或矩阵来描述系统各要素间的关系，以表示一个作为要素集合体的系统的模型。结构模型一般具有下述一些基本特性：

(1) 结构模型可以用由节点、边或弧构成的图来描述系统的结构。图中节点表示系统的要素，边或弧表示要素之间存在的关系。这种关系随着系统的不同和分析问题的不同，可以表达为“影响”“取决于”“引起”或其他的含义。

(2) 结构模型除了可用图描述外，还可以用矩阵形式来描述。矩阵可以通过逻辑演算进行数学处理。通过矩阵形式的演算，进一步研究各要素之间关系，使定性分析和定量分析相结合，使得结构模型的用途更为广泛。

(3) 结构模型是一种以定性分析为主的模型。通过结构模型，可以分析系统的要素选择得是否合理，也可以分析系统要素及其相互关系变化时对系统总体的影响等问题。

(4) 结构模型作为对系统进行描述的一种形式，处在自然科学领域所惯常使用的数学模型形式和社会科学领域所惯常使用的以文字表现的逻辑分析形式之间。因此，它适合处理以社会科学为对象的复杂系统和以自然科学为对象的自然系统中存在的问题。它可以处理宏观的或者微观的、定性的或者定量的、抽象的或者具体的有关系统问题。

由于结构模型具有上述基本特性，因此，通过结构模型对复杂系统进行分析，往往能够抓住问题的本质，并找到解决问题的有效对策。当然，结构模型与通常的数学模型相比较是定性的和简单的，只表示了对象的大致特点，但是有时要想抓住多方面问题的本质性东西，这种定性模型更有用。

对系统的结构分析是在找出系统要素结合紧密的地方和松散的地方后，确定系统的要素和它们间的结合关系，在此基础上根据对部分系统进行处理和调整，使系统构造更加明确。

7.1.1 系统构造的图形表示

1736 年，瑞士数学家欧拉（Eular）发表了图论方面的第一篇论文，解决了著名的哥尼斯堡七桥问题。目前，图论被广泛地应用于运筹学、计算机科学与技术、管理科学、系统工程等各个领域。这里仅对建立系统结构模型所需要的图论知识做简要介绍。

(1) 有向图。有向图是指由若干节点和弧连接而成的图，如图 7-1 所示。

设节点的集合为 S，有向边的集合为 E，则有向连接图可表示为

$$G = \{S,E\}$$

其中，$S=\{S_i \mid i=1, 2, 3, 4, 5\}$，$E=\{[S_1, S_2], [S_1, S_4], [S_2, S_3], [S_2, S_5], [S_3, S_4], [S_4, S_5], [S_5, S_3]\}$

(2) 回路。有向图的两个节点之间的弧多于一条且方向相反时，则该两节点的弧构成回路，如图 7-2 所示。

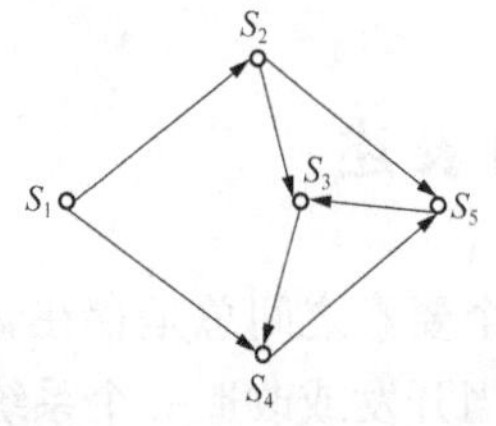

图 7-1 有向连接图

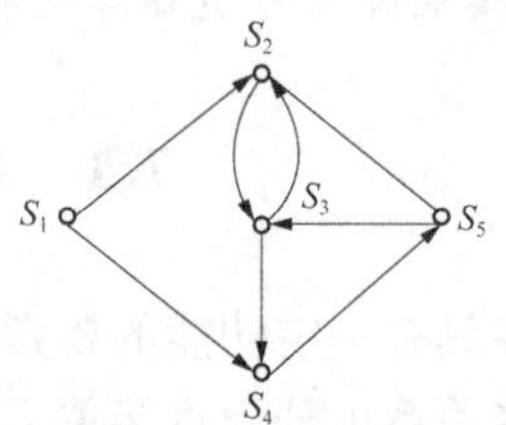

图 7-2 回路图

节点 S_2 和 S_3 之间的弧就构成了一个回路。

(3) 环。一个节点的弧的箭尾与箭头相连接构成了一个环。如图 7 - 3 所示，节点 S_2 的弧就构成了一个环。

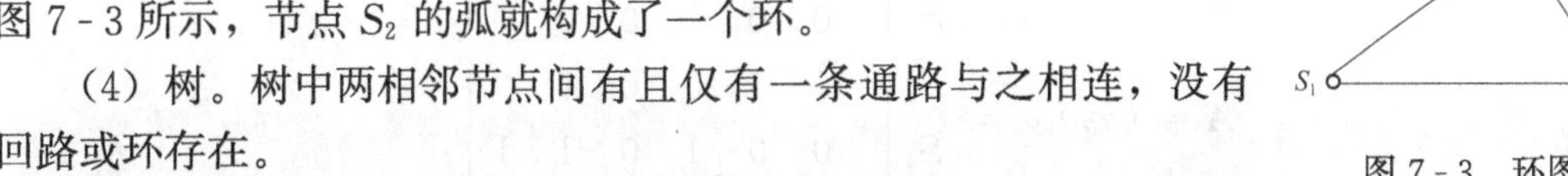

图 7 - 3　环图

(4) 树。树中两相邻节点间有且仅有一条通路与之相连，没有回路或环存在。

源点是指只有弧输出而无弧输入的节点，汇点是指只有弧输入而弧输出的点。当图中只有一个源点时，如图 7 - 4 (a) 所示，或只有一个汇点，如图 7 - 4 (b) 所示，称为树。图 7 - 4 (c) 表示点与边构成的连通且无圈的图，它也是树。

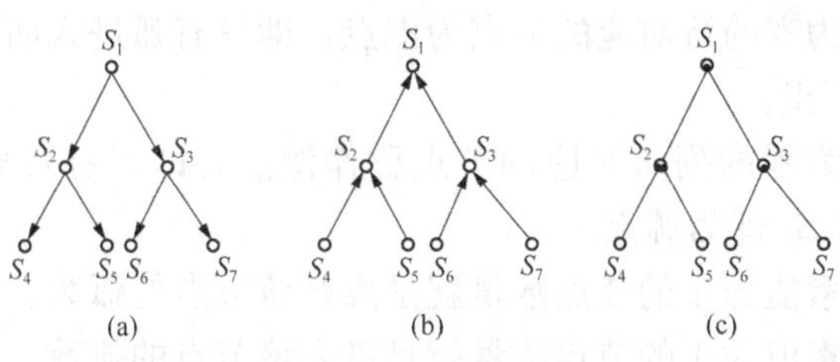

图 7 - 4　树图

(a) 只有一个源点；(b) 只有一个汇点；(c) 点与边连通且无圈的图

7.1.2　系统构造的矩阵表示

布尔矩阵：仅包含元素 1 和 0，且按照布尔规则进行运算的矩阵称为布尔矩阵。布尔矩阵表示系统要素间的关系，故又称为关系矩阵。布尔矩阵可以像其他矩阵一样进行加、乘、转置运算，但要遵循布尔规则。

1. 邻接矩阵及其特点

系统总是由若干要素构成的，且这些要素之间存在一定的直接关系或间接关系。邻接矩阵是系统结构的矩阵表示之一，它用来描述图中各节点两两之间的直接关系。

设系统要素集为 X，$X=(S_1, S_2, \cdots, S_n)$ 关系集为 R，$R=\{a_{ij}\}$，i，$j=1$，2，…，n。则系统可以表示为 $S \triangleq (X, R)$。邻接矩阵 A 的元素 a_{ij} 可以定义如下：

$$a_{ij}=\begin{cases}1 & S_iRS_j \quad R \text{ 表示 } S_i \text{ 与 } S_j \text{ 有直接关系} \\ 0 & S_i\bar{R}S_j \quad \bar{R} \text{ 表示 } S_i \text{ 与 } S_j \text{ 无直接关系}\end{cases} \tag{7-1}$$

邻接矩阵

$$\boldsymbol{A}=(a_{ij})_{n\times n}=\begin{matrix} & S_1 & S_2 & \cdots & S_n \\ S_1 & a_{11} & a_{12} & \cdots & a_{1n} \\ S_2 & a_{21} & a_{22} & \cdots & a_{2n} \\ \vdots & \vdots & \vdots & \vdots & \vdots \\ S_n & a_{n1} & a_{n2} & \cdots & a_{nn}\end{matrix} \tag{7-2}$$

邻接矩阵设定要素自身与自身直接关系为 0，即当 $i=j$ 时，$a_{ij}=0$，i，$j=1$，2，…，n。

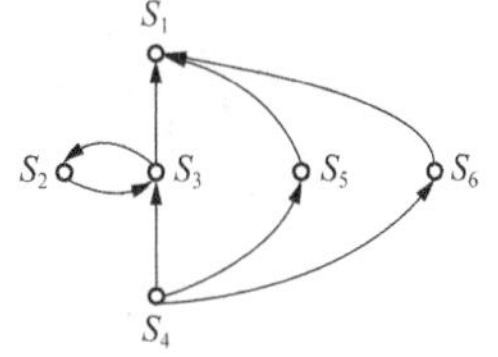

图 7 - 5　有向连接图

【例 7 - 1】 某系统的有向连接图如图 7 - 5 所示，写出其邻接矩阵。

解　根据要素之间的关系及邻接矩阵的特性，该系统的邻接矩阵 A 为

$$
\boldsymbol{A}=(a_{ij})_{6\times 6}=\begin{array}{c} \\ S_1 \\ S_2 \\ S_3 \\ S_4 \\ S_5 \\ S_6 \end{array}\begin{array}{c} \begin{matrix} S_1 & S_2 & S_3 & S_4 & S_5 & S_6 \end{matrix} \\ \begin{pmatrix} 0 & 0 & 0 & 0 & 0 & 0 \\ 0 & 0 & 1 & 0 & 0 & 0 \\ 1 & 1 & 0 & 0 & 0 & 0 \\ 0 & 0 & 1 & 0 & 1 & 1 \\ 1 & 0 & 0 & 0 & 0 & 0 \\ 1 & 0 & 0 & 0 & 0 & 0 \end{pmatrix} \end{array}
$$

邻接矩阵是一种对系统内部的结构关系进行分析运算的定量表达，具有以下特点：

(1) 矩阵中元素全为零的行对应的节点为汇点，即只有弧进入而没有弧离开该节点。图 7-5 所示的 S_1 点即为汇点。

(2) 矩阵中元素全为零的列所对应的节点称作源点，即只有弧离开而没有弧进入该节点。图 7-5 所示的节点 S_4 即为源点。

(3) 每一行中其元素值为 1 的节点数量就是离开该节点的弧数。

(4) 每一列中其元素值为 1 的节点数量就是进入该节点的弧数。

邻接矩阵描述了系统各要素两两之间的直接关系。若在矩阵 A 的第 i 行第 j 列元素 $a_{ij}=1$，则表明节点 S_i 与节点 S_j 有直接关系，也即表明有一长度为 1 的通路可以从 S_i 直接到达 S_j。邻接矩阵描述了经过长度为 1 的通路后各节点两两之间的直接可达程度。

2. 邻接矩阵的性质

(1) 邻接矩阵同系统内部要素间的直接关系一一对应，若确定了系统内部要素间的直接关系，则邻接矩阵也就被唯一确定了。反之亦然。

(2) 邻接矩阵的转置表示把系统内部要素间直接关系的所有逻辑方向改换，即在图中将弧反向，箭头与箭尾互换。

(3) 邻接矩阵的运算与通常矩阵的运算相同，但元素之间的运算根据布尔运算规则进行。

逻辑和(或) $\boldsymbol{A}\cup\boldsymbol{B}=\{a_{ij}\cup b_{ij}\}=\{\max(a_{ij},b_{ij})\}$ (7-3)

逻辑乘(并) $\boldsymbol{A}\cap\boldsymbol{B}=\{a_{ij}\cap b_{ij}\}=\{\min(a_{ij},b_{ij})\}$ (7-4)

$\boldsymbol{A}$ 与 $\boldsymbol{B}$ 的乘积 $\boldsymbol{A}\times\boldsymbol{B}=\left\{\sum_{k=1}^{n}a_{ij}\cdot b_{ij}\right\}=\{\max\{\min(a_{ij},b_{ij})\}\}$ (7-5)

布尔运算规则 0+0=0，0+1=1，1+0=1，1+1=1，0×0=0，0×1=0，1×0=0，1×1=1

(4) 邻接矩阵的积。邻接矩阵的 n 次幂 $\boldsymbol{A}^n=\boldsymbol{A}\times\boldsymbol{A}\times\cdots\times\boldsymbol{A}$，它表示要素间存在长度为 n 的可达路径。

【例 7-2】 给出图 7-6 所示的系统构造的邻接矩阵及其幂。

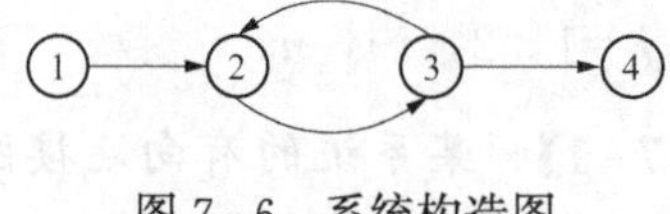

图 7-6 系统构造图

该系统的邻接矩阵 $\boldsymbol{A}$ 以及它自身的积如下：

$$A=\begin{array}{c c}& \begin{matrix}1&2&3&4\end{matrix}\\ \begin{matrix}1\\2\\3\\4\end{matrix} & \begin{pmatrix}0&1&0&0\\0&0&1&0\\0&1&0&1\\0&0&0&0\end{pmatrix}\end{array},A^2=\begin{array}{c c}& \begin{matrix}1&2&3&4\end{matrix}\\ \begin{matrix}1\\2\\3\\4\end{matrix} & \begin{pmatrix}0&0&1&0\\0&1&0&1\\0&0&1&0\\0&0&0&0\end{pmatrix}\end{array},A^3=\begin{array}{c c}& \begin{matrix}1&2&3&4\end{matrix}\\ \begin{matrix}1\\2\\3\\4\end{matrix} & \begin{pmatrix}0&1&0&1\\0&0&1&0\\0&1&0&1\\0&0&0&0\end{pmatrix}\end{array},$$

$$A^4=\begin{array}{c c}& \begin{matrix}1&2&3&4\end{matrix}\\ \begin{matrix}1\\2\\3\\4\end{matrix} & \begin{pmatrix}0&0&1&0\\0&1&0&1\\0&0&1&0\\0&0&0&0\end{pmatrix}\end{array},A^5=\begin{array}{c c}& \begin{matrix}1&2&3&4\end{matrix}\\ \begin{matrix}1\\2\\3\\4\end{matrix} & \begin{pmatrix}0&1&0&1\\0&0&1&0\\0&1&0&1\\0&0&0&0\end{pmatrix}\end{array}$$

$\boldsymbol{A}$，$\boldsymbol{A}^2$，$\boldsymbol{A}^3$，$\boldsymbol{A}^4$，$\boldsymbol{A}^5$ 分别表示在步长为 1，2，3，4，5 的路径上各要素到达的点。到达关系是可以递推的，即如果已知 $S_i\boldsymbol{R}S_k$、$S_k\boldsymbol{R}S_j$，则可求 $S_i\boldsymbol{R}S_j$。通过 $\boldsymbol{A}^n$ 的计算就可以把系统构造上要素间相互关联情况弄清楚。

3. 可达矩阵计算

可达矩阵是指用矩阵形式来描述有向图各节点之间，经过一定长度的通路后可以最终到达的程度。推移律是可达矩阵的一个重要特性，即当 S_i 经过长度为 1 的通路直接到达 S_k，而 S_k 经过长度为 1 的通路直接到达 S_j，那么 S_i 经过长度为 2 的通路必可到达 S_j。应用推移律进行演算可以分析系统要素之间的直接及其间接关系。

如果需要知道从某一要素出发可能到达哪些要素，可将表示直接和间接可达的 $\boldsymbol{A}$，$\boldsymbol{A}^2$，$\boldsymbol{A}^3$，…结合起来进行考虑，即取 $\boldsymbol{A}\cup\boldsymbol{A}^2\cup\boldsymbol{A}^3\cup\cdots\cup\boldsymbol{A}^n$。任何 S_i 到它本身也是可以达到的，这样应再加一单位阵，则可取

$$\boldsymbol{R}=\boldsymbol{I}\cup\boldsymbol{A}\cup\boldsymbol{A}^2\cup\boldsymbol{A}^3\cup\cdots\cup\boldsymbol{A}^n \tag{7-6}$$

$\boldsymbol{R}=(r_{ij})_{n\times n}$为系统要素间的可达矩阵，元素 r_{ij} 表明 S_i 不管经过多少步达到 S_j 的情况。

利用式（7-6）计算可达矩阵是很麻烦的，计算 $\boldsymbol{A}^2$，$\boldsymbol{A}^3$，……工作量多且都要进行存贮需要占许多存贮单元。由于

$$(\boldsymbol{I}\cup\boldsymbol{A})^2=[\boldsymbol{I}(\boldsymbol{I}\cup\boldsymbol{A})]\cup[\boldsymbol{A}(\boldsymbol{I}\cup\boldsymbol{A})]=\boldsymbol{I}\cup\boldsymbol{A}\cup\boldsymbol{A}^2 \tag{7-7}$$

$$(\boldsymbol{I}\cup\boldsymbol{A})^n=\boldsymbol{I}\cup\boldsymbol{A}\cup\boldsymbol{A}^2\cdots\boldsymbol{A}^n=\boldsymbol{R} \tag{7-8}$$

按照式（7-8）计算（$\boldsymbol{I}\cup\boldsymbol{A}$）^{n} 不仅计算量小，而且需要存贮的中间结果也少。

可达矩阵的计算可以应用邻接矩阵 $\boldsymbol{A}$ 加上单位矩阵 $\boldsymbol{I}$，再进行自身相乘演算后求得。

【例 7-3】 计算图 7-5 所示的系统结构的可达矩阵。

$$\boldsymbol{A}_1=\boldsymbol{A}+\boldsymbol{I}=\begin{pmatrix}0&0&0&0&0&0\\0&0&1&0&0&0\\1&1&0&0&0&0\\0&0&1&0&1&1\\1&0&0&0&0&0\\1&0&0&0&0&0\end{pmatrix}+\begin{pmatrix}1&0&0&0&0&0\\0&1&0&0&0&0\\0&0&1&0&0&0\\0&0&0&1&0&0\\0&0&0&0&1&0\\0&0&0&0&0&1\end{pmatrix}=\begin{pmatrix}1&0&0&0&0&0\\0&1&1&0&0&0\\1&1&1&0&0&0\\0&0&1&1&1&1\\1&0&0&0&1&0\\1&0&0&0&0&1\end{pmatrix}$$

矩阵 $\boldsymbol{A}_1$ 描述了各节点间经过长度不大于 1 的通路后的可达程度，即自身可达及 1 步可达情况。

矩阵 $\boldsymbol{A}_2=(\boldsymbol{A}+\boldsymbol{I})^2$，即将 $\boldsymbol{A}_1$ 平方，按照布尔代数运算规则进行运算可得矩阵 $\boldsymbol{A}_2$。

$$\boldsymbol{A}_2=\begin{pmatrix}1&0&0&0&0&0\\1&1&1&0&0&0\\1&1&1&0&0&0\\1&1&1&1&1&1\\1&0&0&0&1&0\\1&0&0&0&0&1\end{pmatrix}$$

矩阵 $\boldsymbol{A}_2$ 描述了各节点间经过长度不大于 2 的通路后的可达程度。同理计算可得 $\boldsymbol{A}_3$，…，$\boldsymbol{A}_r$。

如果 $\boldsymbol{A}_1\neq\boldsymbol{A}_2\neq\cdots\neq\boldsymbol{A}_{r-1}=\boldsymbol{A}_r$，则得到可达矩阵 $\boldsymbol{R}$。

$$\text{取 } \boldsymbol{A}_{r-1}=(\boldsymbol{A}+\boldsymbol{I})^{r-1}=\boldsymbol{R},r\leqslant n-1,n \text{ 为矩阵阶数} \tag{7-9}$$

矩阵 $\boldsymbol{R}$ 称为可达矩阵，它表明系统各节点间经过长度不大于$(n-1)$的通路可以到达的程度。包含有 n 个要素的系统，系统结构的节点数为 n，考虑不走重复的路，最长的通路长度不会超过$(n-1)$。继续运算，得矩阵 $\boldsymbol{A}_3$。

$$\boldsymbol{A}_3=(\boldsymbol{A}+\boldsymbol{I})^3=(\boldsymbol{A}+\boldsymbol{I})^2(\boldsymbol{A}+\boldsymbol{I})=\begin{pmatrix}1&0&0&0&0&0\\1&1&1&0&0&0\\1&1&1&0&0&0\\1&1&1&1&1&1\\1&0&0&0&1&0\\1&0&0&0&0&1\end{pmatrix}$$

因为 $\boldsymbol{A}_3=\boldsymbol{A}_2$，所以 $\boldsymbol{R}=\boldsymbol{A}_2$。

可达矩阵 $\boldsymbol{R}$ 中节点 S_2 和 S_3 在矩阵中的相应行和列，其元素值分别完全相同，说明 S_2 和 S_3 是一回路。选择其中的一个节点代表回路集中的其他节点。如此可以简化可达矩阵，使之降阶。简化后的可达矩阵称作缩减可达矩阵。本例中选节点 S_3 为回路代表节点，缩减矩阵 $\boldsymbol{R}'$ 为

$$\boldsymbol{R}'=\begin{matrix} & S_1 & S_3 & S_4 & S_5 & S_6\\ S_1 & 1&0&0&0&0\\ S_3 & 1&1&0&0&0\\ S_4 & 1&1&1&1&1\\ S_5 & 1&0&0&1&0\\ S_6 & 1&0&0&0&1\end{matrix}$$

【例 7-4】 计算图 7-6 所示系统的可达矩阵。

$$\boldsymbol{R}=(\boldsymbol{I}\cup\boldsymbol{A})^4=\left\{\begin{pmatrix}1&0&0&0\\0&1&0&0\\0&0&1&0\\0&0&0&1\end{pmatrix}\cup\begin{pmatrix}0&1&0&0\\0&0&1&0\\0&1&0&1\\0&0&0&0\end{pmatrix}\right\}^4=\begin{pmatrix}1&1&1&1\\0&1&1&1\\0&1&1&1\\0&0&0&1\end{pmatrix}$$

可达矩阵 $\boldsymbol{R}$ 表明经过不长于 4 步的路长，要素①可达到①、②、③、④；要素②可以达到②、③、④；要素③可以达到②、③、④；要素④只能达到它本身。

4. 可达矩阵的特性

(1) 当给定邻接矩阵时，可达矩阵就唯一确定了，但反过来却不成立。一般把可达矩阵中 1 的个数最少的布尔矩阵叫作最小布尔矩阵。假设有一个 3 要素组成的系统可达矩阵为

$\boldsymbol{R}=\begin{pmatrix}1&1&1\\1&1&1\\1&1&1\end{pmatrix}$，它的布尔矩阵有以下多个：$\boldsymbol{A}_1=\begin{pmatrix}0&1&0\\1&0&1\\1&1&0\end{pmatrix}$，$\boldsymbol{A}_2=\begin{pmatrix}0&1&0\\0&0&1\\1&0&0\end{pmatrix}$，$\boldsymbol{A}_3=\begin{pmatrix}0&1&0\\0&0&1\\1&0&1\end{pmatrix}$，$\boldsymbol{A}_2$矩阵中 1 元素最少，是最小布尔矩阵。

(2) 可达矩阵 $\boldsymbol{R}$ 和转置 $\boldsymbol{R}^{\mathrm{T}}$ 的共同部分 $\boldsymbol{R}\cap\boldsymbol{R}^{\mathrm{T}}$ 表示系统中要素间的强连接部分，形成回路。如［例 7 - 4］中

$$\boldsymbol{R}\cap\boldsymbol{R}^{\mathrm{T}}=\begin{pmatrix}0&0&0&0\\0&1&1&0\\0&1&1&0\\0&0&0&0\end{pmatrix}$$

$\boldsymbol{R}\cap\boldsymbol{R}^{\mathrm{T}}$ 矩阵中的 1 元素表示要素 2 和要素 3 构成强连接，形成了回路。

若计算出 $\boldsymbol{R}$ 是满阵，即各元素均为 1，则 $\boldsymbol{R}^{\mathrm{T}}$ 也满阵，则称整个系统属于强连接。

(3) 如果系统结构图中没有回路，则必有一个 v（$v\leqslant n$）存在，使 $A^k=0$，$k\geqslant v$，此时可达矩阵满足 $\boldsymbol{R}\cap\boldsymbol{R}^{\mathrm{T}}=\boldsymbol{I}$。

基于布尔运算规则对邻接矩阵和可达矩阵进行矩阵的运算使分解系统的构造成为可能。

7.2　系统结构模型的分解

结构模型描述了系统的结构图形与结构矩阵之间一一对应的关系，通过对布尔矩阵的简单演算和变换，可以把不清楚、不条理、错综复杂的系统转变成简单的、易理解的和直观的递阶结构模型。

对于矩阵 $\boldsymbol{B}$，如果置换矩阵 $\boldsymbol{P}$，使 $\boldsymbol{P}^{-1}\boldsymbol{BP}=\begin{bmatrix}B_{11}&B_{12}\\B_{21}&B_{22}\end{bmatrix}$，且 $B_{12}=0$ 或 $B_{21}=0$，即对矩阵适当地进行行或列的置换可变成分块三角矩阵或对角阵，则称矩阵 $\boldsymbol{B}$ 为可约的，否则为既约的。

7.2.1　邻接矩阵可约的含义

如果邻接矩阵是可约的，则存在置换矩阵 $\boldsymbol{P}$，满足

$$\boldsymbol{P}^{-1}\boldsymbol{AP}=\begin{pmatrix}A_{11}&\vdots&A_{12}\\\cdots&\vdots&\cdots\\A_{21}&\vdots&A_{22}\end{pmatrix},\text{且 } A_{12}=0\text{ 或者 }A_{21}=0\qquad(7-10)$$

【例 7 - 5】 某系统结构如图 7 - 7 所示，讨论其可约性。

该系统的邻接矩阵为

$$
\begin{array}{c} \\ 1 \\ 2 \\ \boldsymbol{A}=3 \\ 4 \\ 5 \end{array}
\begin{array}{c} \begin{array}{ccccc} 1 & 2 & 3 & 4 & 5 \end{array} \\ \begin{pmatrix} 0 & 0 & 1 & 0 & 1 \\ 0 & 0 & 0 & 1 & 0 \\ 0 & 0 & 0 & 0 & 1 \\ 0 & 1 & 0 & 0 & 0 \\ 1 & 1 & 1 & 0 & 0 \end{pmatrix} \end{array}
$$

设置换矩阵为

$$
\boldsymbol{P}=\begin{pmatrix} 1 & 0 & 0 & 0 & 0 \\ 0 & 0 & 0 & 1 & 0 \\ 0 & 1 & 0 & 0 & 0 \\ 0 & 0 & 0 & 0 & 1 \\ 0 & 0 & 1 & 0 & 0 \end{pmatrix}, \boldsymbol{P}^{-1}=\begin{pmatrix} 1 & 0 & 0 & 0 & 0 \\ 0 & 0 & 1 & 0 & 0 \\ 0 & 0 & 0 & 0 & 1 \\ 0 & 1 & 0 & 0 & 0 \\ 0 & 0 & 0 & 1 & 0 \end{pmatrix},
$$

$$
\boldsymbol{P}^{-1}\boldsymbol{A}\boldsymbol{P}=\begin{array}{c} \\ 1 \\ 3 \\ 5 \\ 2 \\ 4 \end{array}
\begin{array}{c} \begin{array}{ccccc} 1 & 3 & 5 & 2 & 4 \end{array} \\ \left(\begin{array}{ccc:cc} 0 & 1 & 1 & 0 & 0 \\ 0 & 0 & 1 & 0 & 0 \\ 1 & 1 & 0 & 1 & 0 \\ \hdashline 0 & 0 & 0 & 0 & 1 \\ 0 & 0 & 0 & 1 & 0 \end{array}\right) \end{array}
=\left(\begin{array}{c:c} \boldsymbol{A}_{11} & \boldsymbol{A}_{12} \\ \hdashline 0 & \boldsymbol{A}_{22} \end{array}\right)
$$

通过置换矩阵可把系统的邻接矩阵变换成三角分块矩阵，所以该系统是可约的。根据分块矩阵绘制新的系统结构，如图 7-8 所示。

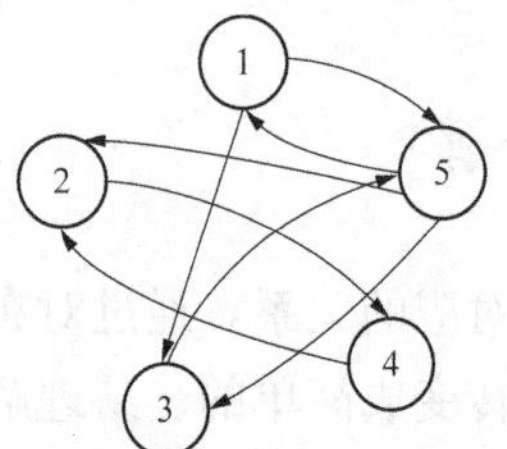

图 7-7 某系统结构图

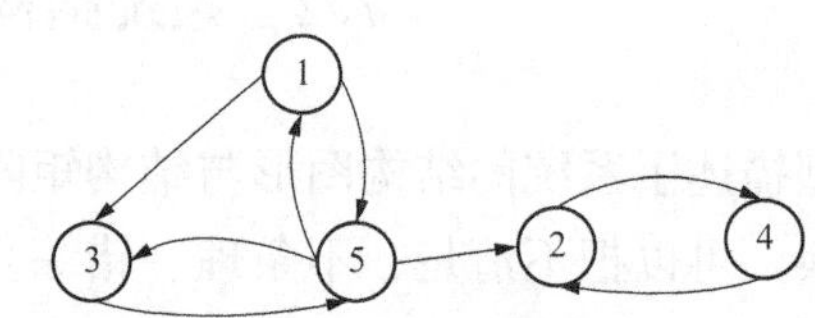

图 7-8 新的系统结构图

如果分块矩阵 $\boldsymbol{A}_{11}$ 和 $\boldsymbol{A}_{22}$ 仍是可约的，反复对它们施行置换，邻接矩阵就可以表示为下面的上三角分块矩阵：

$$
\boldsymbol{A}=\begin{pmatrix} \boldsymbol{A}_{11} & \boldsymbol{A}_{12} & \cdots & \cdots & \boldsymbol{A}_{1m} \\ & \boldsymbol{A}_{22} & \cdots & \cdots & \boldsymbol{A}_{2m} \\ & & \ddots & & \vdots \\ & & & \ddots & \boldsymbol{A}_{mm} \end{pmatrix} \tag{7-11}
$$

式（7-11）为可约矩阵的标准型。对角线上的各个 A_{ii} 分别表达子系统 S_i 的内部要素构造，$\boldsymbol{A}_{ij}$ 表达子系统 S_i 和 S_j 间的关系。

【例 7-6】 图 7-9（a）（b）所示两个系统均由四个元素组成，它们分别包含了两个子系统Ⅰ与Ⅱ。讨论它们的可归约性。

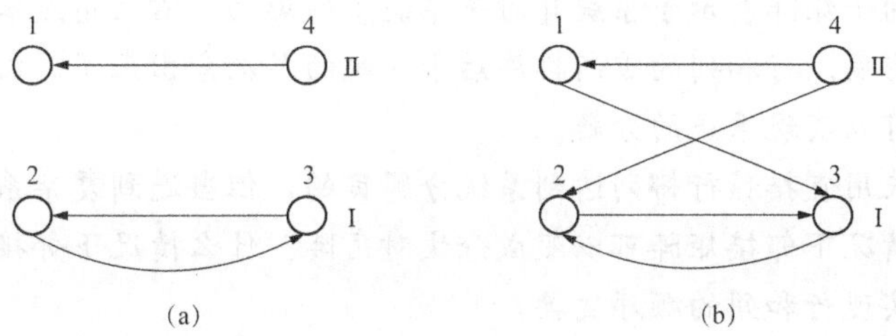

图 7-9　相同系统元素个数但结构不同的系统图

图 7-9 (a) 所示系统的邻接矩阵为

$$\boldsymbol{A}=\begin{array}{c} \\ S_1 \\ S_2 \\ S_3 \\ S_4 \end{array}\begin{array}{c} \begin{array}{cccc} S_1 & S_2 & S_3 & S_4 \end{array} \\ \begin{pmatrix} 0 & 0 & 0 & 0 \\ 0 & 0 & 1 & 0 \\ 0 & 1 & 0 & 0 \\ 1 & 0 & 0 & 0 \end{pmatrix} \end{array}$$

如果把邻接矩阵 $\boldsymbol{A}$ 中行和列的顺序加以改变，让行和列的顺序自左而右、自上而下改为 S_2，S_3，S_1，S_4，新的邻接矩阵为

$$\boldsymbol{A}=\begin{array}{c} \\ S_2 \\ S_3 \\ S_1 \\ S_4 \end{array}\begin{array}{c} \begin{array}{cccc} S_2 & S_3 & S_1 & S_4 \end{array} \\ \left(\begin{array}{cc|cc} 0 & 1 & 0 & 0 \\ 1 & 0 & 0 & 0 \\ \hline 0 & 0 & 0 & 0 \\ 0 & 0 & 1 & 0 \end{array}\right) \end{array}\begin{array}{c} \text{Ⅰ} \\ \text{Ⅱ} \end{array}$$

用虚线把它分成分块对角矩阵。$\boldsymbol{A}$ 矩阵左上角的子矩阵对应于由 S_2 与 S_3 所构成的子系统Ⅰ，右下角的子矩阵对应于由 S_1 与 S_4 组成的子系统Ⅱ，两个子矩阵分别是两个子系统的邻接矩阵，两个子系统之间无联系。将系统邻接矩阵的行和列按照新序排列就把子系统分离了。

图 7-9 (b) 同样也是由 4 个元素组成的系统，但它的连接关系与图 7-9 (a) 不同。其邻接矩阵为

$$\boldsymbol{A}=\begin{array}{c} \\ S_1 \\ S_2 \\ S_3 \\ S_4 \end{array}\begin{array}{c} \begin{array}{cccc} S_1 & S_2 & S_3 & S_4 \end{array} \\ \begin{pmatrix} 0 & 0 & 1 & 0 \\ 0 & 0 & 1 & 0 \\ 0 & 1 & 0 & 0 \\ 1 & 1 & 0 & 0 \end{pmatrix} \end{array}$$

进行行、列变换后可得

$$\boldsymbol{A}=\begin{array}{c} \\ S_2 \\ S_3 \\ S_1 \\ S_4 \end{array}\begin{array}{c} \begin{array}{cccc} S_2 & S_3 & S_1 & S_4 \end{array} \\ \left(\begin{array}{cc|cc} 0 & 1 & 0 & 0 \\ 1 & 0 & 0 & 0 \\ \hline 0 & 1 & 0 & 0 \\ 1 & 0 & 1 & 0 \end{array}\right) \end{array}\begin{array}{c} \text{Ⅰ} \\ \text{Ⅱ} \end{array}$$

用虚线分块后得到一个下三角分块矩阵。左上和右下子矩阵是子系统Ⅰ和Ⅱ内部要素的

邻接矩阵。左下角的子矩阵表示子系统Ⅱ对子系统Ⅰ的影响。右上角是零矩阵，表示子系统Ⅰ对子系统Ⅱ没有影响。行和列的重新排序后子系统的层次分出来了。由此可见，把邻接矩阵加以适当变换后可以实现系统的分解。

简单系统可以采用直接移行挪列达到系统分解目的，但当遇到复杂系统时又如何实施系统分解呢？在什么情况下邻接矩阵可以变成分块对角阵？什么情况下邻接矩阵可以变成下三角分块矩阵？怎样实现行和列的顺序变换？

据矩阵理论，将矩阵 $\boldsymbol{A}$ 的列按 i_1，i_2，…，i_n 次序重新排列所得结果相当于矩阵 $\boldsymbol{A}$ 右乘矩阵 $\boldsymbol{P}_{n\times n}$，即

$$\boldsymbol{P}_i=(\boldsymbol{I}_{i1},\boldsymbol{I}_{i2},\cdots,\boldsymbol{I}_{in}),i=1,2,\cdots,n \tag{7-12}$$

其中

$$\boldsymbol{I}_{ik}=\begin{pmatrix}0\\ \vdots\\ 0\\ 1\\ 0\\ \vdots\\ 0\end{pmatrix}\begin{matrix}\\ \\ \\ \leftarrow 第\,k\,行\\ \\ \\ \\ \end{matrix} \tag{7-13}$$

对矩阵的行也进行类似重排的结果相当于左乘 $\boldsymbol{P}^{-1}$。将矩阵 $\boldsymbol{A}$ 的行与列重新排序相当于进行式（7-14）运算。

$$\widetilde{\boldsymbol{A}}=\boldsymbol{P}^{-1}\boldsymbol{A}\boldsymbol{P} \tag{7-14}$$

如果使 $\boldsymbol{A}$ 变成分块对角阵 $\boldsymbol{P}^{-1}\boldsymbol{A}\boldsymbol{P}$ 的置换 $\boldsymbol{P}$ 存在，则称系统是可分离的。如果使 $\boldsymbol{P}^{-1}\boldsymbol{A}\boldsymbol{P}$ 变成下三角分块矩阵的置换 $\boldsymbol{P}$ 存在，则称系统是可分级的。如果系统是可分离的或可分级的，则称系统是可归约的。

7.2.2 系统的可归约性分析

1. 完全没有回路系统

没有回路的系统一定存在汇点和源点，即系统是可以分级或分层的。将系统的邻接矩阵进行重新排列变换可以得到一个下三角或上三角分块矩阵。具体步骤如下：

第 1 步，在邻接矩阵 $\boldsymbol{A}$ 中从上往下找出所有元素都为零的行，所对应要素为 i_1^1，i_2^1，…，i_{n1}^1，输出节点集合 $S_1=\{i_1^1, i_2^1, \cdots, i_{n1}^1\}$，并把要素 i_1^1，i_2^1，…，i_{n1}^1 从矩阵 $\boldsymbol{A}$ 中抹掉，也就是将输出节点对应的行和列从图中去掉。余下的行与列仍保持原编号，形成 $(n-n_1)\times(n-n_1)$ 维的矩阵 $\boldsymbol{A}_1$；

第 2 步，在矩阵 $\boldsymbol{A}_1$ 中重复第 1 步，找到 $\boldsymbol{A}_1$ 中元素全为零的行，令这些要素为 i_1^2，i_2^2，…，i_{n2}^2，输出新的节点集合 $S_2=\{i_1^2, i_2^2, \cdots, i_{n2}^2\}$，并把要素 i_1^2，i_2^2，…，i_{n2}^2 从矩阵 $\boldsymbol{A}_1$ 中抹掉，形成 $(n-n_1-n_2)\times(n-n_1-n_2)$ 维的矩阵 $\boldsymbol{A}_2$；

第 3 步，重复以上步骤，一直把矩阵 $\boldsymbol{A}$ 降维，直到矩阵中再找不到元素全为零的行为止，$S_1\cup S_2\cup\cdots\cup S_p=\{1, 2, \cdots, n\}$；

第 4 步，按 S_1，S_2，…，S_p 内顺序重新排列矩阵 $\boldsymbol{A}$ 的行与列。

【例 7-7】 已知某包含 5 元素的系统的邻接矩阵 $\boldsymbol{A}$，试对该系统进行分离及分级。

$$
A = \begin{array}{c} \\ 1 \\ 2 \\ 3 \\ 4 \\ 5 \end{array} \begin{array}{c} \begin{matrix} 1 & 2 & 3 & 4 & 5 \end{matrix} \\ \begin{bmatrix} 0 & 1 & 0 & 1 & 1 \\ 0 & 0 & 1 & 0 & 1 \\ 0 & 0 & 0 & 1 & 1 \\ 0 & 0 & 0 & 0 & 0 \\ 0 & 0 & 0 & 1 & 0 \end{bmatrix} \end{array}
$$

解　分解分析如下：

第 1 步，在 $\boldsymbol{A}$ 中找出元素全为 0 的行，为第 4 行，划去第 4 行及第 4 列，得出 (5－1) × (5－1) 维的新矩阵 $\boldsymbol{A}_1$，输出元素集合 $S_1=\{4\}$。

$$
A = \begin{array}{c} \\ 1 \\ 2 \\ 3 \\ 4 \\ 5 \end{array} \begin{array}{c} \begin{matrix} 1 & 2 & 3 & 4 & 5 \end{matrix} \\ \begin{bmatrix} 0 & 1 & 0 & 1 & 1 \\ 0 & 0 & 1 & 0 & 1 \\ 0 & 0 & 0 & 1 & 1 \\ 0 & 0 & 0 & 0 & 0 \\ 0 & 0 & 0 & 1 & 0 \end{bmatrix} \end{array} \begin{array}{l} \\ \\ \\ \\ \leftarrow S_1=\{4\} \\ \\ \end{array}
$$

$$
A_1 = \begin{array}{c} \\ 1 \\ 2 \\ 3 \\ 5 \end{array} \begin{array}{c} \begin{matrix} 1 & 2 & 3 & 5 \end{matrix} \\ \begin{pmatrix} 0 & 1 & 0 & 0 \\ 0 & 0 & 1 & 1 \\ 0 & 0 & 0 & 1 \\ 0 & 0 & 0 & 0 \end{pmatrix} \end{array}
$$

第 2 步，从 $\boldsymbol{A}_1$ 中继续找元素全为 0 的行，输出元素集合 $S_2=\{5\}$，划去要素 5 所在的行与列，得到 $\boldsymbol{A}_2$。

$$
A_1 = \begin{array}{c} \\ 1 \\ 2 \\ 3 \\ 5 \end{array} \begin{array}{c} \begin{matrix} 1 & 2 & 3 & 5 \end{matrix} \\ \begin{pmatrix} 0 & 1 & 0 & 0 \\ 0 & 0 & 1 & 1 \\ 0 & 0 & 0 & 1 \\ 0 & 0 & 0 & 0 \end{pmatrix} \end{array} \begin{array}{l} \\ \\ \\ \\ \leftarrow S_2=\{5\} \end{array}
$$

$$
A_2 = \begin{array}{c} \\ 1 \\ 2 \\ 3 \end{array} \begin{array}{c} \begin{matrix} 1 & 2 & 3 \end{matrix} \\ \begin{pmatrix} 0 & 1 & 0 \\ 0 & 0 & 1 \\ 0 & 0 & 0 \end{pmatrix} \end{array}
$$

第 3 步，重复以上步骤，直到找不出矩阵中全为零的行为止。

$$
A_2 = \begin{array}{c} \\ 1 \\ 2 \\ 3 \end{array} \begin{array}{c} \begin{matrix} 1 & 2 & 3 \end{matrix} \\ \begin{pmatrix} 0 & 1 & 0 \\ 0 & 0 & 1 \\ 0 & 0 & 0 \end{pmatrix} \end{array} \begin{array}{l} \\ \\ \\ \leftarrow S_3=\{3\} \end{array}
$$

$$
A_3 = \begin{array}{c} \\ 1 \\ 2 \end{array} \begin{array}{c} \begin{matrix} 1 & 2 \end{matrix} \\ \begin{pmatrix} 0 & 1 \\ 0 & 0 \end{pmatrix} \end{array} \begin{array}{l} \\ \\ \leftarrow S_4=\{2\} \end{array}
$$

$$
S_5=\{1\}
$$

第 4 步，将矩阵 $\boldsymbol{A}$ 的行与列按照新序 S_1，S_2，…，S_5 顺序重新排列，得到新的邻接矩阵 $\overline{\boldsymbol{A}}$。

$$
\overline{\boldsymbol{A}}=\begin{array}{c} \\ 4 \\ 5 \\ 3 \\ 2 \\ 1 \end{array}\begin{array}{c} \begin{array}{ccccc} 4 & 5 & 3 & 2 & 1 \end{array} \\ \left(\begin{array}{ccc:cc} 0 & 0 & 0 & 0 & 0 \\ 1 & 0 & 0 & 0 & 0 \\ 1 & 1 & 0 & 0 & 0 \\ \hdashline 0 & 0 & 1 & 0 & 0 \\ 1 & 1 & 0 & 1 & 0 \end{array}\right) \end{array}\begin{array}{l} \\ \\ \mathrm{I} \\ \\ \mathrm{II} \end{array}
$$

第 5 步，按照新的邻接矩阵分析系统结构。矩阵 $\overline{\boldsymbol{A}}$ 显示元素 4，5，3 组成子系统Ⅰ，元素 2，1 组成子系统Ⅱ。矩阵左下角元素不全为 0，表示子系统Ⅱ对子系统Ⅰ有影响。矩阵右上角元素全为 0 表示子系统Ⅰ对子系统Ⅱ无影响。

还可以将矩阵 $\overline{\boldsymbol{A}}$ 分块为

$$
\overline{\boldsymbol{A}}=\begin{array}{c} \\ 4 \\ 5 \\ 3 \\ 2 \\ 1 \end{array}\begin{array}{c} \begin{array}{ccccc} 4 & 5 & 3 & 2 & 1 \end{array} \\ \left(\begin{array}{cc:ccc} 0 & 0 & 0 & 0 & 0 \\ 1 & 0 & 0 & 0 & 0 \\ \hdashline 1 & 1 & 0 & 0 & 0 \\ 0 & 0 & 1 & 0 & 0 \\ 1 & 1 & 0 & 1 & 0 \end{array}\right) \end{array}\begin{array}{l} \\ \mathrm{I} \\ \\ \\ \mathrm{II} \end{array}
$$

要素 4，5 为子系统Ⅰ，要素 3，2，1 为子系统Ⅱ。矩阵左下角元素不全为 0，表示子系统Ⅱ对子系统Ⅰ有影响。矩阵右上角元素全为 0 表示子系统Ⅰ对子系统Ⅱ无影响。至此完成了系统分解。

2. 存在回路但非强连接的系统

(1) 寻找回路法。如果系统内各要素不都是强连接的，则在可达矩阵中一定存在零元素。利用此规则寻找存在强连接的要素。步骤如下：

第 1 步，依据布尔规则求 $\boldsymbol{R}\cap\boldsymbol{R}^{\mathrm{T}}$。若 $\boldsymbol{R}\cap\boldsymbol{R}^{\mathrm{T}}$ 某列中仅 i_1^1，i_2^1，…，i_{n1}^1 这几个元素为 1，其余全为零，输出元素为 1 的行号集合，$S_1=\{i_1^1, i_2^1, \cdots, i_{n1}^1\}$。

第 2 步，再检查不属于集合 S_1 的其他列，若其中有 i_1^2，i_2^2，…，i_{n2}^2 元素为 1，也输出它们的行号集合 $S_2=\{i_1^2, i_2^2, \cdots, i_{n2}^2\}$。

第 3 步，重复进行下去，直到输出的行号集合包含了所有要素，即 $S_1\cup S_2\cup\cdots\cup S_p=\{1, 2, \cdots, n\}$。显然 $i\neq j$ 时 $S_i\cap S_j=\varnothing$。

第 4 步，按照集合 S_1，S_2，…，S_p 的顺序对矩阵进行下列排序变换，则将邻接矩阵重新排列化为分块矩阵。

$$
\widetilde{\boldsymbol{A}}=\begin{array}{c} \begin{array}{cccc} S_1 & S_2 & & S_p \end{array} \\ \left(\begin{array}{c:c:c:c} \widetilde{A}_{11} & \widetilde{A}_{21} & \cdots & \widetilde{A}_{p1} \\ \hdashline \widetilde{A}_{12} & \widetilde{A}_{22} & \cdots & \widetilde{A}_{p2} \\ \hdashline \vdots & \vdots & \cdots & \vdots \\ \hdashline \widetilde{A}_{1p} & \widetilde{A}_{2p} & \cdots & \widetilde{A}_{pp} \end{array}\right) \end{array}\begin{array}{l} \\ S_1 \\ S_2 \\ \vdots \\ S_p \end{array} \tag{7-15}
$$

第 5 步，将集合 S_1，S_2，…，S_p 之间的关系用 $p\times p$ 的布尔矩阵 $\boldsymbol{B}$ 表示，矩阵 $\boldsymbol{B}$ 的元素为

$$
b_{\mathrm{ii}}=0, i=1,2,\cdots,p
$$

$$
b_{\mathrm{ij}}=\begin{cases}1 & \widetilde{A}_{\mathrm{ij}}\neq 0 \\ 0 & \widetilde{A}_{\mathrm{ij}}=0\end{cases}(i,j=1,2,\cdots,p,i\neq j) \tag{7-16}
$$

第 6 步，以 $\boldsymbol{B}$ 为邻接矩阵的系统是没有回路的，可以运用无回路系统的可归约分析法得到新的矩阵 $\widetilde{\boldsymbol{B}}$。最后根据 $\widetilde{\boldsymbol{B}}$ 的次序变换 $\widetilde{\boldsymbol{A}}$，使 $\widetilde{\boldsymbol{A}}$ 变成下三角分块矩阵。

【例 7-8】 已知某社会经济系统由 10 个子系统组成，其结构模型如图 7-10 所示。试对其进行分离及分级。

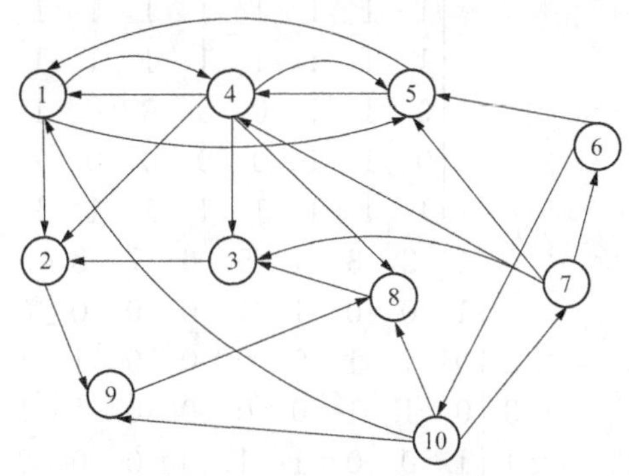

图 7-10　某社会经济系统有向连接图

该系统的邻接矩阵 $\boldsymbol{A}$ 为

$$\boldsymbol{A}=\begin{pmatrix}0&1&0&1&1&0&0&0&0&0\\0&0&0&0&0&0&0&0&1&0\\0&1&0&0&0&0&0&0&0&0\\1&1&1&0&1&0&0&1&0&0\\1&0&0&1&0&0&0&0&0&0\\0&0&0&0&1&0&0&0&0&1\\0&0&1&1&1&1&0&0&0&0\\0&0&1&0&0&0&0&0&0&0\\0&0&0&0&0&0&0&1&0&0\\1&0&0&0&0&0&1&1&1&0\end{pmatrix}$$

$$\boldsymbol{A}\cup\boldsymbol{I}=\begin{pmatrix}1&1&0&1&1&0&0&0&0&0\\0&1&0&0&0&0&0&0&1&0\\0&1&1&0&0&0&0&0&0&0\\1&1&1&1&1&0&0&1&0&0\\1&0&0&1&1&0&0&0&0&0\\0&0&0&0&1&1&0&0&0&1\\0&0&1&1&1&1&1&0&0&0\\0&0&1&0&0&0&0&1&0&0\\0&0&0&0&0&0&0&1&1&0\\1&0&0&0&0&0&1&1&1&1\end{pmatrix}$$

计算可达矩阵为

$$
\boldsymbol{R}=(\boldsymbol{A}\cup\boldsymbol{I})^{10}=\begin{pmatrix}
1&1&1&1&1&0&0&1&1&0\\
0&1&1&0&0&0&0&1&1&0\\
0&1&1&0&0&0&0&1&1&0\\
1&1&1&1&1&0&0&1&1&0\\
1&1&1&1&1&0&0&1&1&0\\
1&1&1&1&1&1&1&1&1&1\\
1&1&1&1&1&1&1&1&1&1\\
0&1&1&0&0&0&0&1&1&0\\
0&1&1&0&0&0&0&1&1&0\\
1&1&1&1&1&1&1&1&1&1
\end{pmatrix}
$$

$$
\boldsymbol{R}\cap\boldsymbol{R}^{\mathrm{T}}=
\begin{array}{c}
\\ 1\\2\\3\\4\\5\\6\\7\\8\\9\\10
\end{array}
\begin{array}{c}
\begin{array}{cccccccccc}1&2&3&4&5&6&7&8&9&10\end{array}\\
\begin{pmatrix}
1&0&0&1&1&0&0&0&0&0\\
0&1&1&0&0&0&0&1&1&0\\
0&1&1&0&0&0&0&1&1&0\\
1&0&0&1&1&0&0&0&0&0\\
1&0&0&1&1&0&0&0&0&0\\
0&0&0&0&0&1&1&0&0&1\\
0&0&0&0&0&1&1&0&0&1\\
0&1&1&0&0&0&0&1&1&0\\
0&1&1&0&0&0&0&1&1&0\\
0&0&0&0&0&1&1&0&0&1
\end{pmatrix}
\end{array}
$$

第 1 步，检查第 1 列，$i_1^1=1$，$i_4^4=1$，$i_5^1=1$，输出元素集合 $S_1=\{1, 4, 5\}$；

第 2 步，检查第 2 列，$i_2^2=2$，$i_3^2=1$，$i_8^2=1$，$i_9^2=1$，输出元素集合 $S_2=\{2, 3, 8, 9\}$；

第 3 步，检查第 6 列，$i_6^3=1$，$i_7^3=1$，$i_{10}^3=1$，输出元素集合 $S_3=\{6, 7, 10\}$；

$S_1\cup S_2\cup S_3=\{1, 2, \cdots, 10\}$

第 4 步，将矩阵 $\boldsymbol{A}$ 按照下列顺序变换：

$$
\underbrace{\begin{array}{ccc}1&4&5\\\downarrow&\downarrow&\downarrow\\1&2&3\end{array}}_{S_1}\qquad
\underbrace{\begin{array}{cccc}2&3&8&9\\\downarrow&\downarrow&\downarrow&\downarrow\\4&5&6&7\end{array}}_{S_2}\qquad
\underbrace{\begin{array}{ccc}6&7&10\\\downarrow&\downarrow&\downarrow\\8&9&10\end{array}}_{S_3}
$$

变换后得

$$
\widetilde{\boldsymbol{A}}=
\begin{array}{c}
\\ 1\\4\\5\\2\\3\\8\\9\\6\\7\\10
\end{array}
\begin{array}{c}
\begin{array}{cccccccccc}1&4&5&2&3&8&9&6&7&10\end{array}\\
\left(\begin{array}{ccc|cccc|ccc}
0&1&1&1&0&0&0&0&0&0\\
1&0&1&1&1&1&0&0&0&0\\
1&1&0&0&0&0&0&0&0&0\\
\hline
0&0&0&0&0&0&1&0&0&0\\
0&0&0&1&0&0&0&0&0&0\\
0&0&0&0&1&0&0&0&0&0\\
0&0&0&0&0&1&0&0&0&0\\
\hline
0&0&1&0&0&0&0&0&0&1\\
0&1&1&0&1&0&0&1&0&0\\
1&0&0&0&0&1&1&0&1&0
\end{array}\right)\\
\begin{array}{ccc}S_1&\qquad S_2&\qquad S_3\end{array}
\end{array}
\begin{array}{c}
S_1\\ \\ S_2\\ \\ S_3
\end{array}
$$

第 5 步，根据式（7－16）可得矩阵 $\widetilde{\boldsymbol{A}}$ 中各分块之间的关系矩阵 $\boldsymbol{B}=\begin{pmatrix}0&1&0\\0&0&0\\1&1&0\end{pmatrix}$，将按照 $\boldsymbol{B}$ 无回路系统进行分解分析，得到新序 S_2，S_1，S_3。

第 6 步，按照新序排列后得到三角形矩阵 $\boldsymbol{B}=\begin{pmatrix}0&1&0\\0&0&0\\1&1&0\end{pmatrix}$。再依照矩阵 $\boldsymbol{B}$ 分块排列顺序变换矩阵 $\boldsymbol{A}$，得到新的下三角分块矩阵 $\widetilde{\boldsymbol{A}}$。

$$\widetilde{\boldsymbol{A}}=\begin{array}{c}\\2\\3\\8\\9\\1\\4\\5\\6\\7\\10\end{array}\begin{array}{c}\begin{array}{cccc:ccc:ccc}2&3&8&9&1&4&5&6&7&10\end{array}\\\left(\begin{array}{cccc:ccc:ccc}0&0&0&1&&&&&&\\1&0&0&0&&&&&&\\0&1&0&0&&&&&&\\0&0&1&0&&&&&&\\\hdashline 1&0&0&0&0&1&1&&&\\1&1&1&0&1&0&1&&&\\0&0&0&0&1&1&0&&&\\\hdashline 0&0&0&0&0&0&1&0&0&1\\0&1&0&0&0&1&1&1&0&0\\0&0&1&1&1&0&0&0&1&0\end{array}\right)\\\begin{array}{ccc}\quad S_2\quad&\quad S_1\quad&\quad S_3\quad\end{array}\end{array}\begin{array}{l}\\S_2\\\\S_1\\\\S_3\end{array}$$

如此处理实现了系统要素的分级与分离。新的系统结构见图 7－11。

（2）寻找源点汇点法。对于非强连接的系统，找出它的源点与汇点对系统进行分解分析。分析步骤如下：

第 1 步，从邻接矩阵求可达矩阵 $\boldsymbol{R}$；

第 2 步，从可达矩阵 $\boldsymbol{R}$ 中寻找除对角外的行元素都是 1 或 0 的行，该行对应的要素是系统的源点或汇点；

第 3 步，记下该行行号 i，并从 $\boldsymbol{R}$ 中划去此行此列，得缩减矩阵 $\boldsymbol{R}_1$；

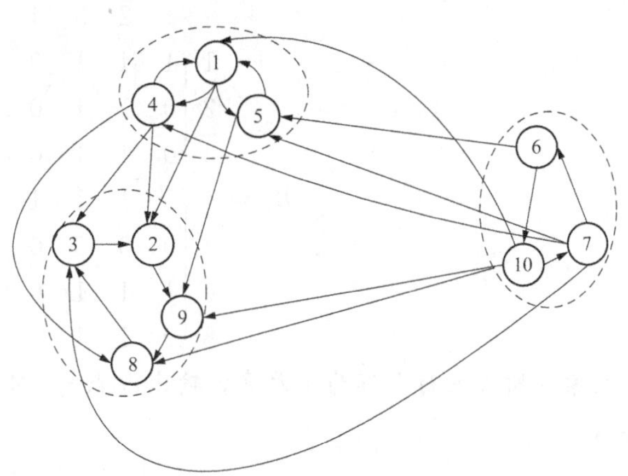

图 7－11　归约后的系统结构图

第 4 步，在 $\boldsymbol{R}_1$ 中，重复第 2、3 步，直至找不出行元素都是 1 或 0 的行为止。记下的行号依次为 i_1，i_2，…，i_n；

第 5 步，根据记下的行号配置布尔矩阵的行和列，从而可将系统结构进行分解。

【例 7－9】 某系统的有向结构图如图 7－12 所示，试对其进行分级与分离。

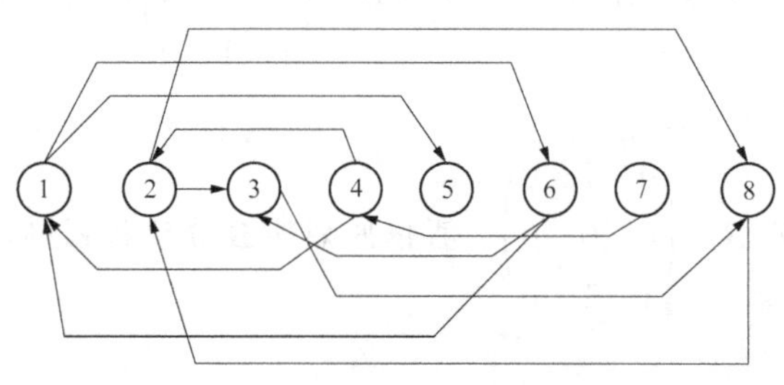

图 7-12 某系统的有向结构图

其邻接矩阵为

$$A=\begin{array}{c} \\ 1\\2\\3\\4\\5\\6\\7\\8\end{array}\begin{array}{c}\begin{matrix}1&2&3&4&5&6&7&8\end{matrix}\\ \begin{pmatrix}0&0&0&0&1&1&0&0\\0&0&1&0&0&0&0&1\\0&0&0&0&0&0&0&1\\1&1&0&0&0&0&0&0\\0&0&0&0&0&0&0&0\\1&0&1&0&0&0&0&0\\0&0&0&1&0&0&0&0\\0&1&0&0&0&0&0&0\end{pmatrix}\end{array}$$

可达矩阵为

$$R=\begin{array}{c} \\ 1\\2\\3\\4\\5\\6\\7\\8\end{array}\begin{array}{c}\begin{matrix}1&2&3&4&5&6&7&8\end{matrix}\\ \begin{pmatrix}1&1&1&0&1&1&0&1\\0&1&1&0&0&0&0&1\\0&1&1&0&0&0&0&1\\1&1&1&1&1&1&0&1\\0&0&0&0&1&0&0&0\\1&1&1&0&1&1&0&1\\1&1&1&1&1&1&1&1\\0&1&1&0&0&0&0&1\end{pmatrix}\end{array}$$

第 7 行所有元素为 1，输出源点 $i_1=7$，划去元素 7 所在的行及列，得到缩减矩阵 $\boldsymbol{R}_1$。

$$R_1=\begin{array}{c} \\ 1\\2\\3\\4\\5\\6\\8\end{array}\begin{array}{c}\begin{matrix}1&2&3&4&5&6&8\end{matrix}\\ \begin{pmatrix}1&1&1&0&1&1&1\\0&1&1&0&0&0&1\\0&1&1&0&0&0&1\\1&1&1&1&1&1&1\\0&0&0&0&1&0&0\\1&1&1&0&1&1&1\\0&1&1&0&0&0&1\end{pmatrix}\end{array}$$

元素 4 所在的行全部为 1 元素，输出源点 $i_2=4$，划去元素 4 所在的行及列，得到缩减矩阵 $\boldsymbol{R}_2$。

$$R_2=\begin{array}{c} \\ 1\\2\\3\\5\\6\\8\end{array}\begin{array}{c}\begin{matrix}1&2&3&5&6&8\end{matrix}\\ \begin{pmatrix}1&1&1&1&1&1\\0&1&1&0&0&1\\0&1&1&0&0&1\\0&0&0&1&0&0\\1&1&1&1&1&1\\0&1&1&0&0&1\end{pmatrix}\end{array}$$

元素 1 和要素 6 所在的行全部为 1 元素，输出源点 $i_3=1$，6，划去元素 1 和要素 6 所在的行及列，得到缩减矩阵 $\boldsymbol{R}_3$。

$$\boldsymbol{R}_3 = \begin{array}{c} \\ 2 \\ 3 \\ 5 \\ 8 \end{array}\begin{array}{c} \begin{array}{cccc} 2 & 3 & 5 & 8 \end{array} \\ \begin{pmatrix} 1 & 1 & 0 & 1 \\ 1 & 1 & 0 & 1 \\ 0 & 0 & 1 & 0 \\ 1 & 1 & 0 & 1 \end{pmatrix} \end{array}$$

元素 5 所在的行除对角线元素外全部为 0 元素，元素 5 为汇点，记 $i_4=5$，划去元素 5 所在的行及列，得到缩减矩阵 $\boldsymbol{R}_4$。

$$\boldsymbol{R}_4 = \begin{array}{c} \\ 2 \\ 3 \\ 8 \end{array}\begin{array}{c} \begin{array}{ccc} 2 & 3 & 8 \end{array} \\ \begin{pmatrix} 1 & 1 & 1 \\ 1 & 1 & 1 \\ 1 & 1 & 1 \end{pmatrix} \end{array}$$

$\boldsymbol{R}_4$ 全部元素为 1，表示要素 2、要素 3 和要素 8 是强连接，$i_5=2, 3, 8$。

记下的行号依次为 i_1，i_2，i_3，i_5，i_4。以此序号配置邻接矩阵得上三角分块矩阵。根据新的顺序对系统结构进行整理得图7-13。

图 7-13 反映出系统各要素层次关系，虚线围绕的节点群构成强连接结构，它属于同一层级，研究时可看成一个整体。通过对系统的分解，得出了更清楚的系统结构图，系统的层次也更清楚了。

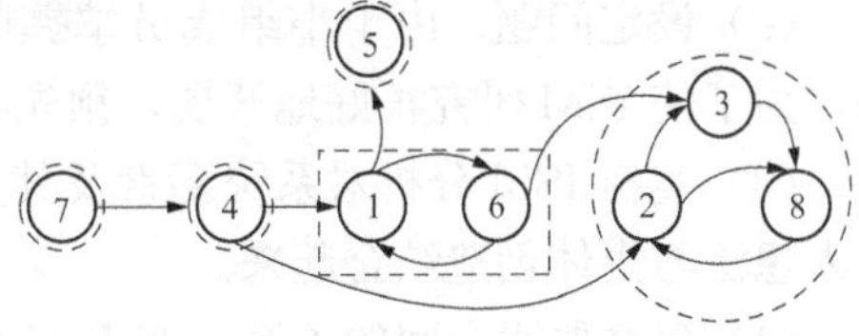

图 7-13　分解后的系统结构图

$$\begin{array}{cccccccc} 7 & 4 & 1 & 6 & 2 & 3 & 8 & 5 \\ \downarrow & \downarrow & \downarrow & \downarrow & \downarrow & \downarrow & \downarrow & \downarrow \\ 1 & 2 & 3 & 4 & 5 & 6 & 7 & 8 \end{array}$$

$$\widetilde{\boldsymbol{A}} = \begin{array}{c} 7 \\ 4 \\ 1 \\ 6 \\ 2 \\ 3 \\ 8 \\ 5 \end{array}\begin{pmatrix} 0 & 1 & 0 & 0 & 0 & 0 & 0 & 0 \\ 0 & 0 & 1 & 0 & 1 & 0 & 0 & 0 \\ 0 & 0 & 0 & 1 & 0 & 0 & 0 & 1 \\ 0 & 0 & 1 & 0 & 0 & 1 & 0 & 0 \\ 0 & 0 & 0 & 0 & 0 & 1 & 1 & 0 \\ 0 & 0 & 0 & 0 & 0 & 0 & 1 & 0 \\ 0 & 0 & 0 & 0 & 1 & 0 & 0 & 0 \\ 0 & 0 & 0 & 0 & 0 & 0 & 0 & 0 \end{pmatrix}$$

$$\begin{array}{cccccccc} 7 & 4 & 1 & 6 & 2 & 3 & 8 & 5 \end{array}$$

7.3　系统解释结构模型

7.3.1　系统解释结构模型的产生

上述关于系统分离的方法适用于已知邻接关系的系统，例如机械系统、土木工程系统和计算机系统等。有了邻接矩阵，即使系统的规模再大，也可以将它分离成独立子系统或分解成有层次的子系统。但是，当遇到社会、经济等复杂系统时，要掌握构成系统的要素以及它们之间的相互关系是很困难的，也不容易分辨出它们之间的关系究竟是直接关系还是间接关系。在这种情况下，需要着眼于要素间的结合，构造出可达矩阵，再设法求出邻接矩阵，得到系统结构模型，这种分析的思路与方法被称为系统结构模型解析。

最有代表性的系统结构模型解析方法是美国J. 华费尔特教授于1973年为分析复杂的社会经济系统而开发的解释结构模型法（interpretative structural modeling，ISM）。ISM的特点是把复杂的系统分解为若干要素，利用人们的实践经验和知识，借助于电子计算机，综合性地确定出要素及其之间的顺序关系，把模糊不清的思想或看法转化为直观的具有良好结构关系的模型，最终构造成一个多级递阶的系统结构模型。ISM特别适用于变量众多、关系复杂而结构不清晰的系统分析。其应用十分广泛，从能源问题、环境问题等国际性问题到地区经济开发、市场价格管理与控制问题等，都可应用ISM来建立结构模型，并据此进行系统分析。

7.3.2 ISM法的步骤与工作内容

（1）挑选实施ISM法的成员。所选成员应对所选问题持关心态度，且为专业人士并照顾到各种不同观点的人。

（2）设定问题。由于小组成员掌握的情况、分析的目的是不同的，各自又站在不同立场，为了使ISM研究很好地开展，预先必须明确所研究问题。

（3）实施ISM分析对系统要素及其关系的确定要尽量进行分组讨论和头脑风暴法，将个人想法与集体创造结合起来。

（4）建立要素之间的关系。在ISM法中最为重要的是决定要素间有无关系，而且必须明确关系的含义，如因果关系、优先关系、包含关系、影响程度、重要程度等。判断关系时最好靠直觉进行，这样得出的是要素间的直接关系。若又分析又讨论，则会包含间接的关系。如果最终意见难以统一，可构造两种或两种以上的结构模型供选择。

（5）制作有向图表示系统结构。根据要素间的关系，建立系统的可达矩阵，再从可达矩阵进行系统结构模型分析，建立系统的结构模型。

（6）结构模型解释与应用。完成结构模型以后，由小组全体成员讨论研究它的意义所在，以及如何使用该结构模型。

下面详细介绍如何由问题建立可达矩阵、再从可达矩阵建立系统的结构模型等问题。

7.3.3 建立可达矩阵

当确定了研究对象后，需要根据对系统各元素或子系统 S_1，S_2，…，S_n之间的相互关系进行调查，直至能够回答所有或大部分“S_i是否可达S_j，S_iRS_j”的问题，形成关于系统的概念模型。建立n个要素的系统的n阶可达矩阵，除S_i本身必定可达的n个关系是已知的外，还要确定$n\times(n-1)$个关系。对于这$n\times(n-1)$个关系，可以通过推理的方法加以分析。

对于系统中的任一要素S_i来说，它和除S_i自身以外的其他组成系统的元素$S_j(j\neq i)$之间，必定存在下列几种关系中的一种：

①有些要素，S_i从属于它们。在有向图上，有从S_i到这些要素的箭头，这些要素的集合称作S_i的上位集，或称S_i的可达性集合，用$L(S_i)$表示。根据这些要素最终是否回S_i到把$L(S_i)$细分为无反馈上位集和反馈上位集，分别用$NF(S_i)$和$F(S_i)$表示。

②有些要素，它们从属于S_i。在有向图上，有箭头从它们指向S_i，这类要素的集合称

作 S_i 的下位集，或称 S_i 的前项集合，用 $D(S_i)$ 表示。

③有些要素既不从属于 S_i，也不为 S_i 所从属，这类元素的集合称作 S_i 的无关集，用 $V(S_i)$ 表示。

各要素与 S_i 的关系可归纳为图 7-14。

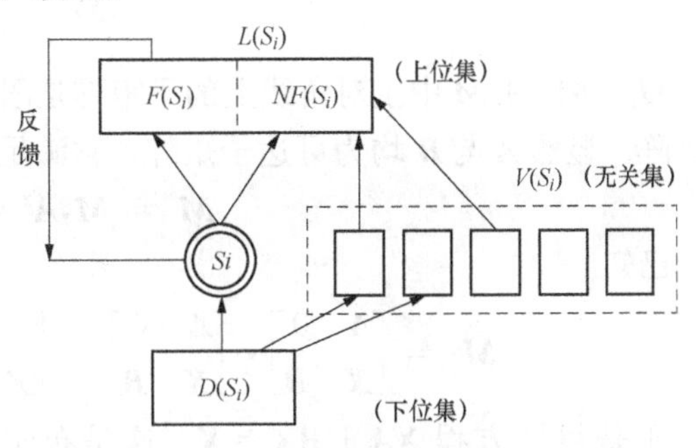

图 7-14　任一元素与其他元素之间的关系

为了研究的方便，将其他要素与 S_i 的关系进行分类分区得到分块的可达矩阵，如图 7-15 所示。

图 7-15 是一个被 S_i 行与 S_i 列以及相应虚线分块的可达矩阵。给每个分块按照集合的划分用代号表示。16 个分块中有些分块的值运用逻辑推理的办法是可以推断出来的。

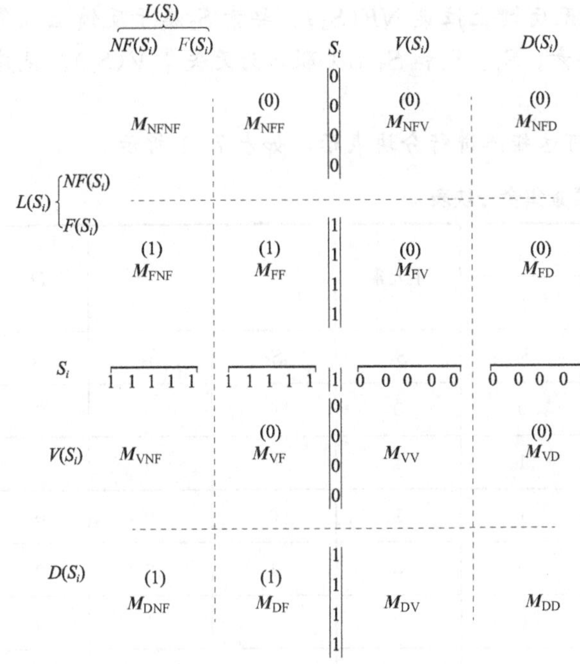

图 7-15　任一元素与其他元素之间关系的分块矩阵表达

(1) 在矩阵中的 $\boldsymbol{M}_{\mathrm{NFV}}$，$\boldsymbol{M}_{\mathrm{FV}}$，$\boldsymbol{M}_{\mathrm{NFD}}$，$\boldsymbol{M}_{\mathrm{FD}}$分块，可以断定为 0，这是因为 $L(S_i)$ 中的 $NF(S_i)$ 和 $F(S_i)$ 均不能到达 $V(S_i)$ 和 $D(S_i)$；

(2) 因为 $NF(S_i)$ 不会到达 $F(S_i)$，所以 $\boldsymbol{M}_{\mathrm{NFF}}$ 中各元素为 0；

(3) 从 $F(S_i)$ 可以到达 $L(S_i)$ 中的 $F(S_i)$ 和 $NF(S_i)$，所以，$\boldsymbol{M}_{\mathrm{FNF}}$ 与 $\boldsymbol{M}_{\mathrm{FF}}$ 各元素全是 1；

(4) $V(S_i)$ 不能回到 $D(S_i)$，所以 $\boldsymbol{M}_{\mathrm{VD}}$ 中元素全为 0；

(5) $V(S_i)$ 不能到达 $F(S_i)$，所以 $\boldsymbol{M}_{\mathrm{VF}}$ 中各元素为 0；

(6) $D(S_i)$ 可以到达 $F(S_i)$ 和 $NF(S_i)$，所以 $\boldsymbol{M}_{\mathrm{DNF}}$ 和 $\boldsymbol{M}_{\mathrm{DF}}$ 中各元素全为 1。

在分块矩阵的 16 个分块中可以判断有 11 个分块为 0 或 1 满阵。另外 5 块中，又有 $\boldsymbol{M}_{\mathrm{NFNF}}$，$\boldsymbol{M}_{\mathrm{VV}}$，$\boldsymbol{M}_{\mathrm{DD}}$ 在主对角线上，所以它们均为可达子矩阵。只剩下 $\boldsymbol{M}_{\mathrm{VNF}}$ 和 $\boldsymbol{M}_{\mathrm{DV}}$ 需要进行进一步分析。

从矩阵中我们抽出 $\boldsymbol{M}_{\mathrm{NFNF}}$，$\boldsymbol{M}_{\mathrm{VNF}}$，$\boldsymbol{M}_{\mathrm{VV}}$ 和 $\boldsymbol{M}_{\mathrm{NFV}}$ 4 个分块。其中除 $\boldsymbol{M}_{\mathrm{NFV}}$ 已知为 0 外，其余均未知。构造分块矩阵 $\boldsymbol{M}_1$。

$$\boldsymbol{M}_1 = \begin{cases} \boldsymbol{M}_{\mathrm{NFNF}} & 0 \\ \boldsymbol{M}_{\mathrm{VNF}} & \boldsymbol{M}_{\mathrm{VV}} \end{cases} \tag{7-17}$$

同理，构造分块矩阵 $\boldsymbol{M}_2$

$$\boldsymbol{M}_2 = \begin{cases} \boldsymbol{M}_{\mathrm{VV}} & 0 \\ \boldsymbol{M}_{\mathrm{DV}} & \boldsymbol{M}_{\mathrm{DD}} \end{cases} \tag{7-18}$$

统一表达为

$$M=\begin{cases}A & 0\\ X & B\end{cases} \tag{7-19}$$

M_1、M_2 和 M 中主对角线上的子矩阵是图 7-15 矩阵中主对角线上的子矩阵，都是可达子矩阵。显然 A 与 B 均为可达子矩阵，它满足

$$M^2=M, A^2=A, B^2=B$$

已知

$$M^2=\begin{bmatrix}A & 0\\ X & B\end{bmatrix}\cdot\begin{bmatrix}A & 0\\ X & B\end{bmatrix}=\begin{bmatrix}A^2 & 0\\ XA+BX & B^2\end{bmatrix}=M=\begin{bmatrix}A & 0\\ X & B\end{bmatrix}$$

于是得到方程 $XA+BX=X$，这是布尔特征方程，可以利用它求 X，即解出 M_{VNF} 和 M_{DV}。

【例 7-10】 某矿井生产系统由 6 个子系统组成。现已知关于第三个子系统 S_3 的上位集 $L(S_3)$ 中包含有 S_1 及 S_2。其中 S_1 又属于无反馈上位集 $NF(S_3)$。要素 S_2 属于反馈上位集 $F(S_3)$ 要素。S_4 属于 S_3 的下位集 $D(S_3)$ 要素。S_5、S_6 和 S_3 无关联，为无关集 $V(S_3)$。试建立该生产系统的结构图。

为了认清系统的结构，选取将系统的可达矩阵进行分块表示，如表 7-1 所示。

表 7-1 系统要素集合分块表

分块			L		主元素	V		D
			NF	F				
			S_1	S_2	S_3	S_5	S_6	S_4
L	NF	S_1	1	0	0	0	0	0
	F	S_2	1	1	1	0	0	0
主元素		S_3	1	1	1	0	0	0
V		S_5	?	0	0	1	?	0
		S_6	?	0	0	?	1	0
D		S_4	1	1	1	?	?	1

在表 7-1 中，16 个分块子矩阵中有 11 块已推理得出，还剩 5 块需要进一步分析得出，这里采取继续提问的方式。

(1) S_5 与 S_6 的关系：如果分析得知 $S_5\bar{R}S_6$，那么在分块矩阵 M_{VV} 中右上角元素应为 0；S_6 与 S_5 的关系，如果回答是 $S_6\bar{R}S_5$，则在分块矩阵 M_{VV} 中左下角元素为 0。

(2) S_6、S_5 与 S_1 的关系：如果实际问题分析得知 S_6RS_1，那么在分块矩阵 M_{VNF} 中下元素为 1；如果回答是 S_5RS_1，那么在分块矩阵 M_{VNF} 中上元素为 1。

(3) S_4 与 S_5 的关系：如果回答是 S_4RS_5，那么在分块矩阵 M_{DV} 中左一元素为 1；S_4 与 S_6 的关系，如果回答是 S_4RS_6，那么在分块矩阵 M_{DV} 中右一元素为 1；

S_1 与 S_1、S_4 与 S_4 的自身关系为 1，所以 M_{NFNF} 的唯一元素为 1；M_{DD} 的唯一元素也为 1。

分析得到的系统结构如图 7-16 所示。

为了建立该子系统的可达矩阵，要选择能承上启下的关键要素，本例选择 S_3，对以上（1）、（2）、（3）中的 3 对问题作出回答，整个系统的可达矩阵就可以得出。这样就将系统结构问题归结为主要研究以上 3 对问题中的 6 个关系。

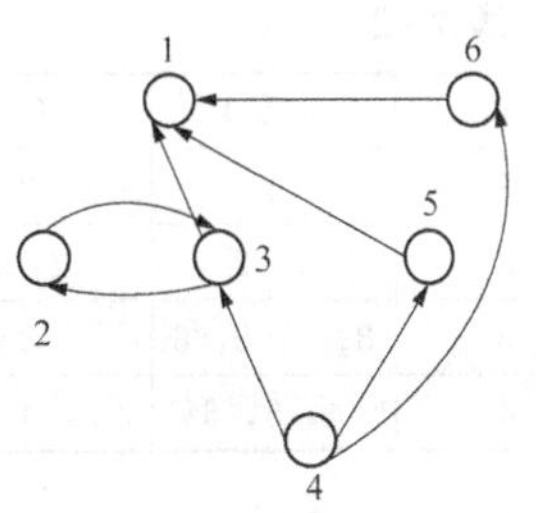

图 7 - 16　矿井生产系统的结构图

7.3.4　可达矩阵分区与分级

1. 区域分区

所谓区域分区就是把系统的总元素分解为几个相互无联系或联系极少的区域。在可达矩阵中，可将元素在系统中所处的不同位置划分为可达性集合 $L(S_i)$ 和前项集合 $D(S_i)$。$L(S_i)$ 包括 S_i 元素可以到达的所有元素。从有向图上看，$L(S_i)$ 是从 S_i 节点出发能够去到 S_j 节点的集合；从可达矩阵上看，$L(S_i)$ 是第 i 行中出现 1 的各相应列所对应的元素。可表示为

$$L(S_i) = \{S_j \in S/m_{ij} = 1\} \tag{7-20}$$

其中 m_{ij} 表示矩阵 $\boldsymbol{M}$ 中第 i 行第 j 列的元素项。

$D(S_i)$ 包括所有可以达到 S_i 的元素。从有向图上看，$D(S_i)$ 是所有可达到 S_i 节点的 S_j 节点的集合。从可达矩阵上看，$D(S_i)$ 在第 i 列出现 1 的元素值所对应的元素都属于 $D(S_i)$。可表示为

$$D(S_i) = \{S_j \in S/m_{ij} = 1\} \tag{7-21}$$

$L(S_i) \cap D(S_i)$ 表示 $L(S_i)$ 与 $D(S_i)$ 的相同元素，且这些元素节点间具有双向传递通路。定义共同集合用 T 为

$$T = \{S_j \in S/D(S_i) \cap L(S_i) = D(S_i)\} \tag{7-22}$$

假如有属于共同集合 T 的任意两元素 S_u、S_v，如果满足

$$L(S_u) \cap L(S_v) \neq \varnothing \tag{7-23}$$

则可推断元素 S_u 和 S_v 属于同一区域，反之如果满足

$$L(S_u) \cap L(S_v) = \varnothing \tag{7-24}$$

则可推断元素 S_u 和 S_v 分别属于相对独立的两个区域。

用式（7 - 22）～式（7 - 24）可以实施系统要素的区域分解。假设区域分解后的各分区为 P_1，P_2，…，P_m，m 为分区数目。

【例 7 - 11】 已知一个 7 要素系统的可达矩阵，请进行系统分解分析。

$$\boldsymbol{R} = \begin{matrix} & \begin{matrix} 1 & 2 & 3 & 4 & 5 & 6 & 7 \end{matrix} \\ \begin{matrix} 1 \\ 2 \\ 3 \\ 4 \\ 5 \\ 6 \\ 7 \end{matrix} & \begin{pmatrix} 1 & 0 & 0 & 0 & 0 & 0 & 0 \\ 1 & 1 & 0 & 0 & 0 & 0 & 0 \\ 0 & 0 & 1 & 1 & 1 & 1 & 0 \\ 0 & 0 & 0 & 1 & 1 & 1 & 0 \\ 0 & 0 & 0 & 0 & 1 & 0 & 0 \\ 0 & 0 & 0 & 1 & 1 & 1 & 0 \\ 1 & 1 & 0 & 0 & 0 & 0 & 1 \end{pmatrix} \end{matrix}$$

分析各要素的可达性集合 $L(S_i)$ 和前项集合 $D(S_i)$ 和共同集合，见表 7 - 2。

表 7-2 可达性集合、前项集合和共同集合表 1

i	$L(S_i)$	$D(S_i)$	$L(S_i)\cap D(S_i)$	i	$L(S_i)$	$D(S_i)$	$L(S_i)\cap D(S_i)$
1	1	1，2，7	1	5	5	3，4，5，6	5
2	1，2	2，7	2	6	4，5，6	3，4，6	4，6
3	3，4，5，6	3	3	7	1，2，7	7	7
4	4，5，6	3，4，6	4，6				

由表 7-2 知，共同集合 $T=\{S_3, S_7\}$

因为 $L(S_3)\cap L(S_7)=\varnothing$，所以 S_3 与 S_7 分属两个区域中。以此类推，就可把整个系统的要素分解为 $S=\{p_1, p_2\}=\{S_3, S_4, S_5, S_6\}, \{S_1, S_2, S_7\}$ 两个区域。

将原可达矩阵中的行与列的顺序自左而右、自上而下按照 3，4，5，6，1，2，7 新序排列，可达矩阵变成了分块对角化形式，完成了要素分区。

$$
\boldsymbol{R}_H=\begin{array}{c|cccc:ccc|}
 & 3 & 4 & 5 & 6 & 1 & 2 & 7 \\
\hline
3 & 1 & 1 & 1 & 1 & & & \\
4 & 0 & 1 & 1 & 1 & & 0 & \\
5 & 0 & 0 & 1 & 0 & & & \\
6 & 0 & 1 & 1 & 1 & & & \\
\hdashline
1 & & & & & 1 & 0 & 0 \\
2 & & 0 & & & 1 & 1 & 0 \\
7 & & & & & 1 & 1 & 1
\end{array}
$$

2. 区域分级

所谓区域分级就是把在同一区域内的系统要素进行层次划分。设 $L_0, L_1, L_2, \cdots, L_j$ 为区域内元素分级集合，j 为级数。分级步骤如下：

第 1 步，令 $L_0=\varnothing$，$j=1$；

第 2 步，$L_j=\{s_i\in(P_0-L_0-L_1-\cdots-L_{j-1})\ /L(S_i)\cap D(S_i)=L(S_i)\}$，$P_0$ 为区域内要素集合。凡不能到达系统中其他要素的要素，称为第 1 级要素。即在一个多级结构的最上一级，没有更高的级可以到达。

第 3 步，若 $\{P_0-L_0-L_1-\cdots-L_{j-1}\}\neq\varnothing$，则把 $j+1$ 当作 j，如此重复第 2 步；当 $\{P_0-L_0-L_1-\cdots-L_{j-1}\}=\varnothing$ 时，表示该区域的要素已经分级完毕。分级结果 $P=\{L_1, L_2, \cdots, L_l\}$，其中 l 为分级次数。

【例 7-12】 对［例 7-11］经过区域分解的分块可达矩阵 $\boldsymbol{R}_H$ 中的区域 P_1 和 P_2 进行分级。

同可达性集合、前项集合、共同集合的划分办法一样，从矩阵 $\boldsymbol{R}_H$ 上取 $i=3, 4, 5, 6$ 计算 $L(S_i)$，$D(S_i)$ 和 $T(S_i)$，见表 7-3。

表 7-3 可达性集合、前项集合和共同集合表 2

i	$L(S_i)$	$D(S_i)$	$L(S_i)\cap D(S_i)$	i	$L(S_i)$	$D(S_i)$	$L(S_i)\cap D(S_i)$
3	3，4，5，6	3	3	5	5	3，4，5，6	5
4	4，5，6	3，4，6	4，6	6	4，5，6	3，4，6	4，6

由表 7-3 可知

$$L_1=\{S_i\in(P_1-L_0)/L(S_i)\cap D(S_i)=L(S_i)\}=\{S_5\}$$

$$\{S_i\in(S_3,S_4,S_5,S_6-L_0-L_1)\}=\{S_3,S_4,S_6\}\neq\varnothing$$

区域 P_1 中划去 5，还剩 3，4，6 要素。继续进行分级，可得表 7-4。

表 7-4　可达性集合、前项集合和共同集合表 3

i	$L(S_i)$	$D(S_i)$	$L(S_i)\cap D(S_i)$	i	$L(S_i)$	$D(S_i)$	$L(S_i)\cap D(S_i)$
3	3，4，6	3	3	6	4，6	3，4，6	4，6
4	4，6	3，4，6	4，6				

$$\begin{aligned}L_2&=\{S_i\in(P_1-L_0-L_1)\mid L(S_i)\cap D(S_i)=L(S_i)\}\\&=\{S_i\in(S_3,S_4,S_6)\mid L(S_i)\cap D(S_i)=L(S_i)\}\\&=\{S_4,S_6\}\end{aligned}$$

$$\{S_i\in(P_1-L_0-L_1-L_2)\}=\{S_3\}\neq\varnothing$$

$$\begin{aligned}L_3&=\{S_i\in(P_1-L_0-L_1-L_2)\mid L(S_i)\cap D(S_i)=L(S_i)\}\\&=\{S_i\in S_i\mid L(S_i)\cap D(S_i)=L(S_i)\}\\&=\{S_3\}\end{aligned}$$

见表 7-5，分解完成后得知区域 P_1 共分为三级：第一级元素 S_5，第二级元素 S_4、S_6，第三级元素 S_3。

表 7-5　区域 P_i 第三级分解

i	$L(S_i)$	$D(S_i)$	$L(S_i)\cap D(S_i)$
3	3	3	3

用同样的办法可将区域 P_2 进行分级，则可得第一级为 S_1，第二级为 S_2，第三级为 S_7。

$$P_1=L_1^1,L_2^1,L_3^1=\{S_5\},\{S_4,S_6\},\{S_3\}$$

$$P_2=L_1^2,L_2^2,L_3^2=\{S_1\},\{S_2\},\{S_7\}$$

原来的分块可达性矩阵 $\boldsymbol{R}_H$ 按分级变换为

$$\boldsymbol{R}_H^1=\begin{array}{c}\\5\\4\\6\\3\\1\\2\\7\end{array}\begin{array}{c}\begin{array}{ccccccc}5&4&6&3&1&2&7\end{array}\\\left(\begin{array}{cccc|ccc}1&0&0&0&&&\\1&1&1&0&&0&\\1&1&1&0&&&\\1&1&1&1&&&\\\hline&&&&1&0&0\\&0&&&1&1&0\\&&&&1&1&1\end{array}\right)\end{array}$$

按分级变换后的递阶结构的分块可达矩阵 $\boldsymbol{R}_H^1$ 中 $\{S_4,S_6\}$ 的相应行和列的矩阵要素完全一样，可以把两者当作一个整体来对待，从而可缩减相应的行和列，得到新的递阶结构分块可达矩阵 $\boldsymbol{R}'$（称缩减矩阵），本例中将 S_6 除去，可得 $\boldsymbol{R}'$。

$$
\boldsymbol{R}'=\begin{array}{c}\\5\\4\\3\\1\\2\\7\end{array}\begin{array}{c}\begin{array}{cccccc}5&4&3&1&2&7\end{array}\\\left(\begin{array}{ccc:ccc}1&0&0&&&\\1&1&0&&0&\\1&1&1&&&\\\hdashline &&&1&0&0\\&0&&1&1&0\\&&&1&1&1\end{array}\right)\end{array}
$$

如此完成了对可达矩阵的分区与分级，为寻求系统邻接矩阵做好了准备。

7.3.5 根据可达矩阵寻求结构模型

通过对可达矩阵的区域划分和级间分解后就可以求解系统结构模型。这个系统结构模型主要用来反映系统多级递阶结构，系统层次分明，结构也更清晰。

结构矩阵可以从缩减后的可达矩阵 $\boldsymbol{R}'$ 通过一系列的计算求得。根据可达矩阵与邻接矩阵的关系，从缩减矩阵 $\boldsymbol{R}'$ 中减去单位矩阵 I 得到一个新的矩阵 $\boldsymbol{R}''$，再从 $\boldsymbol{R}''$ 中分析找出结构矩阵。这个分析思路是对系统结构进行整理，将求得的可达矩阵再还原回去原来的直接关系，得到系统的分级的、递阶的结构有向连接图，实现对系统更高一级的认识。

【例 7 - 13】 从［例 7 - 12］缩减矩阵 $\boldsymbol{R}'$ 求系统结构。

$$
\boldsymbol{R}''=\boldsymbol{R}'-\boldsymbol{I}=\begin{array}{c}\\5\\4\\3\\1\\2\\7\end{array}\begin{array}{c}\begin{array}{cccccc}5&4&3&1&2&7\end{array}\\\left(\begin{array}{ccc:ccc}0&0&0&&&\\1&0&0&&0&\\1&1&0&&&\\\hdashline &&&0&0&0\\&0&&1&0&0\\&&&1&1&0\end{array}\right)\end{array}
$$

在矩阵 $\boldsymbol{R}''$ 中，先找一级与二级之间的关系，再找二级与三级之间的关系，直到把每一分区的各级找完为止，则可求出结构矩阵 $\boldsymbol{A}'$ 来。

$\boldsymbol{R}''$ 中 P_1 分区中 $r''_{45}=1$，说明节点 S_4 与处于第一级的节点 S_5 有关，即 $S_4 \to S_5$，然后抽去 S_5 的行和列。P_2 分区中，知 $r''_{21}=1$ 则有 $S_2 \to S_1$，然后抽去 S_1 的行和列。

$$
\begin{array}{c}\\ \\(5)\\ \boldsymbol{R}''\to\ =\\(1)\\ \\ \end{array}\begin{array}{c}\\3\\4\\6\\2\\7\end{array}\begin{array}{c}\begin{array}{ccccc}3&4&6&2&7\end{array}\\\left(\begin{array}{ccc:cc}1&1&1&&\\0&1&1&0&\\0&1&1&&\\\hdashline &0&&1&0\\&&&1&1\end{array}\right)\end{array}
$$

继续找第二级与第三级之间关系。P_1 分区中 $r''_{34}=1$，说明节点 S_3 与 S_4 间有 S_3 指向 S_4 的关系，节点 S_3 与 S_6 间也有同样的关系。P_2 分区中，$r''_{72}=1$ 则有 $S_7 \to S_2$。P_1 区域中 S_4 与 S_6 存在强连接关系。抽取 P_1 分区第 2 层要素 S_4 与 S_6，P_2 分区第 2 层要素 S_2。

$$
R'' \xrightarrow[(1)]{(5)} = \begin{array}{c} \\ 3 \\ 4 \\ 6 \\ 2 \\ 7 \end{array}\begin{array}{c} \begin{array}{ccccc} 3 & 4 & 6 & 2 & 7 \end{array} \\ \left(\begin{array}{ccc:cc} 1 & 1 & 1 & & \\ 0 & 1 & 1 & & 0 \\ 0 & 1 & 1 & & \\ \hdashline & 0 & & 1 & 0 \\ & & & 1 & 1 \end{array}\right) \end{array} \xrightarrow[(2)]{(4)(6)} = \begin{array}{c} \\ 3 \\ 7 \end{array}\begin{array}{c} \begin{array}{cc} 3 & 7 \end{array} \\ \begin{pmatrix} 1 & 0 \\ 0 & 1 \end{pmatrix} \end{array}
$$

把 $r''_{45}=1$，$r''_{34}=1$，$r''_{21}=1$，$r''_{72}=1$ 作为结构矩阵的元素，并将 P_1 分区强连接的 S_6 与 S_4 用一个要素代替，得到结构矩阵 $\boldsymbol{A}'$。

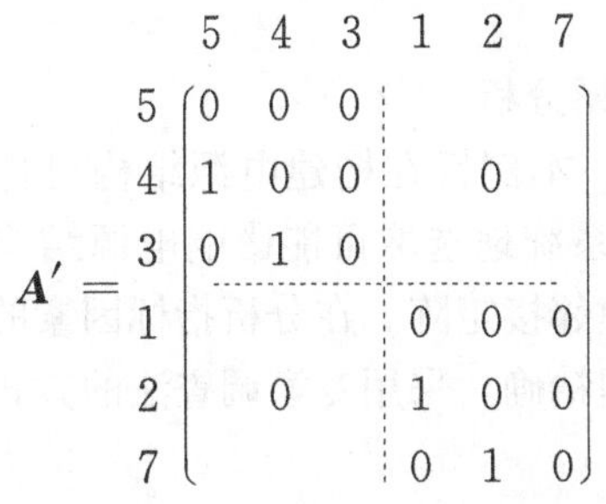

$$
\boldsymbol{A}' = \begin{array}{c} \\ 5 \\ 4 \\ 3 \\ 1 \\ 2 \\ 7 \end{array}\begin{array}{c} \begin{array}{cccccc} 5 & 4 & 3 & 1 & 2 & 7 \end{array} \\ \left(\begin{array}{ccc:ccc} 0 & 0 & 0 & & & \\ 1 & 0 & 0 & & 0 & \\ 0 & 1 & 0 & & & \\ \hdashline & & & 0 & 0 & 0 \\ & 0 & & 1 & 0 & 0 \\ & & & 0 & 1 & 0 \end{array}\right) \end{array}
$$

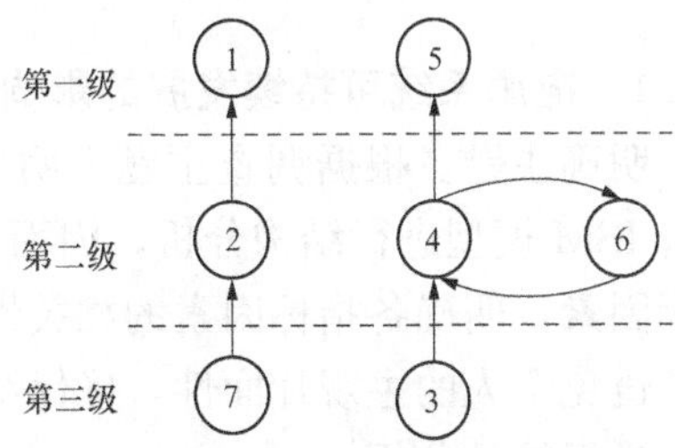

图 7-17　系统多级递阶有向结构图

根据结构矩阵 $\boldsymbol{A}'$ 可以绘制出系统的多级递阶有向结构图，如图 7-17 所示。

这个例子说明了由系统可达矩阵出发分析系统结构模型的全过程。

7.3.6　对系统结构模型解析法的评价

一般来讲，ISM 法对系统结构分析中抓住问题的本质、寻找有效对策以及想得到多数人的同意等进行沟通等方面是很有效的。结构模型法也有一定的不足之处。

（1）应用 ISM 时假设要素间关系遵循推移律。推移律意味着各级要素间只是一种递阶结构关系，即级与级间不存在反馈回路。但是在分析实际问题时，各级要素间除了单向的因果关系外，往往存在着反馈回路。以总人口增长分析为例，不考虑其他因素，出生率增加导致总人口的增加，形成因果关系图，如图 7-18 所示。

但是总人口与出生率两者之间是存在反馈回路的，也就是说，出生率的提高会影响总人口的增长，反之，总人口增长又会影响出生率的提高，总人口与出生率两者形成一个正反馈回路，如图 7-19 所示。

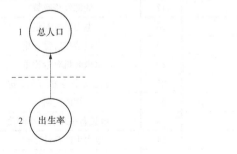

图 7-18　因果关系图　　　　图 7-19　正反馈回路图

ISM 法的重点是将系统各要素划分成若干层次后进行分析，所以推移律的假定无论如何也是需要的。因此，当要素与要素之间出现反馈回路时，需要设法把与多数要素相异的关系略去，使反馈回路变成递阶关系。如此处理虽然能便于分析，但在一定程度上影响了分析的准确性。

(2) 通过可达矩阵来确定系统各要素间的逻辑关系，在一定程度上依赖人们的主观意识及经验。同时"关系"这个词也是较为含糊的，判定有无关系又较为主观。尤其当ISM小组成员认识差别很大时，虽可经过小组集体讨论来决定有无关系，但在讨论中会有屈服于权威人士意见或迎合多数人意见的倾向，这样就会明显降低决定意见的质量。

7.4 案例：电源可持续发展的ISM分析

7.4.1 电源系统可持续发展的影响因素及其关系分析

(1) 明确主题。根据调查主题，明确调查目的。本例旨在构建电源结构可持续评价体系，结合ISM模型进行结构分析，因而首先要全面系统地选取可能影响电源结构可持续的相关指标因素，明确各指标因素的相关性，从而构建邻接矩阵。在分析指标因素的影响关系时，为了避免个人的主观片面性，确保结果更加合理精确，采用专家调查法的方式，设计调查问卷，进行统计分析。

(2) 问卷设计。本例主要调查电源结构影响因素的关系。从资源、经济、环境、技术、社会、安全、成本等方面，全面系统地选取影响电源结构的各类指标因素。在设计调查问卷时，定义了各指标概念，确保调查对象能够对问题做出明确的回答。

(3) 样本选择。一般性的调查问卷在选择样本时，采取抽样的方式确定调查样本。而本例问卷是调查影响电源结构的因素之间的关系，所以采用专家调查法，通过对多位专家调查访问，对得到的调查问卷进行统计结果分析。

7.4.2 电源可持续发展指标体系

从资源、经济、环境、技术、社会、安全、成本等方面，选取影响电源可持续发展的39个指标，具体见表7-6。

表7-6 影响电源可持续发展的指标

序号	因素	被影响因素	序号	因素	被影响因素
1	电力消费总量		15	可再生能源利用率	
2	电能占终端能源消费比重		16	能源储量分布	
3	电力消费弹性系数		17	能源经济政策	
4	单位GDP电耗		18	电力装机容量	
5	人均用电量		19	火电装机容量比重	
6	人均GDP		20	水电装机容量比重	
7	人口自然增长率		21	可再生电源装机容量比重	
8	电力负荷需求		22	智能电网	
9	产业结构政策		23	发电设备平均利用小时数	
10	能源消费总量		24	电力生产弹性系数	
11	发电煤耗		25	发电加工转换效率	
12	电力消费能源占一次能源比重		26	脱硫硝水平	
13	一次能源占有率		27	洁净煤技术	
14	一次能源利用率		28	火电污染物排放量	

续表

序号	因素	被影响因素	序号	因素	被影响因素
29	火电污染物排放绩效		35	煤价	
30	环保治理成本		36	其他燃料价格	
31	环境保护政策		37	一次能源供应安全	
32	电力建设成本		38	电力生产可靠性	
33	电力运行成本		39	调峰性能	
34	投资回收期				

说明：因素之间可能相互影响，如因素 1 影响因素 2，同时因素 1 也可能被因素 2 影响。

7.4.3　电源结构系统的关系矩阵

通过请专家做调查问卷，获得 50 份问卷，所获得的结果具有一定的差异性，在对问卷进行统计分析时，采用“以多胜少法”，选取多数专家认可的影响关系，剔除少数。由于邻接矩阵表示的是因素间的直接关系，而通过专家调查法得出调查问卷结果，得出的更多的是因素间的可达性，即得可达矩阵，结果见表 7 - 7，其中，表中最顶行及最左边的 1～39 代表影响电源可持续发展的指标因素的序号。

7.4.4　电源结构系统的结构模型分析

通过前面对影响电源结构指标的选取，以及调查问卷统计分析得到可达矩阵，然后，基于 ISM 模型，构建影响电源结构指标因素的结构模型。

1. 区域分解

根据求得的可达矩阵 $\boldsymbol{R}$，进行区域分解。$D(S_i)$ 表示所有要素 S_i 的可达集合，$L(S_i)$ 为先行集合，T 表示两者的交集即共同集合，S 为所有要素集合。

$S=$｛1、4、5、6、7、8、9、10、14、17、18、19、20、21、24、25、26、27、28、29、30、32、33、34、36、37、38、39｝，｛2、3、11、12、13、15、16、22、23、31、35｝

$T=$｛2、3、11、12、13、15、16、22、24、31、35｝

2. 区域内级间分解

根据阶层划分原理，将电源结构系统进行区域内级间划分，共分为 7 个阶层，阶层从上到下依次为：$L_1=$｛1、4、5、6、7、8、9、10、17｝；$L_2=$｛38、39｝；$L_3=$｛18、19、20、21、25、26、27、28、29｝；$L_4=$｛24、30、32、33、37｝；$L_5=$｛14、34｝；$L_6=$｛36｝；$L_7=$｛2、3、11、12、13、15、16、22、24、31、35｝。

3. 调整的可达矩阵 $\boldsymbol{R}'$

根据阶层划分结果，得到调整的可达矩阵 $\boldsymbol{R}'$，见表 7 - 8。

4. 求骨骼矩阵 $\boldsymbol{S}$

由于 $\boldsymbol{R}'$ 中要素存在着强连接块，要素间均为可达且互为先行，它们就构成一个回路，只要选择其中一个为代表要素即可。故得到可缩短的可达矩阵，也就得出了骨骼矩阵 $\boldsymbol{S}$，见表 7 - 9。

表 7-7 电源可持续发展系统的可达矩阵

因素	1	2	3	4	5	6	7	8	9	10	11	12	13	14	15	16	17	18	19	20	21	22	23	24	25	26	27	28	29	30	31	32	33	34	35	36	37	38	39
1	1	0	0	1	1	1	1	1	1	1	0	0	0	0	0	0	1	0	0	0	0	0	0	0	0	0	0	0	0	0	0	0	0	0	0	0	0	0	0
2	1	1	0	1	1	1	1	1	1	1	0	1	0	0	0	0	1	0	0	0	0	0	0	0	0	0	0	0	0	0	0	0	0	0	0	0	0	0	0
3	1	0	1	1	1	1	1	1	1	1	0	0	0	0	0	0	1	0	0	0	0	0	0	0	0	0	0	0	0	0	0	0	0	0	0	0	0	0	0
4	1	0	0	1	1	1	1	1	1	1	0	0	0	0	0	0	1	0	0	0	0	0	0	0	0	0	0	0	0	0	0	0	0	0	0	0	0	0	0
5	1	0	0	1	1	1	1	1	1	1	0	0	0	0	0	0	1	0	0	0	0	0	0	0	0	0	0	0	0	0	0	0	0	0	0	0	0	0	0
6	1	0	0	1	1	1	1	1	1	1	0	0	0	0	0	0	1	0	0	0	0	0	0	0	0	0	0	0	0	0	0	0	0	0	0	0	0	0	0
7	1	0	0	1	1	1	1	1	1	1	0	0	0	0	0	0	1	0	0	0	0	0	0	0	0	0	0	0	0	0	0	0	0	0	0	0	0	0	0
8	1	0	0	1	1	1	1	1	1	1	0	0	0	0	0	0	1	0	0	0	0	0	0	0	0	0	0	0	0	0	0	0	0	0	0	0	0	0	0
9	1	0	0	1	1	1	1	1	1	1	0	0	0	0	0	0	1	0	0	0	0	0	0	0	0	0	0	0	0	0	0	0	0	0	0	0	0	0	0
10	1	0	0	1	1	1	1	1	1	1	0	0	0	0	0	0	1	0	0	0	0	0	0	0	0	0	0	0	0	0	0	0	0	0	0	0	0	0	0
11	0	0	0	0	0	0	0	0	0	0	1	0	0	0	0	0	0	1	1	1	1	0	0	0	1	1	1	1	1	1	0	1	1	1	0	1	0	1	1
12	1	0	0	1	1	1	1	1	1	1	0	1	0	0	0	0	1	0	0	0	0	0	0	0	0	0	0	0	0	0	0	0	0	0	0	0	0	0	0
13	1	0	0	1	1	1	1	1	1	1	0	1	0	0	0	0	1	0	0	0	0	0	0	0	0	0	0	0	0	0	0	0	0	0	0	0	0	0	0
14	0	0	0	0	0	0	0	0	0	0	0	0	0	1	0	0	1	0	0	0	0	0	0	0	0	0	0	0	0	0	0	0	0	0	0	0	1	1	1
15	1	0	0	1	1	1	1	1	1	1	0	0	1	1	1	1	1	1	1	1	1	0	0	0	1	1	1	1	1	0	0	0	0	0	0	0	1	1	1
16	1	0	0	1	1	1	1	1	1	1	0	0	1	1	1	1	1	1	1	1	1	0	0	0	1	1	1	1	1	0	0	0	0	0	0	0	1	1	1
17	1	0	0	1	1	1	1	1	1	1	0	0	0	0	0	0	1	0	0	0	0	0	0	0	0	0	0	0	0	0	0	0	0	0	0	0	0	0	0
18	0	0	0	0	0	0	0	0	0	0	0	0	0	0	0	0	0	1	1	1	1	0	0	0	1	1	1	1	1	0	0	0	0	0	0	0	0	0	0
19	0	0	0	0	0	0	0	0	0	0	0	0	0	0	0	0	0	1	1	1	1	0	0	0	1	1	1	1	1	0	0	0	0	0	0	0	0	0	0
20	0	0	0	0	0	0	0	0	0	0	0	0	0	0	0	0	0	1	1	1	1	0	0	0	1	1	1	1	1	0	0	0	0	0	0	0	0	0	0
21	0	0	0	0	0	0	0	0	0	0	0	0	0	0	0	0	0	1	1	1	1	0	0	0	1	1	1	1	1	0	0	0	0	0	0	0	0	0	0
22	0	0	0	0	0	0	0	0	0	0	0	0	0	0	0	0	0	0	0	0	0	1	0	0	0	0	0	0	0	0	0	0	0	0	0	0	0	0	0
23	1	0	0	1	1	1	1	1	1	1	0	0	0	0	0	0	1	1	1	1	1	0	1	1	1	1	1	1	1	0	0	0	1	0	0	0	0	1	1
24	1	0	0	1	1	1	1	1	1	1	0	0	0	0	0	0	1	1	1	1	1	0	0	1	1	1	1	1	1	0	0	0	0	0	0	0	0	1	1

续表

因素	1	2	3	4	5	6	7	8	9	10	11	12	13	14	15	16	17	18	19	20	21	22	23	24	25	26	27	28	29	30	31	32	33	34	35	36	37	38	39
25	0	0	0	0	0	0	0	0	0	0	0	0	0	0	0	0	0	1	1	1	1	0	0	0	1	1	1	1	1	0	0	0	0	0	0	0	0	1	1
26	0	0	0	0	0	0	0	0	0	0	0	0	0	0	0	0	0	1	1	1	1	0	0	0	1	1	1	1	1	0	0	0	0	0	0	0	0	1	1
27	0	0	0	0	0	0	0	0	0	0	0	0	0	0	0	0	0	1	1	1	1	0	0	0	1	1	1	1	1	0	0	0	0	0	0	0	0	1	1
28	0	0	0	0	0	0	0	0	0	0	0	0	0	0	0	0	0	1	1	1	1	0	0	0	1	1	1	1	1	0	0	0	0	0	0	0	0	1	1
29	0	0	0	0	0	0	0	0	0	0	0	0	0	0	0	0	0	1	1	1	1	0	0	0	1	1	1	1	1	0	0	0	0	0	0	0	0	1	1
30	0	0	0	0	0	0	0	0	0	0	0	0	0	0	0	0	0	1	1	1	1	0	0	0	1	1	1	1	1	1	0	0	0	0	0	0	0	1	1
31	0	0	0	0	0	0	0	0	0	0	0	0	0	0	0	0	0	1	1	1	1	0	0	0	1	1	1	1	1	0	1	0	0	0	0	0	0	1	1
32	0	0	0	0	0	0	0	0	0	0	0	0	0	0	0	0	0	1	1	1	1	0	0	0	1	1	1	1	1	0	0	1	0	0	0	0	0	1	1
33	0	0	0	0	0	0	0	0	0	0	0	0	0	0	0	0	0	1	1	1	1	0	0	0	1	1	1	1	1	0	0	0	1	0	0	0	0	1	1
34	0	0	0	0	0	0	0	0	0	0	0	0	0	0	0	0	0	1	1	1	1	0	0	0	1	1	1	1	1	1	0	1	1	1	0	0	0	1	1
35	0	0	0	0	0	0	0	0	0	0	0	0	0	0	0	0	0	1	1	1	1	0	0	0	1	1	1	1	1	1	0	1	1	1	1	0	0	1	1
36	0	0	0	0	0	0	0	0	0	0	0	0	0	0	0	0	0	1	1	1	1	0	0	0	1	1	1	1	1	1	0	1	1	1	0	1	0	1	1
37	0	0	0	0	0	0	0	0	0	0	0	0	0	0	0	0	0	0	0	0	0	0	0	0	0	0	0	0	0	0	0	0	0	0	0	0	1	1	1
38	0	0	0	0	0	0	0	0	0	0	0	0	0	0	0	0	0	0	0	0	0	0	0	0	0	0	0	0	0	0	0	0	0	0	0	0	0	1	1
39	0	0	0	0	0	0	0	0	0	0	0	0	0	0	0	0	0	0	0	0	0	0	0	0	0	0	0	0	0	0	0	0	0	0	0	0	0	1	1

表 7-8 划分阶层后的电源可持续发展系统的可达矩阵

因素	1	4	5	6	7	8	9	10	17	38	39	18	19	20	21	25	26	27	28	29	24	30	32	33	37	14	34	36	2	3	11	12	13	15	16	22	23	31	35
1	1	1	1	1	1	1	1	1	1	0	0	0	0	0	0	0	0	0	0	0	0	0	0	0	0	0	0	0	0	0	0	0	0	0	0	0	0	0	0
4	1	1	1	1	1	1	1	1	1	0	0	0	0	0	0	0	0	0	0	0	0	0	0	0	0	0	0	0	0	0	0	0	0	0	0	0	0	0	0
5	1	1	1	1	1	1	1	1	1	0	0	0	0	0	0	0	0	0	0	0	0	0	0	0	0	0	0	0	0	0	0	0	0	0	0	0	0	0	0
6	1	1	1	1	1	1	1	1	1	0	0	0	0	0	0	0	0	0	0	0	0	0	0	0	0	0	0	0	0	0	0	0	0	0	0	0	0	0	0
7	1	1	1	1	1	1	1	1	1	0	0	0	0	0	0	0	0	0	0	0	0	0	0	0	0	0	0	0	0	0	0	0	0	0	0	0	0	0	0
8	1	1	1	1	1	1	1	1	1	0	0	0	0	0	0	0	0	0	0	0	0	0	0	0	0	0	0	0	0	0	0	0	0	0	0	0	0	0	0
9	1	1	1	1	1	1	1	1	1	0	0	0	0	0	0	0	0	0	0	0	0	0	0	0	0	0	0	0	0	0	0	0	0	0	0	0	0	0	0
10	1	1	1	1	1	1	1	1	1	0	0	0	0	0	0	0	0	0	0	0	0	0	0	0	0	0	0	0	0	0	0	0	0	0	0	0	0	0	0
17	1	1	1	1	1	1	1	1	1	0	0	0	0	0	0	0	0	0	0	0	0	0	0	0	0	0	0	0	0	0	0	0	0	0	0	0	0	0	0
38	0	0	0	0	0	0	0	0	0	1	1	0	0	0	0	0	0	0	0	0	0	0	0	0	0	0	0	0	0	0	0	0	0	0	0	0	0	0	0
39	0	0	0	0	0	0	0	0	0	1	1	0	0	0	0	0	0	0	0	0	0	0	0	0	0	0	0	0	0	0	0	0	0	0	0	0	0	0	0
18	0	0	0	0	0	0	0	0	0	1	1	1	1	1	1	1	1	1	1	1	0	0	0	0	0	0	0	0	0	0	0	0	0	0	0	0	0	0	0
19	0	0	0	0	0	0	0	0	0	1	1	1	1	1	1	1	1	1	1	1	0	0	0	0	0	0	0	0	0	0	0	0	0	0	0	0	0	0	0
20	0	0	0	0	0	0	0	0	0	1	1	1	1	1	1	1	1	1	1	1	0	0	0	0	0	0	0	0	0	0	0	0	0	0	0	0	0	0	0
21	0	0	0	0	0	0	0	0	0	1	1	1	1	1	1	1	1	1	1	1	0	0	0	0	0	0	0	0	0	0	0	0	0	0	0	0	0	0	0
25	0	0	0	0	0	0	0	0	0	1	1	1	1	1	1	1	1	1	1	1	0	0	0	0	0	0	0	0	0	0	0	0	0	0	0	0	0	0	0
26	0	0	0	0	0	0	0	0	0	1	1	1	1	1	1	1	1	1	1	1	0	0	0	0	0	0	0	0	0	0	0	0	0	0	0	0	0	0	0
27	0	0	0	0	0	0	0	0	0	1	1	1	1	1	1	1	1	1	1	1	0	0	0	0	0	0	0	0	0	0	0	0	0	0	0	0	0	0	0
28	0	0	0	0	0	0	0	0	0	1	1	1	1	1	1	1	1	1	1	1	0	0	0	0	0	0	0	0	0	0	0	0	0	0	0	0	0	0	0
29	0	0	0	0	0	0	0	0	0	1	1	1	1	1	1	1	1	1	1	1	0	0	0	0	0	0	0	0	0	0	0	0	0	0	0	0	0	0	0
24	1	1	1	1	1	1	1	1	1	1	1	1	1	1	1	1	1	1	1	1	1	0	0	0	0	0	0	0	0	0	0	0	0	0	0	0	0	0	0
30	0	0	0	0	0	0	0	0	0	1	1	1	1	1	1	1	1	1	1	1	0	1	0	0	0	0	0	0	0	0	0	0	0	0	0	0	0	0	0
32	0	0	0	0	0	0	0	0	0	1	1	1	1	1	1	1	1	1	1	1	0	0	1	0	0	0	0	0	0	0	0	0	0	0	0	0	0	0	0
33	0	0	0	0	0	0	0	0	0	1	1	1	1	1	1	1	1	1	1	1	0	0	0	1	0	0	0	0	0	0	0	0	0	0	0	0	0	0	0

续表

因素	1	4	5	6	7	8	9	10	17	38	39	18	19	20	21	25	26	27	28	29	24	30	32	33	37	14	34	36	2	3	11	12	13	15	16	22	23	31	35
37	0	0	0	0	0	0	0	0	0	1	1	0	0	0	0	0	0	0	0	0	0	0	0	0	1	0	0	0	0	0	0	0	0	0	0	0	0	0	0
14	0	0	0	0	0	0	0	0	0	1	1	0	0	0	0	0	0	0	0	0	0	0	0	0	1	1	0	0	0	0	0	0	0	0	0	0	0	0	0
34	0	0	0	0	0	0	0	0	0	1	1	1	1	1	1	1	1	1	1	1	0	1	1	1	0	0	1	0	0	0	0	0	0	0	0	0	0	0	0
36	0	0	0	0	0	0	0	0	0	1	1	1	1	1	1	1	1	1	1	1	0	0	1	1	0	0	1	1	0	0	0	0	0	0	0	0	0	0	0
2	1	1	1	1	1	1	1	1	1	0	0	0	0	0	0	0	0	0	0	0	0	0	0	0	0	0	0	0	1	0	0	1	0	0	0	0	0	0	0
3	1	1	1	1	1	1	1	1	1	0	0	0	0	0	0	0	0	0	0	0	0	0	0	0	0	0	0	0	0	1	0	0	0	0	0	0	0	0	0
11	0	0	0	0	0	0	0	0	0	1	1	1	1	1	1	1	1	1	1	1	0	1	1	1	0	0	1	1	0	0	1	0	0	0	0	0	0	0	0
12	1	1	1	1	1	1	1	1	1	0	0	0	0	0	0	0	0	0	0	0	0	0	0	0	0	0	0	0	0	0	0	1	0	0	0	0	0	0	0
13	1	1	1	1	1	1	1	1	1	1	1	1	1	1	1	1	1	1	1	1	0	0	0	0	1	1	0	0	0	0	0	0	1	1	1	0	0	0	0
15	1	1	1	1	1	1	1	1	1	1	1	1	1	1	1	1	1	1	1	1	0	0	0	0	1	1	0	0	0	0	0	0	1	1	1	0	0	0	0
16	1	1	1	1	1	1	1	1	1	1	1	1	1	1	1	1	1	1	1	1	0	0	0	0	1	1	0	0	0	0	0	0	1	1	1	0	0	0	0
22	0	0	0	0	0	0	0	0	0	0	0	0	0	0	0	0	0	0	0	0	0	0	0	0	0	0	0	0	0	0	0	0	0	0	0	1	0	0	0
23	1	1	1	1	1	1	1	1	1	1	1	1	1	1	1	1	1	1	1	1	1	0	0	1	0	0	0	0	0	0	0	0	0	0	0	0	1	0	0
31	0	0	0	0	0	0	0	0	0	1	1	1	1	1	1	1	1	1	1	1	0	0	0	1	0	0	0	0	0	0	0	0	0	0	0	0	0	1	0
35	0	0	0	0	0	0	0	0	0	1	1	1	1	1	1	1	1	1	1	1	0	1	1	1	0	0	1	0	0	0	0	0	0	0	0	0	0	0	1

表 7-9　　电源可持续发展系统的骨骼矩阵

因素	1	38	18	24	30	32	33	37	14	34	36	2	3	11	12	13	15	16	22	23	31	35
1	0	0	0	0	0	0	0	0	0	0	0	0	0	0	0	0	0	0	0	0	0	0
38	0	0	0	0	0	0	0	0	0	0	0	0	0	0	0	0	0	0	0	0	0	0
18	0	1	0	0	0	0	0	0	0	0	0	0	0	0	0	0	0	0	0	0	0	0
24	1	1	1	0	0	0	0	0	0	0	0	0	0	0	0	0	0	0	0	0	0	0
30	0	1	1	0	0	0	0	0	0	0	0	0	0	0	0	0	0	0	0	0	0	0
32	0	1	1	0	0	0	0	0	0	0	0	0	0	0	0	0	0	0	0	0	0	0
33	0	1	1	0	0	0	0	0	0	0	0	0	0	0	0	0	0	0	0	0	0	0
37	0	1	0	0	0	0	0	0	0	0	0	0	0	0	0	0	0	0	0	0	0	0
14	0	1	0	0	0	0	0	1	0	0	0	0	0	0	0	0	0	0	0	0	0	0
34	0	1	1	0	1	1	1	0	0	0	0	0	0	0	0	0	0	0	0	0	0	0
36	0	1	1	0	1	1	1	0	0	1	0	0	0	0	0	0	0	0	0	0	0	0
2	1	0	0	0	0	0	0	0	0	0	0	0	0	0	1	0	0	0	0	0	0	0
3	1	0	0	0	0	0	0	0	0	0	0	0	0	0	1	0	0	0	0	0	0	0
11	0	1	1	0	1	1	1	0	0	1	1	0	0	0	1	0	0	0	0	0	0	0
12	1	0	0	0	0	0	0	0	0	0	0	0	0	0	0	0	0	0	0	0	0	0
13	1	1	1	0	0	0	0	1	1	0	0	0	0	0	0	0	1	1	0	0	0	0
15	1	1	1	0	0	0	0	1	1	0	0	0	0	0	0	1	0	1	0	0	0	0
16	1	1	1	0	0	0	0	1	1	0	0	0	0	0	0	1	1	0	0	0	0	0
22	0	0	0	0	0	0	0	0	0	0	0	0	0	0	0	0	0	0	0	0	0	0
23	1	1	1	1	0	0	1	0	0	0	0	0	0	0	0	0	0	0	0	0	0	0
31	0	1	1	0	0	0	0	0	0	0	0	0	0	0	0	0	0	0	0	0	0	0
35	0	1	1	0	1	1	1	0	0	1	0	0	0	0	0	0	0	0	0	0	0	0

5. 构建结构模型

根据骨骼矩阵 S，可得递阶有向图，构建结构模型，如图 7-20 所示。

按照 ISM 法对电源结构系统可持续发展因素进行分析可将上述 39 个指标因素分为 7 个层次。这 7 个层次中的 39 个指标因素自下而上形成了不同的传递链，按照在传递链中所处的位置不同，可将其分为最终因素、过程因素和源头因素。

最终因素：电力消费总量（1）、单位 GDP 电耗（4）、人均用电量（5）、人均 GDP（6）、人口自然增长率（7）、电力负荷需求（8）、产业结构政策（9）、能源消费总量（10）、能源经济政策（17）、电力生产可靠性（38）、调峰性能（39）。

过程因素：是源头因素向最终因素传递的中间环节，它们既可以通过上层过程因素间接影响最终因素，也可以直接影响最终因素。第三层的过程因素：电力装机容量（18）、火电装机容量比重（19）、水电装机容量比重（20）、可再生电源装机容量比重（21）、发电加工转换效率（25）、脱硫硝水平（26）、洁净煤技术（27）、火电污染物排放量（28）、火电污染物排放绩效（29）。第四层的过程因素：电力生产弹性系数（24）、环保治理成本（30）、电力建设成本（32）、电力运行成本（33）、一次能源供应安全（37）。第五层的过程因素：一次能源利用率（14）、投资回收期（34）。第六层的过程因素：其他燃料价格（36）。第七层的过程因素：电力消费能源占一次能源比重（12）、一次能源占有率（13）、可再生能源利用率（15）、能源储量分布（16）。

源头因素是影响最终因素的根源所在。包括电能占终端能源消费比重（2）、电力消费弹性系数（3）、发电煤耗（11）、发电设备平均利用小时数（23）、环境保护政策（31）、煤价（35）。

这些因素各自形成了不同的传导途径，不同程度地影响电源结构可持续发展，最终都会对电源结构可持续性产生影响。

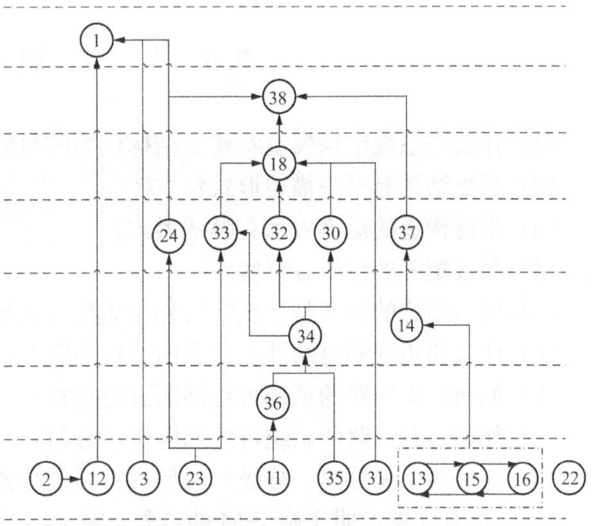

图 7-20　电源可持续发展系统的结构模型（省略了强连接部分）

7.5　本章知识结构安排及讲学建议

本章知识结构安排如图 7-21 所示。

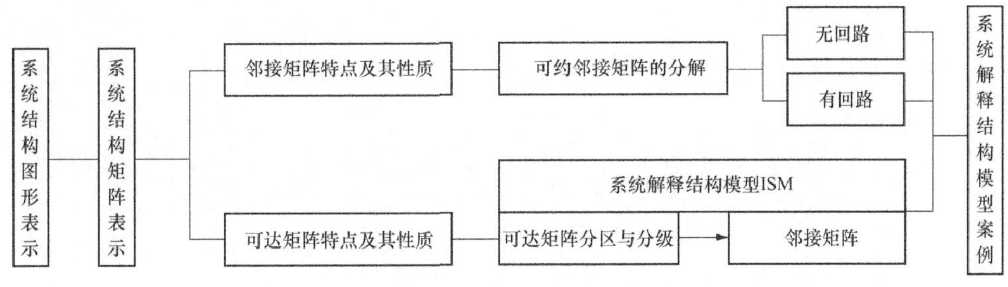

图 7-21　本章知识结构安排

讲学建议：建议安排 6 学时。系统要素之间的关系与系统功能密切相关。对于复杂社会系统，系统结构分析尤其重要。7.1 给出系统结构的两种描述，对于有图论知识的学生来说，有向图或无向图描述系统结构简单易懂。建议重点讲解系统结构的矩阵表示，为后面基于布尔运算规则的定量运算做好铺垫。7.2 介绍的是如果已经知道系统的邻接矩阵，如何通过对邻接矩阵进行移行挪列，达到简化、清晰系统结构的目的。7.3 介绍在知道系统要素是否有关系，但是不能区分直接关系还是间接关系时，通过对可达矩阵实施操作，提炼出系统的结构，这一思路在分析复杂系统时常常用到。7.4 给出的案例结合了目前对中国电源可持续性发展问题，拟定了影响因素及关系，通过对可达矩阵的解析，找出了影响电源系统的多层级要素，分析了系统内各要素影响电源的机制或路径。

7.6 本 章 思 考 题

(1) 什么是系统结构模型？建立结构模型的目的是什么？

(2) 系统结构有哪些描述形式？

(3) 系统构造的矩阵表示有哪些形式？

(4) 邻接矩阵的性质有哪些？

(5) 可达矩阵的含义是什么？与邻接矩阵的关系是怎样的？

(6) 什么叫矩阵的可约性？什么叫既约矩阵？

(7) 如何对无回路的系统可约问题进行分析？

(8) 如何对有回路的系统可约问题进行分析？

(9) 什么叫系统分离、分级？如何进行系统分离、分级？

(10) 结合实例说明实施 ISM 的步骤，有哪些具体要求？

第8章 系统仿真技术

经济学家和物理学家要按照自己的意愿来玩游戏了。他们收集信息，钻研摩洛人居住区的地图，提出各种问题，考虑各种可能性，放弃一组组计划，再订出一组组新的计划，最后作出某些决策，将其输入计算机。……接着，计算机就来模拟那些决策可能带来的各种影响。数年的时间在几分钟内飞逝而过，计算机活像一台时间机器在工作着。

——摘自德尔纳的《失败的逻辑》

有了仿真模型后，决策者就可以对他的业务提出一大堆"如果……怎样"的问题，并立即得到答案。这个答案就是设想的变化对主要性能指数的影响。

——埃尔伍德·斯潘塞·伯法

本章主要内容

(1) 系统仿真的含义及其构成的要素；
(2) 系统仿真的分类与仿真步骤；
(3) 系统动力学的产生及发展；
(4) 系统动力学的仿真步骤；
(5) 因果箭、因果链的含义及其极性判断；
(6) 因果关系的反馈回路的特征；
(7) 多重反馈回路的含义及特征；
(8) 系统动力学模型中变量和方程的类型。

8.1 系统仿真技术概述

虽然利用数学模型描述对象系统的优越性已得到了充分认识，但由于使用数学手段的条件限制，对复杂事物和复杂系统建立数学模型并进行求解有时是非常困难的。仿真技术不但可以解决无法用数学手段解析求解的问题，对无法直接进行实验的系统进行仿真试验研究，而且可以节省大量的资源和费用。由于仿真技术的优越性使系统仿真应用日益广泛。

8.1.1 仿真的概念和作用

系统仿真是通过实验来研究目标系统的一种系统分析技术，是了解对象系统的内在各种特性所进行的实验。由于系统暂时不存在或其他一些原因，无法在原对象系统上直接进行实验，只能构造一个既能反映系统特征又能符合系统实验要求的仿真模型，并在该模型上进行反复实验，通过仿真活动弄清楚系统的内在结构、各种系统特征参数受到环境条件的影响，并且验证、分析或预测系统的动态行为，从而达到了解对象系统或设计系统的目的。

系统仿真由系统、模型和实验三个要素组成。系统是问题的来源，是系统分析的对象；模型是系统本质的抽象，是系统分析的工具；实验也叫仿真实验，是了解系统、解决问题、达到目的的手段，可以说模型是连接系统和实验之间的桥梁，如图 8 - 1 所示。凡是包含系统、模型和实验三个要素的活动都可以理解为系统仿真活动。

计算机是系统仿真的主要工具，多数情况下系统仿真就是指计算机仿真。计算机仿真包括系统、模型和计算机三个要素。联系这三个要素的有三个基本活动：确定对象系统、仿真模型的建立和仿真实验。图 8 - 2 描述了计算机仿真三要素及其关系。

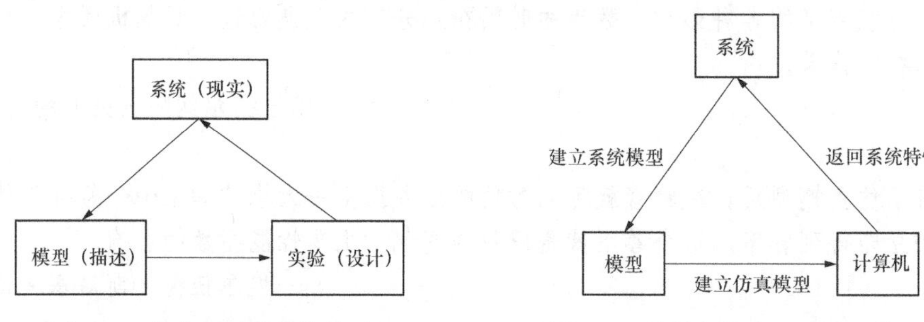

图 8 - 1　仿真三要素及其关系

图 8 - 2　计算机仿真三要素及其关系

建立仿真模型是仿真分析的关键工作，仿真模型要反映系统模型与仿真器或计算机之间的关系。所谓实验就是将系统仿真模型置于计算机上运行的过程。与物理实验和化学实验一样，仿真也是一种人为进行的实验手段，仿真实验是在为对象系统构建多种“人造”环境下进行的，尤其是一些在现实中较少出现的或极少出现的极端环境。通过仿真可以收集和积累对象系统的特性信息，研究对象系统某特定时刻的状态或在连续时间段内状态变化的过程，描述系统演化及其发展过程。

8.1.2　系统仿真的意义

（1）替代带有危险性的实物实验。计算机仿真在某种程度上可以代替带有危险性的实物实验。1996 年 9 月 10 日联合国通过了《全面禁止核试验条约》，说明核试验在实爆方面的结束。一些国家运用高速大规模计算机在三维空间对核爆炸全过程进行全方位模拟，未来的核试验不是用核弹，而是用计算机仿真来进行的。

（2）代替高费用、长耗时的实物实验。飞机设计对飞机的外形要求是非常严格的，因为气动外形将影响飞机的飞行特性，包括速度和安全等。但是由于飞机造价昂贵，用真实飞机进行实验是不现实、不经济的，也不安全。为了获得飞机外形的气动数据，尤其是飞机机翼的气动数据，必须制作各种不同形状的机翼模型并放到风洞中进行仿真实验。风洞实验的结果可改进飞机的设计理论，利用这个理论又可以去设计新型的飞机。再比如汽车的耐久性和可靠性试验都是耗时较长的，汽车的风洞试验耗时也很长，这些问题可以用计算机仿真的办法来代替。

（3）代替无法或很难进行的实物实验。对于无法或很难进行的实物实验，无论是简单的还是复杂的系统，都可以用计算机代替实物对象系统进行仿真。仿真系统可以观测到对象系统的变化及发展趋势，预测可能发生的现象，以便提前或实时做出判断和决策。如美国飓风灾难仿真系统在 2004 年飓风到来 40h 前做出了仿真分析，预测飓风登陆的时间和方位、造成的损失和电力恢复供应所需的时间。但如果要对飓风做一个真实的实验则是很困难的。

仿真系统可以对系统内的单个或多个变量变化时对系统功能的影响进行多次重复试验，这在真实系统中是很困难的。

(4) 代替难以建立物理模型和数学模型的对象系统。对一些难以建立物理模型和数学模型的对象系统，如社会、经济、生态、生物等社会科学领域，无法或很难进行实物实验，可通过建立仿真模型来解决预测、分析和评价等问题。

8.1.3　仿真技术的产生与发展

在古代人们长期的生产劳动实践活动中就体现出了朴素的仿真思想。例如古代的房屋屋顶多数为桁架梁式建筑，在建房过程中需要使用大量木料。为了使屋顶稳定牢靠，除了要选择材质较好、粗细适当的木料外，整个屋顶的桁架也必须满足一定的几何形状要求。那么如何来确定屋顶上每一根木料的具体长度呢？当然不能拿实际的木料到屋顶上去试，这样既花费工时，也可能造成木料的浪费。在古代科学尚不发达的情况下，解决这个问题的办法是先在地面上按照实际尺寸的一定比例模拟制作一个屋顶，经过若干次实验确定稳定的结构后，量出模拟屋顶上每一根相应木料的长度，再按比例放大，即可得到实际木料所需长度。这是一个典型的通过构造模型并进行实验从而获得系统特性的系统仿真实例。

伴随着工业技术进步，仿真技术也在不断地发展。早期，人们都是利用实物去构造与实际系统成比例的仿真物理模型，再在这个模型上进行试验。如果这种实验是破坏性的，那么每次实验都要重新构造实物模型，带来很大的麻烦和浪费。计算机诞生后，其硬件技术和软件技术以惊人的速度发展。当今计算机的计算能力和信息处理能力比最初的以电子管为主体的机器提高了很多倍。近几十年来，仿真科学与技术在系统科学、控制科学、计算机科学与管理科学等学科交叉、综合，并在各学科、各行业的实际运用中发展起来。仿真大致经历了以下几个阶段：

(1) 初级阶段。20 世纪 40 年代第二次世界大战后，火炮控制系统与飞行控制系统的研究导致仿真科学技术的产生，后来相继研制了通用电子模拟计算机和混合模拟计算机，这是以模拟机实现仿真的初级阶段。

(2) 发展阶段。20 世纪 70 年代，随着数字仿真机的诞生，仿真技术不但在军事领域得到迅速发展，而且扩展到了工业领域，出现了专门从事仿真设备和仿真系统生产的专业化公司，使仿真进入了产业化阶段。

(3) 成熟阶段。20 世纪 90 年代，在计算机技术的发展以及需求的推动下，为更好地实现信息与仿真资源共享，一些发达国家开展了基于网络的仿真，在聚合级仿真、分布式仿真、先进并行交互仿真的基础上，提出了分布仿真的高层体系结构，并发展成为工业标准 IEEE1516。

(4) 复杂系统仿真阶段。20 世纪末和 21 世纪初，对复杂问题进行广泛研究的需求进一步推动了仿真技术的发展，仿真逐渐发展成为具有广泛运用的新型交叉学科。

早期仿真的对象是工程技术领域中的实际物理过程，如机械、电子、制造、航空、航天、军事、医学、信息、材料、水利工程、能源工程等诸多系统论证、试验分析、设计、维护。这些问题的特点是可以利用实际工程背景中的原理和定理推导出所研究问题的时间微分或差分方程模型，而根据系统自身的特征和试验数据可以确定模型中的参数。

随着仿真技术逐步向政治、经济、军事、环境、交通等社会科学领域渗透，出现了许多用于求解这些领域中问题的数学模型。随着对这些问题的深入分析和了解，数学模型从早期的微分方程和差分方程模型逐渐向能够反映问题的离散性和随机特点的离散事件逻辑流图和网络图模型过渡。

8.2 系统仿真的分类

8.2.1 根据模型的载体种类分类

根据仿真模型的载体不同，系统仿真可以分为物理仿真、数学仿真和半实物仿真。

（1）物理仿真。按照真实系统的物理性质构造系统的物理模型，并在物理模型上进行实验的过程称为物理仿真，也称为“模拟”，例如根据一个模具制造一个实物。物理仿真的缺点是模型的物理特性改变困难，投资大，实验限制多。

（2）数学仿真。对实际系统进行抽象并将其特性用数学关系加以描述而得到系统的数学模型，并对数学模型进行实验的过程称为数学仿真。计算机技术的发展为数学仿真创造了环境，使得数学仿真变得方便、灵活、经济，因而数学仿真又称为计算机仿真。数学仿真受限于系统建模技术，因为系统的数学模型有时不易建立。

（3）半实物仿真。半实物仿真将数学模型与物理模型或实物模型联合起来进行实验，对系统中比较简单的部分或对其规律比较清楚的部分建立数学模型，并在计算机上加以实现。对比较复杂的部分或对规律尚不十分清楚的系统，其数学模型的建立比较困难，则采用物理模型或实物模型，仿真时将两者连接起来完成整个系统的实验。

8.2.2 根据仿真计算机类型分类

仿真技术是伴随着计算机技术的发展而发展的。在计算机问世之前，基于物理模型的实验一般称为“模拟”，通常附属于其他相关学科。计算机特别是数字计算机，其高速计算的能力和巨大的存储能力使得复杂的数值计算成为可能，数字仿真技术得到蓬勃的发展，从而使仿真成为一门专门的学科——系统仿真学科。

按所使用的仿真计算机类型可将仿真分为模拟计算机仿真、数字计算机仿真和数字模拟混合仿真。

（1）模拟计算机仿真。模拟计算机仿真本质上是采用一种通用的电气装置，这是20世纪50～60年代普遍采用的仿真设备。将系统的数学模型在模拟机上加以实现并进行实验的过程称为模拟机仿真。

（2）数字计算机仿真。数字计算机仿真是将系统的数学模型用计算机程序加以实现，通过运行程序来得到数学模型的解，从而达到系统仿真的目的。

（3）数字模拟混合仿真。早期的数字计算机仿真是一种串行仿真，因为计算机只有一个中央处理器（CPU），计算机指令只能逐条执行。为了发挥模拟计算机并行计算和数字计算机强大的存储记忆及控制功能，以实现大型复杂系统的高速仿真，20世纪60～70年代，在数字计算机技术还处于较低水平时，产生了数字模型混合仿真，即将系统模拟分为两部分，其中一部分放在模拟计算机上运行，另一部分放在数字计算机上运行，两个计算机之间利用模数和数模转换装置交换信息。本质上，模拟机仿真是一种并行仿真，即仿真时，代表模型的各部件是并发执行的。随着数字计算机技术的发展，其计算速度和并行处理能力迅速提高，模拟计算机仿真和数字模拟混合仿真逐步被全数字仿真取代。

8.2.3 根据仿真时钟与实际时钟的比例关系分类

动态系统的实际时间标准称为实际时钟，而系统仿真时模型所采用的时间标准称为仿真时钟。根据仿真时钟与实际时钟的比例关系，系统仿真分类如下：

(1) 实时仿真。实时仿真中仿真时钟与实际时钟完全一致，即系统模型仿真速度与实际系统运行速度相同，有时也称为在线仿真。对系统进行仿真试验时，如果仿真系统有实物（包括人）处在仿真系统中，由于实物和人是按真实时间变化和运动的，故需要进行实时仿真。实时仿真要求仿真系统接收实时动态输入，并产生实时动态输出，输入和输出通常为具有固定采样时间间隔的数列，如虚拟校园系统、虚拟厂房系统等。

(2) 亚实时仿真。亚实时仿真即仿真时钟慢于实际时钟，即系统模型仿真的速度慢于实际系统的运行速度。在对仿真速度要求不高的情况下可采用亚实时仿真，例如大多数系统离线研究与分析，也称为离线仿真。

(3) 超实时仿真。超实时仿真即仿真时钟快于实际时钟，即系统模型仿真的速度快于实际系统的运行速度。在需要仿真结果进行决策时，需要采用超实时仿真，例如大气环流仿真、交通系统仿真、导航系统仿真、生物及宇宙演化的仿真等。

8.2.4 根据系统模型的特性分类

仿真是基于系统模型的分析，所以系统模型的特性直接影响着仿真的实现。系统模型可分为两大类，一类为连续系统模型，另一类称为离散事件系统模型。由于这两类系统固有的运动规律不同，因而描述其运动规律的模型形式就有很大差别。相应地，系统仿真技术分为连续仿真系统和离散事件仿真系统。

(1) 连续仿真系统。连续仿真系统是指系统状态随时间连续变化的系统。连续变化的模型按其数学描述可以分为：

1) 集中参数系统模型，一般用常微分方程（组）描述，如各种电路系统、机械动力学系统、生态系统等；

2) 分布参数系统模型，一般用偏微分方程（组）描述，如各种物理和工程领域内的“场”问题。

(2) 离散事件仿真系统。离散事件仿真系统是指系统状态在随机事件点上发生离散变化的系统。引起系统状态变化的行为称为“事件”，因而离散事件仿真系统是由事件驱动的。而且事件往往发生在随机时间点上，也称为随机事件。离散事件仿真系统一般都具有随机特性，系统的状态变量往往是离散变化的。例如，电话交换台系统，顾客呼号状态可以用“到达”或“无到达”描述，交换台状态要么处于“忙”状态，要么处于“闲”状态。系统的这种动态特性很难用人们所熟悉的数学方程形式加以描述，无法取得系统动态过程的解析表达。对这类系统的研究与分析的主要目标是系统行为的统计特性。

8.3 系统仿真的主要步骤

不论该研究的类型和目的如何，仿真的过程一般都要进行如下七步：①问题定义；②确定目标；③系统描述即假设列表；④收集数据和信息；⑤建立计算机模型；⑥校验和确认模型；⑦运行模型并分析输出。当然系统仿真并不是简单遵循这七步的排序，常常需要在获得系统的内在细节之后返回先前的步骤中去，多次反复进行。同时，验证和确认将贯穿于系统仿真的每一步骤中，如图 8-3 所示。

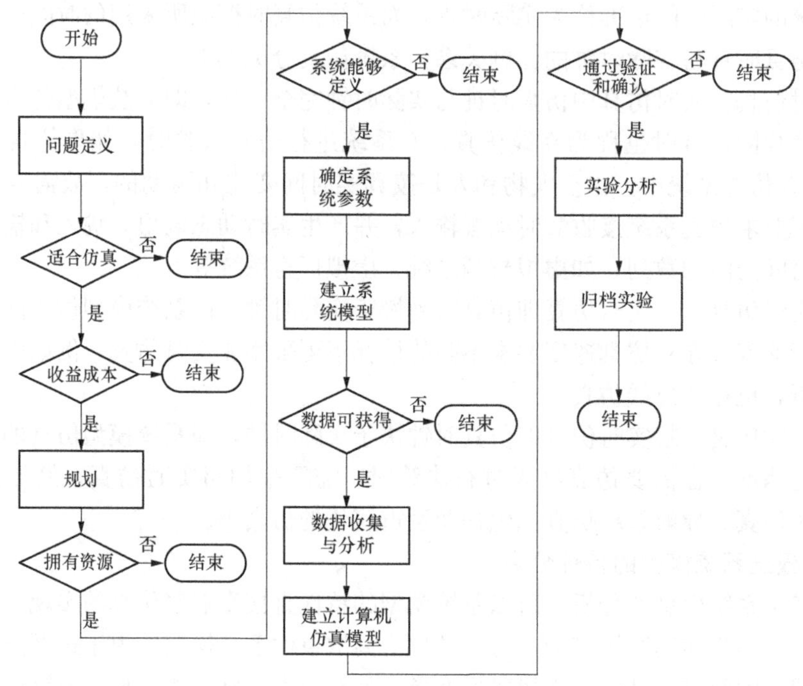

图 8-3 系统仿真流程图

8.3.1 问题的定义

如果要求一个模型呈现现实系统的所有细节，那么将会带来代价太昂贵及过于复杂和难于理解的问题。因此明智的做法是先定义分析的问题，再制定目标，然后构建一个能够完全解决问题的模型。在问题的定义阶段，对于假设要谨慎，不要作出错的假设。

8.3.2 制定目标和定义系统的能效测度

目标是仿真中所有步骤的导向，没有目标的仿真研究是毫无用途的。系统的定义是基于系统目标的，目标决定了应该怎样设置假设；目标决定了应该收集哪些信息和数据；模型的建立和确认要考虑是否满足目标的需求。目标要清楚、明确和切实可行。

定义目标时需要详细说明那些将要被用来决定目标是否实现的性能测度。另外，需要列出仿真结果的先决条件。

8.3.3 建立系统模型

建立系统模型就是在对现实有了彻底的理解之后，用模型将其正确描述出来。这一阶段，需要将此转化过程中所做的所有假设做详细说明。而且在整个仿真研究过程中，所有假设列表最好保持在可获得状态，因为这个假设列表随着仿真的递进还要逐步增长。如果建立系统模型这一步做得很好，那么建立计算机模型将非常简便。

8.3.4 收集数据和信息

必须获得足够的能够体现特定仿真目的和系统本质的数据和信息。这些数据和信息可以用来确定模型参数，并且在验证模型阶段用于提供实际数据与模型的性能测度数据进行比较。

数据可以通过历史记录、经验和计算得到。在数据精度要求不高的情况下，采用估计的方法来输入数据更为高效。如当仿真可能被简单地用来指导人员了解系统中特定的因果关系时，估计值就可以满足要求。估计值可以通过少数快速测量或者通过咨询熟悉系统的专家来得到。当数据可靠性和精度要求较高时，需要花费较多时间收集和统计大量数据，以定义出能够准确反映现实的概率分布函数。

8.3.5　建立计算机模型

对一现实系统可构建多个抽象程度不同的计算机模型。抽象模型有助于定义系统的重要部分，引导为后续模型的详细化而进行的数据收集活动。在建立计算机模型的过程中，要牢记仿真研究的目的，在进行下一阶段之前，需要运行和验证本阶段的模型工作是否正常，再决定是否进入下一个环节。

8.3.6　检验和确认模型

模型构建好之后还需要进行检验和确认。检验是确认模型的功能是否同设想的系统功能相符合。确认范围很广泛，包括确认模型是否能够正确反映现实系统，评估模型仿真结果的可信度有多大等。通过确认可以判断模型的有效程度。假如一个模型在得到相关正确数据之后，其输出满足设定的目标，它就是好的。模型只要在必要范围内有效就可以了，不必要追求完美，这需要权衡模型结果的准确性与获得这些结果所需要的费用关系。

8.3.7　运行模型并输出结果

有了正确的仿真模型后，就可以根据仿真目标对模型进行多方面的实验。对实验的输出结果进行分析也是仿真研究中十分重要的一项活动，可以使用报表、图形、表格和置信区间点图。置信区间指出性能测度依赖的范围，使用上、下限来表示，上限和下限之差称为精度。精度的可靠性用百分比来表示。可用统计技术来分析不同场景的模拟结果。一旦分析结果并得出结论，要能够根据仿真目标来解释这些结果，通常使用结果－方案矩阵。

8.4　离散事件动态系统及其仿真策略

离散事件动态系统仿真就是按照实际的工作流程，在规定时间内按照某规则产生事件，从而改变实体或设备的状态。所谓工作流程是指实体在整个仿真过程中的活动顺序。每发生一个事件，系统的状态就发生一次变化。在实际活动中，事件的发生不是连续的，发生时间的间隔也不相等，而是具有某种随机性。

8.4.1　基本概念

1. 成分

描述系统的一个基本要素是成分，又称实体。成分分为主动成分和被动成分。可以主动产生活动的成分称为主动成分，如银行系统中的顾客，它的到达将产生服务活动或排队活动。只有在主动成分作用下才产生状态变化的成分称为被动成分，其本身不产生活动，如银行系统的服务人员。主动成分按照一定的规律出现在仿真系统中，引起被动成分状态的变化，又在被动成分的作用下离开系统。

2. 属性

属性用来描述成分的某些性质，各成分的状态用属性集合来反映，某一时刻系统状态是系统中所有成分的属性集合。

3. 事件

事件是描述系统活动的基本要素。事件是指引起系统结构变化的行为，系统的动态过程是依靠事件来驱动的。例如在排队系统中，顾客的到达可以定义为一类事件，因为由于顾客到达，如果无人排队，系统中服务人员的状态可能从闲转变为忙，或者另一系统状态——排队系统的顾客人数发生变化，队列人数加 1。一个顾客接受服务完毕后离开系统也可定义为一类事件，此时服务台状态暂时由忙变为闲。

事件一般分为必然事件和条件事件。只与时间因素有关的事件称为必然事件，如果事件发生不仅与时间因素有关，还与其他条件有关，则称为条件事件。

4. 活动

成分在两个事件之间保持某一状态的持续过程称为活动，它用于表示两个可以区分的事件之间的过程，其开始和结束都是由事件引起的，标志着系统状态的转移。如排队系统中顾客的到达事件与该顾客开始接受服务事件之间可称为一个活动，该活动使系统的状态，即排队队长发生变化，顾客开始接受服务到该顾客服务完毕后离去可视为一个活动，它使排队队长减 1，或使服务台暂时由忙变为闲。

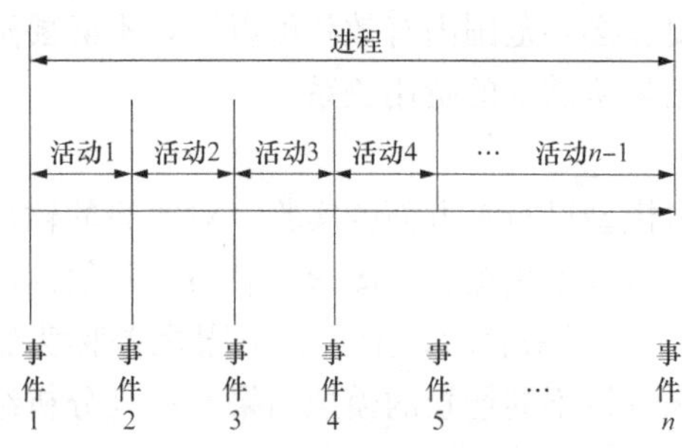

图 8-4 事件、活动与进程之间的关系

5. 进程

由和某成分相关的若干事件与若干活动组成的过程称为进程。它描述了各事件之间活动发生的相互逻辑关系及时序关系，例如一个顾客到达系统、经过排队、接受服务直到服务完毕后离去可称为一个进程。

事件、活动与进程之间的关系可用图 8-4 描述。

6. 仿真钟

仿真钟用来描述仿真时间的变化以作为仿真过程的时间控制，是仿真系统运行时间在仿真中的表示。在离散事件仿真系统中，由于系统状态变化是不连续的，相邻两个事件发生之间系统状态不发生变化，仿真钟需要跨域这些“不活动”区域，采取步长从一个事件发生时刻推进到下一个事件发生时刻，仿真钟的推进呈跳跃性。由于仿真实质上是对系统状态在一定时间序列内的动态描述，因此，仿真钟是仿真的主要自变量，仿真钟的推进是系统仿真程序的核心部分。

仿真钟所显示的是仿真系统对应实际系统的运行时间，而不是计算机运行仿真模型的时间。仿真时间与实际时间设定成一定比例关系，从而使得实际系统运行若干天或若干月的过程，而计算机仿真只需要几分钟就可以完成。

7. 随机变量

对于有随机因素影响的系统进行仿真时，首先建立随机变量模型，即确定系统的随机变量并确定这些随机变量的分布类型和参数。对于分布类型是已知或者可以根据经验确定的随机变量，只要确定它们的参数就可以了。无论是确定随机变量的分布类型还是确定其参数，都要以调查观测的数据为依据。

8.4.2 离散事件仿真系统仿真方法

离散事件仿真系统的仿真是对那些随机系统定义的、用数值方式或逻辑描述的动态模型的处理过程。从处理手段上看，离散事件仿真系统的仿真方法可以分为两类：

（1）面向过程的离散事件仿真系统仿真。面向过程的仿真方法主要研究仿真过程中发生的事件以及模型中实体的活动。这些事件或活动的发生是顺序的，仿真钟的推进依赖于这些事件和活动的发生顺序。在当前仿真时刻，仿真进程需要判断下一个事件发生的时刻或判断触发实体活动开始和停止的条件是否满足。在处理完当前仿真时刻系统状态变化操作后，将仿真钟推进到下一事件发生的时刻或下一个最早的活动开始或停止的时刻。仿真进程就是不断按时间排列事件序列、处理系统状态变化的过程。

（2）面向对象的离散事件仿真系统仿真。在面向对象仿真中，组成系统的实体以对象来描述。对象有三个基本的描述功能，即属性、活动和消息。每个对象都是一个封装了对象的属性及对象状态变化操作的自主模块，对象之间靠消息传递来建立联系以协调活动。对象内部不仅封装了对象的属性，还封装了描述对象运动及变化规律的内部和外部转换函数。消息和活动可以同时产生，即并发。在并行计算机分布式仿真环境中，仿真策略则可以更加灵活、方便。面向对象的仿真尤其适用于各实体相对独立、以信息建立相互联系的系统中，如航空管理系统、机械制造加工系统及武器攻防对抗系统等。

8.4.3 离散事件仿真系统仿真策略

离散事件仿真系统的仿真方法适用于状态变量的离散变化、时间连续变化的一类系统的仿真问题。常用的有三类基本仿真策略。

1. 事件调度法

事件调度法（event scheduling）的基本思想是用事件来分析真实系统，通过定义每个事件发生时导致的系统状态变化，按时间顺序确定并执行每个事件发生时有关的逻辑关系，驱动模型的运行。该策略于1963年由兰德公司推出。

按这种策略建立模型时，所有事件均放在事件表中。模型中设有一个时间控制成分，该成分从事件表中选择具有最早发生时间的事件，并将仿真钟修改到该事件发生的时间，然后调用与该事件相应的事件处理模块，该事件处理完后返回时间控制成分。事件的选择与处理不断地进行，直到仿真终止条件或程序事件产生为止。

2. 活动扫描法

事件调度法是一种“预订事件发生时间”的策略。若事件发生不仅与时间有关，还与其他条件有关，即只有满足某些条件时才会发生，在这种情况下，事件调度法的弱点就表现出来了，由于系统的活动持续时间具有不确定性，因而无法预定活动的开始或终止时间。活动扫描法（activity scanning）是针对具有上述特点的系统产生的。

活动扫描法以活动为基本单元，认为系统在运行的每一个时刻都由若干活动构成，这些活动的发生基于某些条件。若满足条件则激活该成分的活动。在仿真过程中，活动的发生时间也作为条件之一，而且比其他条件具有更高的优先权，即在判断激活条件时首先判断该活动发生时间是否满足，然后判断其他条件。对活动的扫描进行循环，直到仿真终止为止。在活动扫描法中，除了设计系统仿真全局时钟外，每一个实体都有标志自身时钟值的时间元，时间元的取值由所属实体的下一确定时间刷新。

活动扫描法用实体时间元的最小值将仿真钟推进到一个新的时刻点，按照优先次序执行可激活实体的活动处理，使测试通过的事件得以发生，并改变系统的状态和安排相关确定事件的发生时间。

3. 进程交互法

事件调度法和活动扫描法的基本单元分别是事件处理和活动处理，各个处理都是独立存在的。进程交互法（process interactive）的基本单元是进程，它是针对某类实体（或成分）的生命周期而建立的。一个进程中要处理实体流动中发生的所有事件，将模型中主动成分所发生的事件及活动按时间顺序进行组合，从而形成进程表，一个成分一旦进入进程，它将完成该进程的全部活动，如银行系统中顾客的生命周期可以用以下描述：

顾客到达；排队等待，直到位于队首；进入服务通道；停留服务通道，接受服务，直到接受服务结束，离开银行。

进程交互法为每一个实体建立一个进程，反映某一个动态实体从开始到结束的全部活动。被建立进程的实体一般是主动成分，进程中还包括与主动成分有交互的其他成分。进程交互法中实体的进程需要不断推进，直到某些延迟发生后才会暂时锁住。这些延迟分为无条件延迟与条件延迟。

（1）无条件延迟。实体停留在进程中的某一点上不再向前移动，直到确定的延迟期满。例如银行顾客停留在服务通道中，直到服务完成。

（2）条件延迟。条件延迟期的长短与系统的状态有关，事先无法确定。条件延迟发生后，实体停留在进程中的某一点，直到某些条件得以满足后才能继续向前移动。例如，银行队列中的顾客一直在排队，等到服务台空闲而且自己位于队首时方能离开队列接受服务。

使用进程交互法仿真策略时，不一定对所有实体都进行进程描述，只需给出系统中临时实体或被动成分的进程，如银行系统的顾客，就可以描述所有事件的处理流程，这体现进程交互法的建模观点，即将系统的演进过程归结为临时实体产生、等待和被永久实体处理的过程。

8.5 系统动力学仿真

8.5.1 系统动力学的产生及其发展

系统动力学（system dynamics）是麻省理工学院 J. W. 福雷斯特教授于 1956 年提出来的研究系统动态行为的一种计算机仿真技术，它综合应用控制论、信息论、决策论等有关的理论和方法，建立系统动力学模型，以电子计算机为工具进行仿真试验，所获得的信息用来分析和研究系统的结构和行为，为正确的决策提供科学的依据。

第二次世界大战后，随着科学技术和工业化的进展，一些国家存在城市人口过多、环境污染、资源短缺等日趋严重的社会问题，如何来处理和解决这些社会问题呢？实践证明，仅仅依靠解析分析方法已经不能有效地处理和解决问题。因此，迫切需要采用新的科学方法对这些社会经济问题进行综合研究。系统动力学就是在这种背景下产生的一种分析和研究社会经济系统的有效方法。

早在 20 世纪 50 年代中期，福雷斯特就提出了“工业动力学”（industrial dynamics），用来研究作为工业系统的企业。由于工业动力学的研究观点和方法不仅适用于企业，还能适用于更大的系统，如一个城市或者地区、国家甚至整个世界。于是在研究和总结的基础上，福雷斯特于 1969 年和 1971 年又相继发表了“城市动力学”（urban dynamics）和“世界动力学”（world dynamics）的相关著作，并于 1972 年正式提出“系统动力学”的名称。

福雷斯特的学生 D. H. 米都斯（D. H. Meadows）应用系统动力学建立了世界模型，作为研究成果，他在 1971 年发表了罗马俱乐部的第一份工作报告“增长的极限”（the limits to growth），即 MIT 世界模型。“增长的极限”对于当时世界系统的分析结论是：如果保持当前世界人口、工业化、粮食生产、资源使用等增长不变，则在未来 100 年内会达到地球上的增长极限，很可能最后导致无法控制的人口减少和工业生产率的衰退。如果能够改变这种增长势头，把人口和工业保持均衡状态，就有可能建立起具有长久性生态的极限和经济稳定的机制。“增长的极限”发表后，曾引起世界各国的强烈反响，但是也遭到来自经济界人士的不少批评。同任何理论和模型一样，系统动力学的世界模型也是客观实际系统的简化和抽象，与实际必然有一定差距。当前人们对控制人口、保护环境、节约能源和资源的认识等，无不受到系统动力学的启迪。目前系统动力学正成为一种常用的系统工程方法，并且渗透到许多领域，尤其在国土规划、区域经济开发、环境保护、企业战略研究等方面正日益显示出它的威力。

8.5.2 系统动力学的研究对象

系统动力学的研究对象主要是社会系统。社会系统包括的范围是十分广泛的。概括地说，凡涉及人类的社会和经济活动的系统都属于社会系统，如企业、科研机构、宗教团体等都属于社会系统；同样，环境系统、人口系统、教育系统、资源系统、能源系统、经济管理系统等也是社会系统的主要内容。

社会系统的核心是由个人或者集团形成的组织，这些组织的基本特征是具有明确的目的。人通常会借助于物理系统来弥补和增强其能力。例如借助显微镜观察微生物，乘坐飞机或轮船等进行长途旅行，用计算机解复杂的数学方程等。由此可见，社会系统也总是含有物理系统。社会系统的行为总是经过采集信息，并按照事先确定的某一规则（或者原则、政策等）对信息进行加工处理，在做出决策之后才能够出现系统行为。

决策是人类活动中的基本特征。在处理日常生活中的一些问题时，人们往往会不知不觉中做出相应的决策。但对于系统边界远比个人要大的企业、地区、国家甚至世界来说，其决策环节要采集的信息量是十分庞大的。其中既有看得见摸得到的实体，还有看不见摸不到的价值观念、伦理观念和道德观念，以及个人或集团的偏见等因素。

社会系统的基本特征是自律性和非线性。所谓自律性就是进行自我决策管理、自我控制和约束自身行为的能力。控制论的创始人维纳曾经在控制论中表明，从生物体到工程系统甚至社会系统的结构都共同存在着反馈。工程系统由于专门加上反馈机构而使其具有自律性，而社会系统的自律性可以用反馈机构加以解释。不同之处在于社会系统中原因和结果的相互作用本身就具有自律性。因此，当研究社会系统的结构时，首先在于认识和发现社会系统中存在着由因果关系形成的固有的反馈机构。社会系统的非线性是指社会现象中原因和结果所呈现的非线性关系，如原因和结果在时间上或空间上的分离性，如滞后性。非线性是由于社会系统问题的原因和结果的相互作用的多样性、复杂性等造成的，可以用社会系统的非线性多重反馈机构加以解释和研究。

社会系统作为一个具有滞后特性的动态系统，由于缺乏数据而难以精确地描述其行为，只能通过半定量的方法用仿真或模拟来研究。系统动力学就是把社会系统作为非线性多重反馈系统来研究。将社会问题模型化，通过仿真试验和计算，对社会现象进行分析和预测，为企业、城市、地区、国家等制定发展战略及相关决策提供有用的信息和依据。

8.5.3 系统动力学的特点

系统动力学作为一种仿真技术具有以下特点：

(1) 应用系统动力学研究社会系统，能够容纳大量变量，一般可达数千个以上，而这正好符合社会系统的要求。

(2) 系统动力学的模型，既有描述系统各要素之间因果关系的结构模型，以此来认识和把握系统结构，又有专门的形式表现的数学模型，据此进行仿真实验和计算，以掌握系统的未来动态行为。因此，系统动力学是一种定性分析和定量分析相结合的仿真技术。

(3) 系统动力学的仿真试验能起到实际系统实验室的作用。通过人和计算机的结合，既能发挥人（系统分析人员和决策人员）对社会系统的了解、分析、推理、评价、改造等能力的优势，又能利用计算机高速计算和跟踪等功能，以此来试验和剖析实际系统，从而获得丰富的信息，为选择最优或满意的决策提供有力的依据。

(4) 系统动力学通过模型进行仿真计算的结果可以预测未来一定时期内各种变量随时间发生的变化，也就是说系统动力学能处理高阶次、非线性、多重反馈的复杂且运动变化的社会系统的有关问题。

8.5.4 系统动力学仿真的主要步骤

系统动力学既是对系统分析者和决策者提供对社会系统进行仿真试验的手段，也是一种计算方法。这种方法的使用虽然并不复杂，但是要取得满意的结果，也需要花费相当的努力，需要有关人员的通力合作，且还要遵循以下步骤：

(1) 明确系统仿真的目的。系统动力学对社会系统进行仿真试验的主要目的是认识和预测系统的结构和未来的行为，以便进一步确定系统结构和设计最佳运行参数，为决策提供依据。在涉及具体对象系统时，要预测系统的期望状态、观测系统的特征，找出系统的问题所在，明确仿真的目的。

(2) 确定系统边界。在明确仿真目的后，就要确定系统的边界。这是因为系统动力学所分析的系统行为是由于系统内部种种因素而产生的，并假定系统外部因素不会直接给系统行为以本质影响，也不会受系统内部因素的控制。

(3) 因果关系分析。通过因果关系分析明确系统内部各要素间的因果关系，并用表示因果关系的反馈回路来描述，这是系统动力学仿真至关重要的一个步骤。要做到这一点，首先，要求系统人员有丰富的实践经验，对实际系统有清晰的了解，这样才能较为正确地制定各要素之间的因果关系的反馈回路。决策是在一个或几个反馈回路中进行的，正是由于各种回路的耦合，使得系统的行为更为复杂化。

(4) 建立系统动力学模型。系统动力学模型包括流图与结构方程式两部分。

流图是根据因果关系确定反馈回路，应用系统动力学特定的各种符号绘制而成的。只凭语言和文字无法对复杂的社会系统结构和行为做出准确的描述，有时用数学方程也不能清楚地描述反馈回路中的机理。为了便于掌握社会系统的结构及其行为的动态特征，系统动力学专门采用了流图。

结构方程式是系统动力学模型定量分析不可或缺的组成部分。在简明描述社会系统各要素之间的因果关系和系统结构的基础上，应用结构方程式可以显示系统中的各因素之间的定量关系。

系统动力学建模过程如图 8-5 所示。

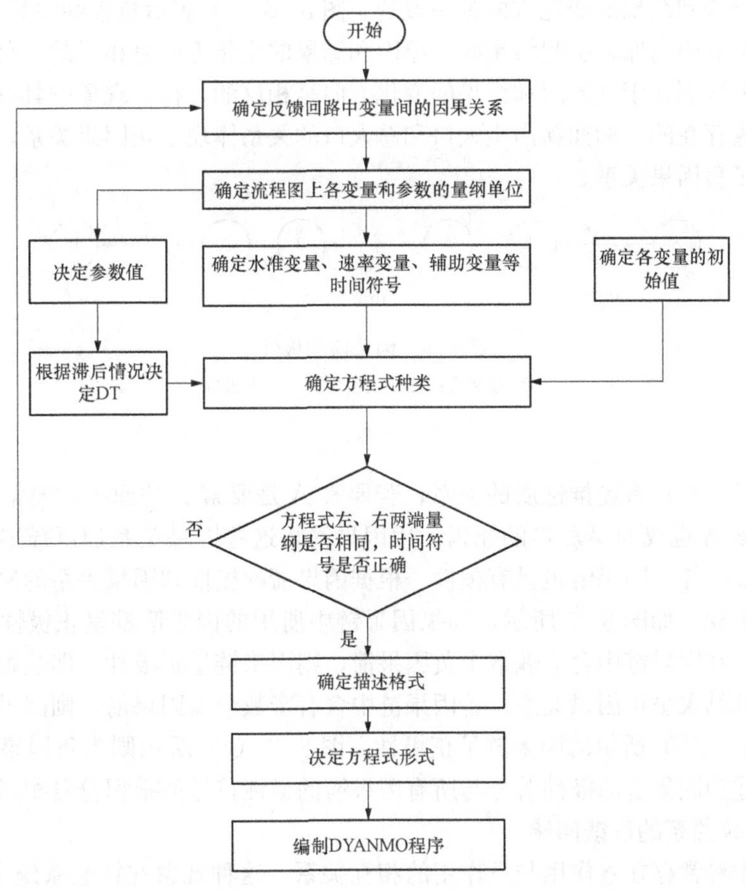

图8-5 系统动力学建模过程

(5) 计算机仿真试验与运行。

(6) 结果分析与模型修正。

为了解仿真试验是否达到预期目的，或者为了检验系统结构是否存在缺陷，必须要对仿真结果进行分析。根据仿真结果分析，对系统模型进行修正。修正的内容包括修正系统的结构、修正系统的运行参数与策略性或重新确定系统的边界等，以便使模型能够更真实地反映实际系统的行为。

8.5.5 因果关系分析

因果关系是系统动力学模型的基础，是社会系统内部关系的真实写照。当考虑建立某个系统动力学模型时，因果关系分析是建立正确模型的基础。因果关系可用因果关系图来描述。

1. 因果箭

因果关系可以用连接要素的有向边来描述，这种有向边称作因果箭，箭尾始于原因要素，箭头终于结果要素。

如图8-6 (a) 所示，要素A是原因，要素B是结果。因果关系按其影响作用的性质可以分为两种，即正因果关系和负因果关系，称为因果关系的极性，可用符号＋和符号－表示正或负的因果关系。图8-6 (b) 表示正极性关系，即B随A的增加而增加，它表明当原因引起结果时，原因和结果的变化方向是一致的。图 8-6（c）表示负极性关系，即 B 随 A 的增加而减少，它表明当原因引起结果时，原因和结果的变化方向是相反的。负因果关系和正因果关系的主要区别在于其原因和结果的变化方向是相反的，社会现象中具有正、负因果关系的事例是普遍存在的，例如新出生人口和总人口的关系体现了正因果关系，而死亡人数和总人数则体现了负因果关系。

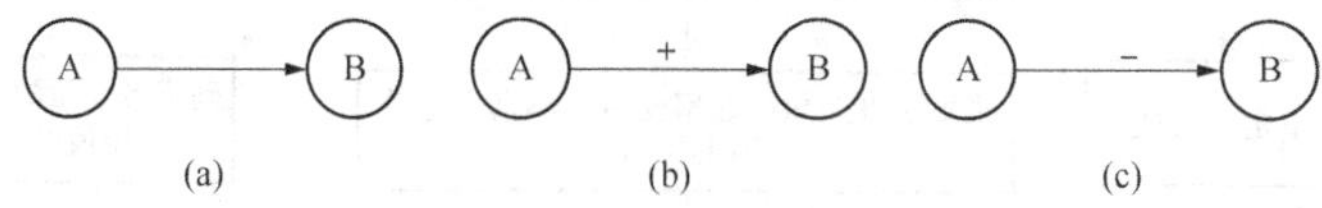

图 8-6 因果箭的极性

（a）因果箭；（b）正极性；（c）负极性

2. 因果链

因果关系是一种具有递推性质的关系，若要素 A 是要素 B 的原因，要素 B 又是要素 C 的原因，则要素 A 也成为要素 C 的原因。用因果箭将这些因果关系加以描述，就得到了因果链。同因果箭一样，因果链也具有极性。根据因果箭的极性和因果关系的递推性，可得出因果链的极性规律。如图 8-7 所示，如果因果链中所用的因果箭都呈正极性，则因果链也呈正极性。如果在因果链中含有偶数个负因果箭，则因果链呈正极性，即起始因果箭的原因和终止因果箭的结果呈正因果关系；若因果链中含有奇数个负因果箭，则因果链呈负极性。

图 8-7（a）、（b）所示的因果链呈正极性，图 8-7（c）所示则为负因果链。上述的递推规律可以描述为因果链的极性符号与所有因果箭的极性符号的乘积符号相同。

8.5.6 因果关系的反馈回路

自然现象中经常存在着作用与反作用的相互关系，这种现象在社会系统中也同样存在。一些原因和结果总是相互作用的。原因引起结果，而结果又作用于形成原因的环境条件，促使原因变化，这样就形成了因果关系的反馈回路。图 8-8 所示为人口总数和出生总数两个要素所构成的一个反馈回路。

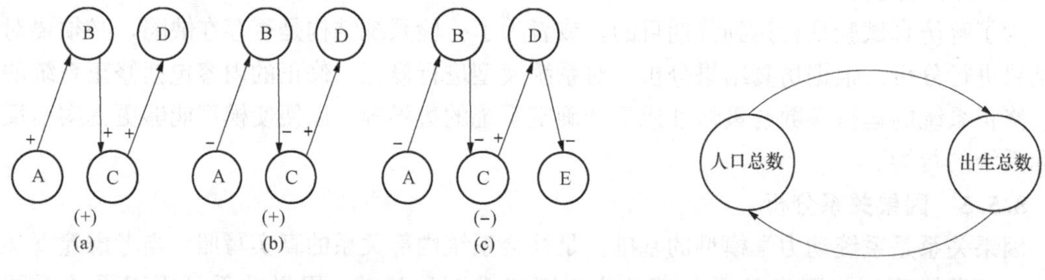

图 8-7 因果链

（a）正极性一；（b）正极性二；（c）负极性

图 8-8 反馈回路

反馈回路的原因和结果的地位具有相对性，即在反馈回路中将哪个要素视为原因，将哪个要素视为结果要看分析问题的具体情况而定。仅从反馈回路本身来看，难以区分绝对的因和果。

由于因果箭有正、负极性之分，因此由因果箭链接而成的反馈回路也有正、负之分，即有正反馈回路和负反馈回路之分。如果正反馈回路中有某个要素的属性发生变化，那么由于其中一系列要素属性递推作用的结果，将使该要素的属性沿着原先变化的方向继续发展下去，即正的反馈回路具有自我强化（或弱化）的作用，是系统中促进系统发展（或衰退）、进步（或退步）的因素。

在负反馈回路中，在其他因素不变的情况下，当某个要素发生变化时，由于回路中一系列要素属性递推作用的结果，将使该要素的属性沿着与原来变化方向相反的方向变化，即负反馈回路具有内部调节器（稳定器）的效果。所以负反馈回路可以控制系统的发展速度或衰退速度，是使系统具有自我调节功能必不可少的因素。

图 8-9（a）表示一正反馈回路，在其他情况不变时，由于国民收入增加使购买力增强，致使商品数量减少，从而促使生产量增加；反过来，生产量增加又会使国民收入增加，因此，这是一个正的反馈回路，具有自我强化的作用。

图 8-9（b）中，如果商店的库存量增加，就会使库存差额（即期望库存量与实际库存量之差）减少，导致商店向生产工厂订货的速度也放慢；订货速度放慢就会造成库存量的减少，从而起到自我调节和平衡的作用。所以系统性质和行为完全取决于系统中存在的反馈回路。在系统动力学中所提到的系统结构主要指系统反馈回路的结构。

在复杂的社会系统中若存在着两个或者两个以上的反馈回路，则称为多重反馈回路。这些反馈回路中间存在着相互作用。有时这个回路起主导作用，有时另一个回路起主导作用，从而显示出系统的不同动态特性。图 8-10 为人口系统中人口总数的动态变化两重反馈回路。

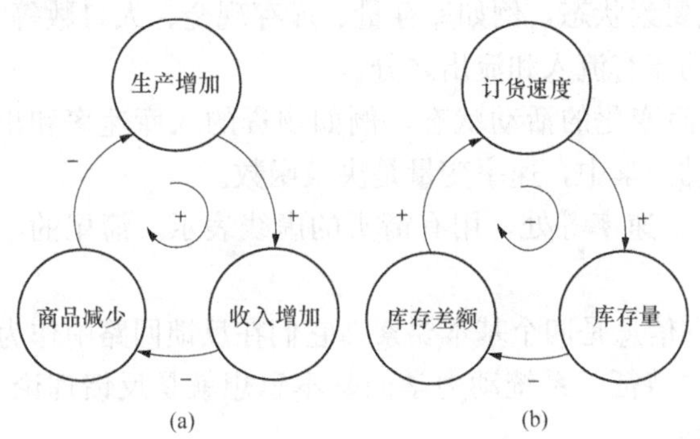

图 8-9 正负反馈回路
（a）正反馈回路；（b）负反馈回路

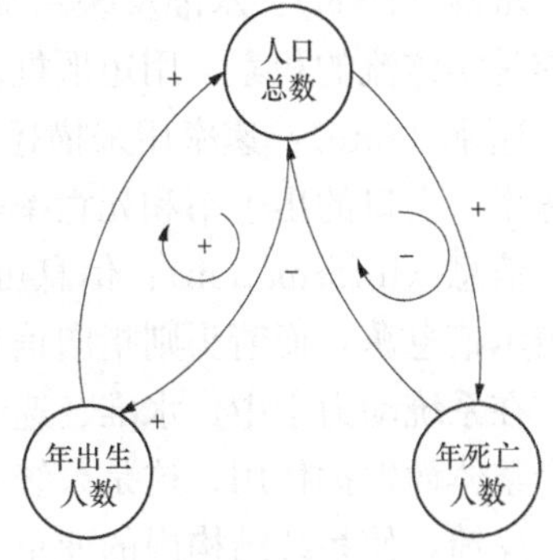

图 8-10 人口总数的动态变化两重反馈回路

图 8-10 中，年出生人数和人口总数之间存在着正的反馈回路，而年死亡人数和人口总数之间存在着负的反馈回路。由于人口总数的变化过程同时受到出生和死亡两个因素的影响，且由于这两个因素的变化因素十分复杂，受到社会、政治、经济和环境因素的影响，深入研究下去就会发现更多的反馈回路。

经济过程中也存在着正的反馈回路和负的反馈回路。图 8-11 表示工业资本的动态变化行为两重反馈回路。

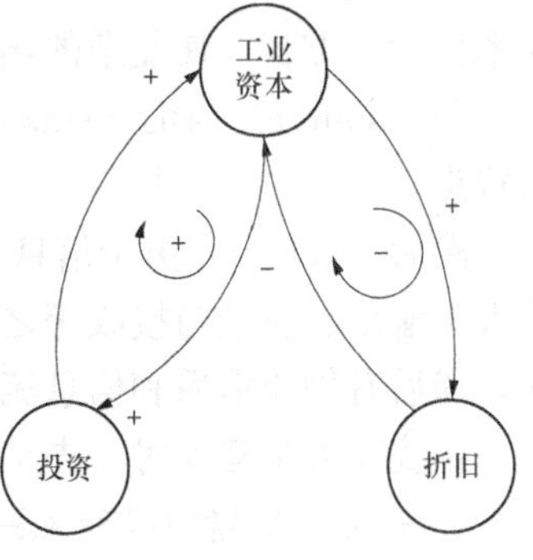

图 8-11 工业资本的动态变化行为两重反馈回路

如图 8-11 所示，当投入一定量的工业资本（如厂房、机器设备、工具等）时，就会有一定的产出。在其他投入充分的条件下，较多的工业成本就会带来较多的产品，产品赢利收入的一部分作为投资扩大再生产，从而又形成新的工业资本。所以说，工业资本和投资形成了正的反馈回路。反之，工业资本的增加，使每年的折旧费用也增加，从而使工业资本减少，这就形成经济过程中负的反馈回路。实际上，经济过程的动态变化是正负反馈回路共同作用的结果，而哪个反馈回路起主导作用，要视具体情况分析后才能确定。

总之，在建立系统动力学模型之前，要对系统内部存在着的多重反馈回路进行详细分析。如果对系统中的多重反馈回路认识不清，就不可能进行正确的决策。在社会系统决策中常常会遇到这样的情况：一些看来有效的措施、行为常常不起作用，或者对某些问题的预测结果常常和以后的实际情况相反；一些企图用来克服困难的政策措施，执行后反而加重了困难等。之所以会产生这些情况主要就在于没有充分认识和没有全面掌握系统中存在的多重反馈回路。

8.5.7 流图

1. 术语与符号

流（flow）：流是系统中的活动或行为，流可以是物流、货币流、人流、信息流等，用带有各种符号的有向边描述。通常为简便起见，实体流用实线表示，信息流用虚线表示。

水准（level）：水准反映系统中子系统或要素状态，例如库存量、库存现金、人口数等。水准是实体流的积累，用矩形框表示。水准的流有流入和流出之分。

速率（rate）：速率用来描述系统随时间而变化的活动状态，例如物资的入库速率和出库速率、人口的出生率和死亡率等。在系统动力学中，速率变量是决策函数。

信息（information）：信息可以取自水准、速率等处，用有箭头的虚线表示。箭尾的小圆表示信息源，而箭头则指向信息的接收端。

在系统动力学中，水准、速率、各种流和信息是四个基本要素，它们在反馈回路中作为一个整体而发挥作用，这是系统动力学的基本特征。系统动力学的基本思想就是反馈理论。由于反馈，使系统结构内的变量之间形成回路。

参数（parameter）：参数是系统在一次运行过程中保持不变的量，例如调整生产的时间、计划满足缺货量的时间等。参数一旦确定，在同一仿真试验中就保持不变，即是一个常量。

辅助变量（auxiliary variable）：辅助变量在DYNAMO方程中经常使用，目的在于简化速率变量的方程，使复杂的函数易于理解。

源（source）与汇（sink）：源是指流的来源，相当于供应点；汇是指流的归宿，相当于消费点。

滞后（delay）：由于信息、物质的传递需要有一定的时间，于是就带来了原因和结果、输入和输出、发送与接收等之间的滞后。滞后是造成社会系统非线性的另一根本原因。一般地，滞后有物流滞后和信息流滞后之分。

系统动力学建模时首先是要建立系统动力学流图，常用的流图符号如图8-12所示。

2. 一阶正反馈回路和流图

图8-13（a）（b）分别是总人口动态变化的一阶正反馈回路和流图。

如图8-13（a）所示，出生率R_1（人/年）增加，总人口P增加；总人口增加，又使得

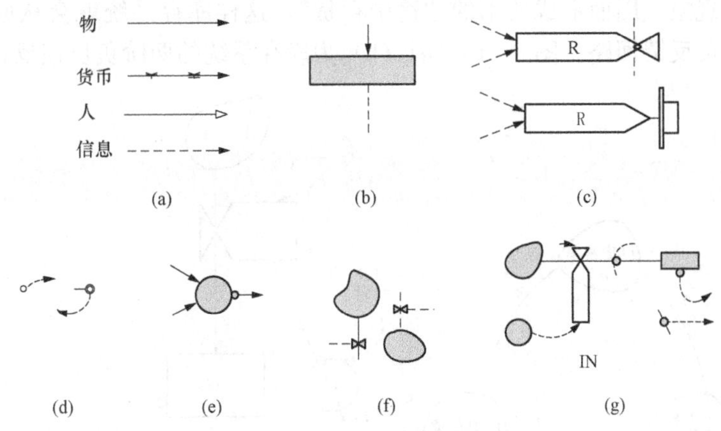

图 8-12 流图符号

(a) 流；(b) 水准；(c) 速率；(d) 参数；(e) 辅助变量；(f) 源与汇；(g) 信息输入取出

年出生人口增加，即出生率 R_1（人/年）增加，总人口和出生率之间形成了正的反馈回路。8-13 (b) 中仅有总人口 P 一个水准变量，受速率变量 R_1 的影响。

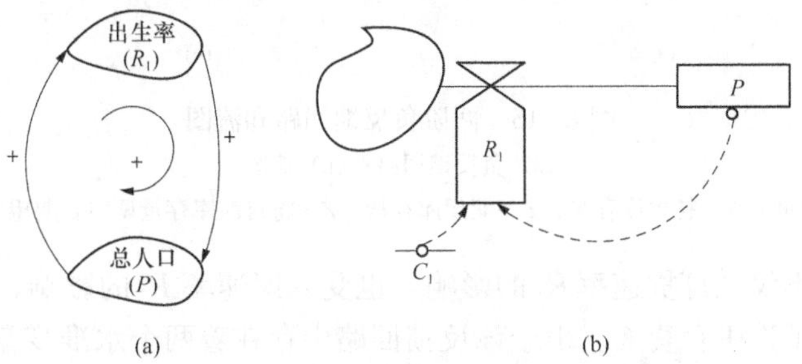

图 8-13 一阶正反馈回路和流图

(a) 正反馈回路；(b) 流图

C_1—人口初始值

3. 一阶负反馈回路和流图

图 8-14 (a) (b) 分别表示将库存量调整到目标库存量的一阶负反馈回路和流图。

如图 8-14 (a) 所示，当库存量 I 增加，库存量 I 与期望库存量 Y 的差额 D 就减少，库存增加订货速率 R_1 会减少，则库存量会基本保持在原来水平，$D-R_1-I-D$ 构成了负反馈回路。图 8-14 (b) 中仅有库存量一个水准变量。

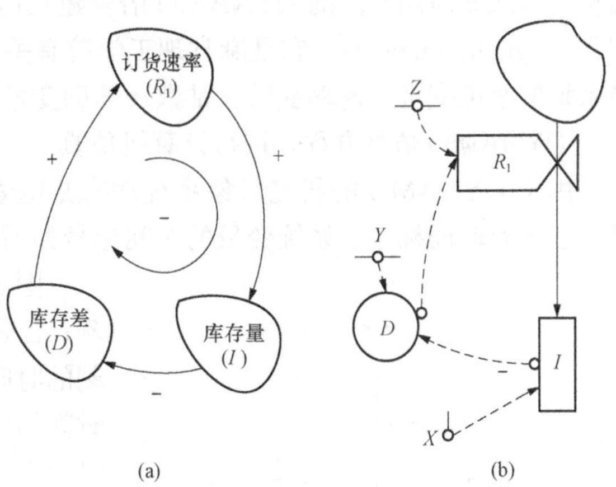

图 8-14 一阶负反馈回路和流图

(a) 负反馈回路；(b) 流图

X—初始库存量；Z—将目前库存量调整到期望库存的时间

4. 两阶反馈回路和流图

实际上，库存系统并不像上面所描述的一阶负反馈回路那样简单。一般从订货到入库具有滞后现象，因而形成所谓的“途中存货”，这样库存系统就会从原来的一阶负反馈回路变成两阶负反馈回路。图 8 - 15（a）（b）为库存系统的两阶负反馈反馈回路和流图。

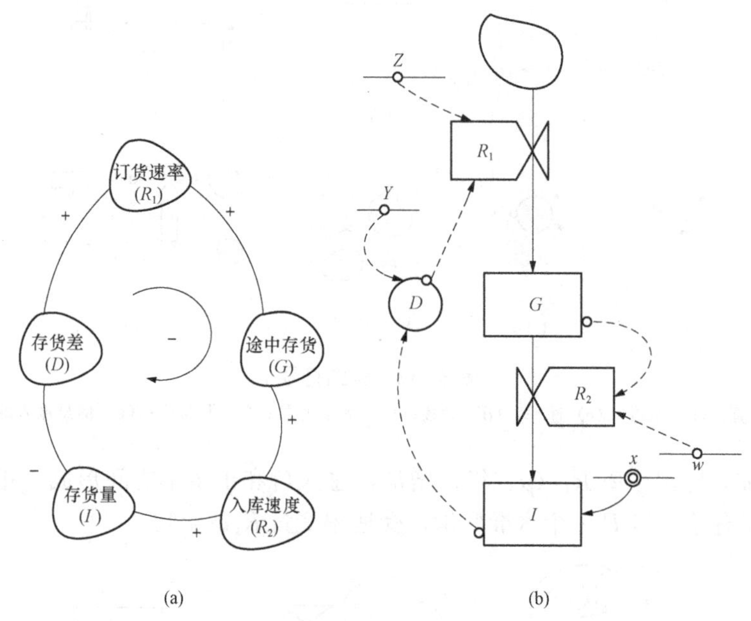

图 8 - 15 两阶负反馈回路和流图

（a）负反馈回路；（b）流图

W—入库时间；*X*—初始库存量；*Y*—期望库存量；*Z*—将目前库存量调整到期望库存的时间

由于存货量 *I* 不仅受订货速率 R_1 的影响，也受入库速率 R_2 的影响，加上从订货到入库具有滞后，故形成了途中存货 *G*。由于该反馈回路中存在着两个水准变量 *I* 和 *G*，故称为两阶负反馈回路。

8.5.8 结构方程式

流图描述了系统内各要素的因果关系和变量类型，但无法定量地描述系统的动态行为。结构方程式是应用专门的 DYNAMO 语言建立描述系统各种变量关系的方程，称 DYNAMO 方程（dynamic model）。它是麻省理工学院有关人员专门为系统动力学设计的，通过确定对象系统的水准变量、速率变量、常数、辅助变量，并分析各变量之间存在的函数关系，进而建立 DYNAMO 仿真方程，进行计算机仿真。

由于 DYNAMO 的研究对象系统动态是随着时间变化的，因此在 DYNAMO 方程中变量一般附有时间标号。系统变量的时间标号如图 8 - 16 所示。

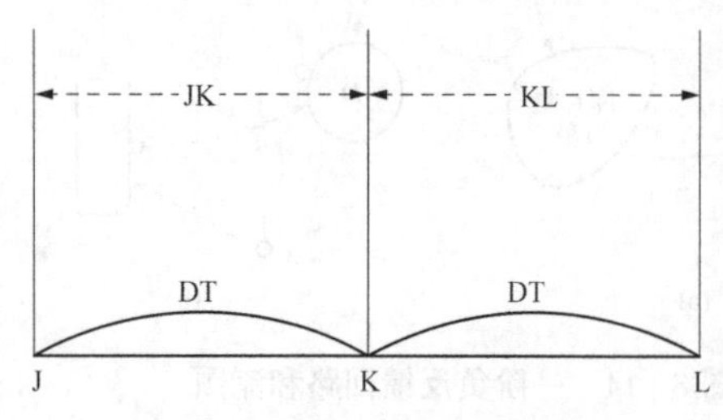

图 8 - 16 系统变量的时间标号

图 8 - 16 中，J 表示过去时刻；K 表示现在时刻；L 表示未来时刻；JK 表示由过去时刻到现在时刻的时间间隔；KL 表示由现在时刻到未来时刻的时间间隔。系统动力学仿真的时间和步长记为单位时间 DT（δT），DT 的单位可以取年、月、周、日等，也可以取更小的时间做单位。建立 DYNAMO 方程时，时间步长 DT 要选择合适。

(1) 变量及其名称规则。在DYNAMO模型中有水准变量、速率变量、辅助变量等，变量名的字符数不超过6个，而且第一个字符必须是字母，后面可以用字母或数字。

(2) 水准方程式。计算水准变量的方程式叫作水准方程式，它是基本的DYNAMO方程，在水准方程前面用L表示水准方程式。如有顾客向零售店买商品，零售店又向工厂订购商品，工厂向零售店交付商品，零售店向顾客销售商品。这过程用DYNAMO语言描述，就是现在时刻K的库存量等于过去时刻J的库存量，加上从过去时刻J到现在时刻K的入库量与出库量之差乘以单位时间DT，记为：

L Y. K=Y. J+DT * (XIN. JK-XOUT. JK)

式中：Y. K表示现在时刻库存量；Y. J表示过去时刻库存量；DT是时间单位；XIN. JK和XOUT. JK分别表示从时刻J到时刻K的入库量XIN和出库量XOUT。

水准方程式的一般形式为：

L LEAVEL. K=LEAVEL. J+DT * (INFLOW. JK-OUTFLOW. JK)

即K时刻的水准变量值等于J时刻的水准变量值加上单位时间，即仿真步长DT乘以JK期间输入流量和输出流量之差。

在DYNAMO程序中，水准变量必须由初值方程式赋给初始值。

(3) 速率方程。速率是描述水准变量在单位时间DT内流入和流出的量，如人口出生率和死亡率、商品入库率和出库率等速率方程是计算速率变量的方程。速率方程是表示系统全部动态情况的方程，也是最基本的DYNAMO方程，没有固定形式，需要根据具体情况来决定。在DYNAMO程序中，速率方程以R为标志。

设KL期间内出生人数与在时刻K的人口成正比，则表示出生人数的速率方程为：

R BIRTHS. KL=BRF * POP. K

式中：R表示速率方程；BIRTHS. KL为出生率（人/年），表示从K时刻到L时刻的出生人口；BRF为出生率系数（人/年），是一个常数；POP. K为K时刻的人口（人）。

在DT时间内速率的值是不变的，其后缀的时间标志为KL。

(4) 辅助方程式。辅助方程式是计算辅助变量的方程式。建立速率方程之前，需要把速率方程中必要的信息加以仔细考虑并进行必要的代数运算，这些代数运算在DYNAMO方程中称为辅助运算，方程中涉及的变量也为辅助变量。辅助方程式用A标志，是表示同一时刻变量之间关系的方程式。辅助变量可以由现在时刻的水准变量及速率变量等求出。

(5) 附加方程式。附加变量是和模型本身无直接关系的变量，是为了输出打印结果或测定需要而定义的变量，附加方程式用S标志。

S TOTAL. K=IAR. K+IAD. K+IFA. K

式中：TOTAL. K表示商品总量；IAR. K表示商品库存；IAD. K表示销售库存；IAF. K表示工厂库存等。

(6) 给定常量方程式。常量是在一次仿真运行中保持不变的量，在不同次的运行中可以采取不同的值。给定常量方程式的标志是C。

(7) 初值方程。初值是运行开始时各变量的取值。初值方程是在仿真开始时给所有水准变量及部分辅助变量赋初值的方程，用N标志。

在DYNAMO方程中，变量的时间标号具有重要作用。DYNAMO时间标号见表8-1。

表 8-1 **DYNAMO 时间标号**

左端变量类型	左端符号	右端变量					
		L	A	R	S	C	N
L	K	J	J	JK	不可	无	无
A	K	K	K	JK	不可	无	无
R	KL	K	K	JK	不可	无	无
S	K	K	K	JK	K	无	无
C	无	不可	不可	不可	不可	不可	不可
N	无	无	无	无	无	无	无

假设图 8-13 中人口的年增长率是 2%，人口的初始值是 100。人口增长过程的 DYNAMO 方程为

L P. K=P. J+DT＊（R1. JK−0）

N P=100

R R1. KL=P. K＊C1

C C1=0. 02

设图 8-14 中初始库存量 X=1000，期望库存量 Y=6000，Z=5（周）。库存动态系统仿真的 DYNAMO 方程为

L I. K=I. J+DT＊（R1. JK−0）

N I=X

C X=1000

R R1. KL=D. K/Z

A D. K=Y−I. K

C Y=6000

C Z=5

考虑图 8-15 订货到入库滞后的库存系统动态行为的 DYNAMO 程序为

L G. K=G. J+DT＊（R1. JK−R2. JK）

N G=G0

C G0=10000

R R1. KL=D. K/Z

A D. K=Y−I. K

C Z=5

C Y=6000

R R2. KL=G. K/W

C W=10

L I. K=I. J+DT＊（R2. JK−0）

N I=X

C X=1000

系统动力学模型易于解决社会系统中存在的反馈、滞后和非线性问题。在系统仿真时，可以使用专门的仿真语言。系统动力学模型是研究半定量、趋势性问题的有效工具。

8.5.9 模型检验及其仿真

(1) 变量名称一致性检验。在模型建立之后，需要对模型中的变量名称进行一致性检验，主要包括以下工作：

1) 检验变量是否会产生歧义；

2) 检验模型中的变量和现实系统中的变量是否对应，采用现实系统中已经存在的名称；

3) 重新检查变量之间的逻辑关系。

(2) 变量量纲一致性。变量名称一致性检验通过之后，需要对模型中变量单位的一致性进行检验，即运用 VENSIM PLE 软件中的单位检查功能对模型中变量的单位进行检验。

(3) 模型结构一致性。变量量纲一致性检验通过之后，需要对模型的结构进行检验，例如改变部分变量或者设置新的常数量，以便使得模型的结构更加准确、应用更加灵活。

(4) 模型极端条件检验。在明确了变量间的数学关系和方程式之后，为了仿真结果的可靠性和适用性，需要对其可能出现的极端情况进行相应的检验。具体来说就是将模型中的主要相关变量调整到极端数值，如果在这种情况下，方程式没有异常，而且各变量的取值依旧在正常的可接受的范围之内，就表明该模型中的方程经受住了极端条件检验，可以进行后期的仿真。

(5) 仿真及其成果分析。在确定模型的有关参数、数据，拟定的情景后，就可以进行仿真，研究某些变量的变化趋势，进行成果分析。

图 8-13 所示人口增长系统中，给定人口的年增长率是 2%，人口的初始值是 100，应用 DYNAMO 程序进行仿真的结果如图 8-17 所示。

由于正反馈回路的强化作用，总人口是按指数规律持续增长的。

图 8-14 所示的库存系统，设 X=1000，Y=6000，Z=5 周，应用 DYNAMO 程序进行仿真的结果如图 8-18 所示。

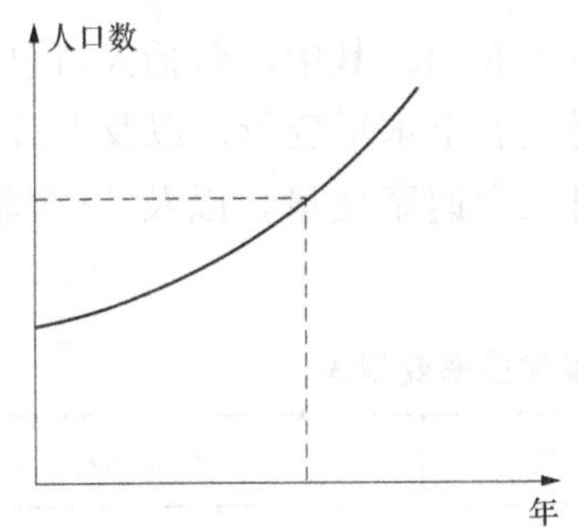

图 8-17 一阶正反馈仿真结果图

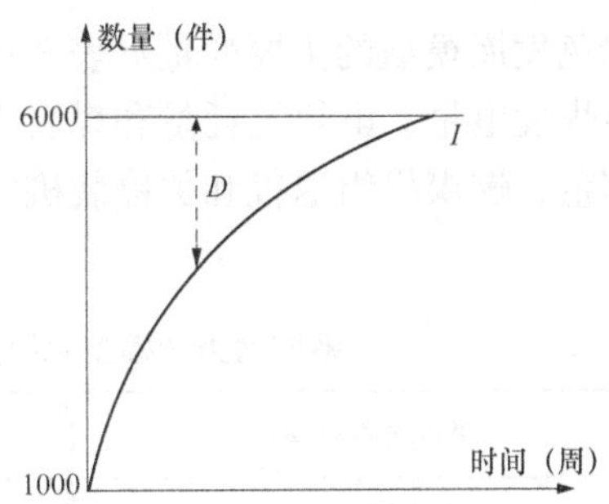

图 8-18 一阶负反馈仿真结果图

从图 8-18 所示的曲线变化可以看出，由于一阶负反馈回路的作用，库存水准逐渐趋近期望库存量。通常，为维持一个目标值，构建负反馈回路是决策者使系统达到预期目标或者稳定的必要条件。

在两阶段负反馈回路中，设初始库存量 X=1000，期望库存量 Y=6000，调整库存时间

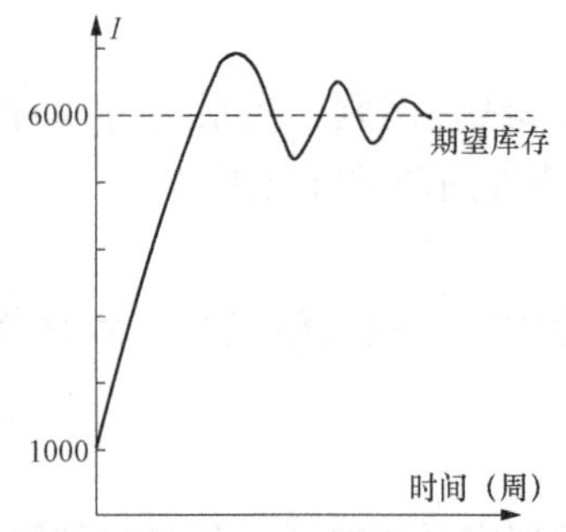

图 8-19 二阶负反馈仿真结果图

$Z=5$ 周，初始途中存货 $G=10\ 000$，订货商品的入库时间 $W=10$ 周。当库存量增加时，库存量与期望库存的差额 D 就减少，两者是负因果关系。该库存系统动态行为的仿真结果如图 8-19 所示。

由图 8-19 可知，同一阶负反馈回路一样，两阶负反馈回路也具有追求目标的功能。所不同的是在两阶负反馈回路的作用下，库存量在第一次达到期望值后还会继续增加，从而超出了库存期望值，而后则在目标值附近以衰减震荡的形式逼近目标值，这是一般两阶负反馈回路的共同特征。

8.6 案例：基于系统动力学的煤电绿色发展仿真

近年来，我国煤电行业的发展出现了许多问题：利用小时数逐年下降、电力交易价格下降、节能减排改造任务繁重、规划建设规模较电力需求偏大、产能过剩风险加剧等问题。在多种形式的交织下，煤电行业面临严峻的经营压力和困境。

十九大报告再次强调“建立健全绿色低碳循环发展的经济体系”；电力发展“十三五”规划中也要求加快煤电行业的结构优化、技术提升和改造转型，促进煤电行业清洁高效发展；同时国家能源局召开的“十四五”电力规划工作启动会议提出，要扎实推进电力供给侧结构性改革，注重提升电力系统整体效率，推动电力绿色转型升级。

煤电行业绿色发展系统的生产运营过程实质上是一个动态反馈系统。煤电行业绿色发展系统涉及大量技术、经济、环境和政策等方面的因素，这些影响因素相互作用、相互制约，并决定着煤电行业绿色发展系统的运作模式。下面以煤电行业绿色发展为研究对象，应用系统动力学方法，试图构建煤电行业绿色发展系统动力学模型，并对其进行仿真分析。

8.6.1 主要变量及其方程

1. 主要变量

煤电行业绿色发展模型的主要变量见表 8-2～表 8-4。其中，包括人口总量、燃煤机组总装机容量、燃煤发电量、电煤消耗量和煤炭消耗量五个水平变量，以及人口增长量、燃煤机组新增装机容量、燃煤机组退役和关停装机容量三个速率变量，以及 29 个辅助变量和 14 个常数量。

表 8-2 系统动力学模型水平变量和速率变量表

变量类型	变量名称（单位）	变量类型	变量名称（单位）
L	人口总量（人）	L	煤炭消耗量（g）
L	燃煤机组总装机容量（kW）	R	人口增长量（人/年）
L	燃煤发电量（kWh）	R	燃煤机组新增装机容量（kW）
L	电煤消耗量（g）	R	燃煤机组退役和关停装机容量（kW）

表 8-3　系统动力学模型辅助变量表

变量名称	变量单位	变量名称	变量单位
增长率	无量纲	环境污染程度	无量纲
绿色发展目标实现程度	无量纲	污染物排放量	g
煤炭占能源消费比重	无量纲	污染物处理水平	无量纲
用电需求	无量纲	减排投资强度	无量纲
能源消费总量	g	利润对发电需求的影响	无量纲
电煤占煤炭消费比重	无量纲	煤电行业供电产值	元
厂用电率	无量纲	燃煤供电量	kWh
目标发电煤耗	g/kWh	煤电行业成本	元
发电标准煤耗	g/kWh	发电效率	无量纲
煤炭利用率	无量纲	煤炭热效率	无量纲
设备利用小时数	h	经济发展水平	无量纲
节能技术水平	无量纲	人均能源消费量	g/人
节能投资强度	无量纲	新建燃煤机组准入控制因子	无量纲
绿色发展投资强度	无量纲	燃煤机组淘汰因子	无量纲
燃煤机组升级改造因子	无量纲		

表 8-4　系统动力学常数量表

变量名称	变量单位	变量名称	变量单位
人口增长率	无量纲	上网电价	元/kWh
煤炭消费增长率	无量纲	电力系统稳定性因子	无量纲
最低排放量	g	用电缺口	无量纲
煤电行业生产水平	无量纲	设备平均利用小时数	h
年度电源投资强度	无量纲	设备先进水平	无量纲
电厂运行状况	无量纲	煤电行业绿色发展技术因子	无量纲
供电效率	无量纲	煤电行业绿色发展政策因子	无量纲

2. 主要方程

系统动力学模型的主要变量方程式见表 8-5。

表 8-5　主要变量方程式

变　量	方　程　式	单　位
燃煤机组总装机容量	INTEG（燃煤机组新增装机容量－燃煤机组退役和关停装机容量，7.54882×10^{8}）	kW
燃煤机组新增装机容量	燃煤机组总装机容量×增长率	kW
燃煤机组退役和关停装机容量	燃煤机组总装机容量×燃煤机组淘汰因子	kW
增长率	利润对发电需求影响 0.2×燃煤机组升级改造因子 0.1×年度电源投资强度 0.2×绿色发展目标实现程度 0.3×新建燃煤机组准入控制因子 0.2	无量纲

续表

变 量	方 程 式	单 位
绿色发展目标实现程度	煤炭占能源消费比重 0.3×电煤占煤炭消费比重 0.3×（目标发电煤耗/发电标准煤耗）0.4	无量纲
煤炭占能源消费比重	煤炭消耗总量/能源消费总量	无量纲
煤炭消耗总量	INTEG（煤炭消耗总量×煤炭消费增长率×用电需求，2.311×10^{15}）	g
用电需求	人口增长率×经济发展水平	无量纲
能源消费总量	人口总量×人均能源消费量	g
人口总量	INTEG（人口增长量，13.5404×10^{8}）	人
人口增长量	人口总量×人口增长率	人/年
电煤占煤炭消费比重	电煤消耗量/煤炭消耗总量	无量纲
电煤消耗量	INTEG（燃煤发电量×目标发电煤耗×煤炭利用率，1.1477×10^{15}）	g
燃煤发电量	INTEG（燃煤机组总装机容量×设备利用小时数×发电效率，3.7313×10^{12}）	kWh
厂用电率	（设备利用小时数/设备平均利用小时数）×节能技术水平×设备先进水平	无量纲
目标发电煤耗	310×煤电行业生产水平	g/kWh
发电标准煤耗	（电煤消耗量/燃煤发电量）×（厂用电率/电厂运行状况）	g/kWh
煤炭利用率	节能技术水平×煤炭热效率	无量纲
绿色发展投资强度	煤电行业绿色发展技术因子 0.3×煤电行业绿色发展政策因子 0.7	无量纲
利润对发电需求的影响	（煤电行业供电产值－煤电行业成本）/煤电行业成本	无量纲
煤电行业供电产值	燃煤供电量×上网电价	元
燃煤供电量	燃煤发电量×供电效率	kWh

8.6.2 系统边界与假设

1. 系统边界

煤电行业绿色发展系统动力学模型主要围绕煤电行业绿色发展，共包含四个子系统，即经济驱动子系统、环境承载子系统、社会发展子系统和技术支持子系统，系统结构如图 8-20 所示。

一方面，经济大规模发展必然会对环境承载能力提出更高的要求，经济的发展为环境治理提供经济基础；环境承载能力是经济发展的基础，环境本身就是经济资源；另一方面，经济驱动技术开发，技术系统促进经济的发展；环境承载子系统为社会发展系统提供了生存基本环境，与之相应社会发展子系统产生污染排放，增加了对环境的负荷；社会发展子系统为技术支持子系统提供技术需求的市场，技术的不断成熟反哺社会发展。

2. 系统假设

（1）模型中的相关数据都采用装机规模在 6000kW 及以上的燃煤机组的相关数据；

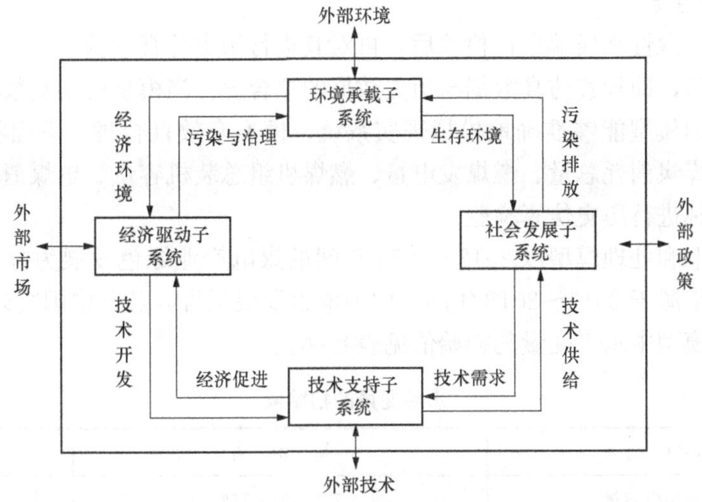

图 8-20 模型系统结构图

(2) 绿色发展技术和国家的相关政策对煤电行业绿色发展的影响是突变式的，且在时间上具有单方向性，也就是说随着技术革新和政策的落地，在忽略延迟反映的条件下，其影响效果会即刻显现并且越来越好；

(3) 模型不研究具体的技术和政策是如何影响煤电行业绿色发展的，只考虑宏观意义上的国家绿色发展政策和行业发展技术对煤电行业绿色发展的影响。

8.6.3 因果关系及存量流量图

识别影响煤电绿色发展的影响因素，以构建的煤电行业绿色发展因果关系模型为基础，将因素转化为变量并确定其类型，然后根据变量间的数学关系得到煤电行业绿色发展的系统动力学存量流量图，如图 8-21 所示。

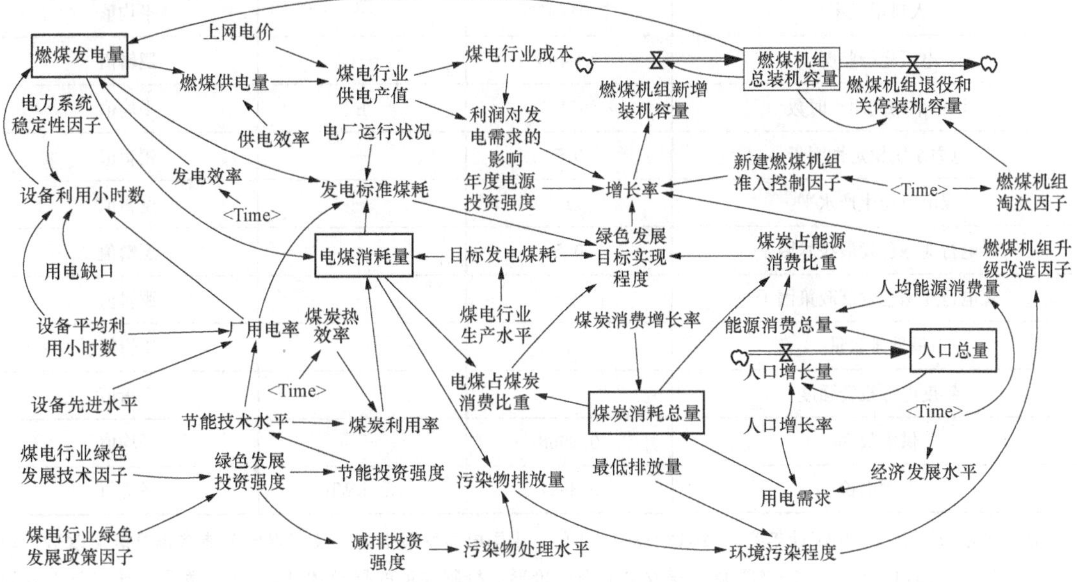

图 8-21 煤电行业绿色发展的系统动力学流量图

8.6.4 模型检验

对模型进行一致性和极端条件检验后，再对其进行历史仿真检验。

历史仿真检验，即检查仿真数据与历史数据的拟合度。当模型的仿真数据与历史数据拟合度较高时，表明模型能够准确地模拟现实系统，模型有效且合理。下面将主要对人口总量、厂用电率、煤炭消耗总量、燃煤发电量、燃煤机组总装机容量、电煤消耗量、能源消费总量七个主要指标进行历史仿真检验。

(1) 数据选取和处理模型以2012～2025年间的煤电产业绿色发展为分析对象，时间步长为1年。数据来源于2012～2018年的《中国电力发展报告》及《中国统计年鉴》，保证了数据的真实性。模型中水平变量的初始值见表8-6。

表8-6　　水平变量的初始值

变量名称	初始值	单位
燃煤机组总装机容量	7.54882×10^{8}	kW
人口总量	13.5404×10^{8}	人
燃煤发电量	3.7313×10^{12}	kWh
电煤消耗量	1.1477×10^{15}	g
煤炭消耗量	2.311×10^{15}	g

注　人口总量数据来自《中国统计年鉴》，其他数据来自2012～2018年的《中国电力发展报告》。

仿真的常数值见表8-7。

表8-7　　常数值

变量名称	常数值	单位	测算方法
煤炭消费增长率	0.030247	—	平均值
人口增长率	0.048073	—	平均值
电厂运行状况	7.3465	—	逻辑值
设备平均利用小时数	4651.7	h	平均值
电力系统稳定性因子	0.5	—	逻辑值
煤电行业生产水平	1	—	逻辑值
煤电行业绿色发展技术因子	0.5	—	逻辑值
煤电行业绿色发展政策因子	0.5	—	逻辑值
最低排放量	1	—	逻辑值
年度电源投资强度	1	—	逻辑值
供电效率	0.8658	—	平均值
上网电价	0.3857	元/kWh	平均值

注　数据来源于《中国统计年鉴》、2012～2018年的《中国电力发展报告》及《煤电节能减排升级与改造行动计划（2014—2020年）》《深化燃煤发电上网电价形成机制改革的指导意见》《电力发展“十三五”规划（2016－2020年）》。

(2) 模型检验选取人口总量、厂用电率等七个指标，利用 2012～2018 年的《中国电力发展报告》及《中国统计年鉴》中的相关数据进行检验。以上指标仿真值与历史值的误差均不超过 5.71%，表明该模型模拟结果的拟合度较好，故建立的模型能够较为恰当地反映煤电行业绿色发展，通过了行为一致性检验。

8.6.5 系统仿真

运用 VENSIMPLE 软件，对煤电行业 2012～2025 年的绿色发展进行仿真分析。图 8-22 显示了 2012～2025 年燃煤机组装机容量仿真结果。

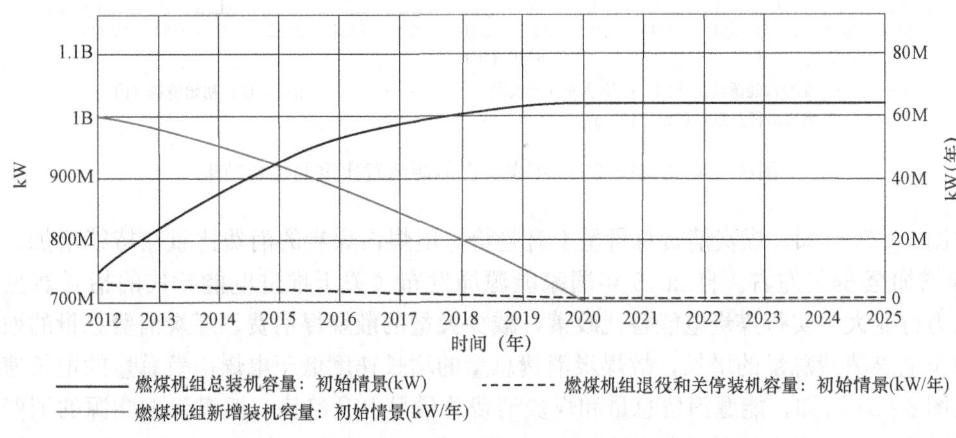

图 8-22 2012～2025 年燃煤机组装机容量仿真结果

由图 8-22 可知，燃煤机组总装机容量持续增长到 2020 年后，以较小的幅度缓慢下降。考虑到当前大气环境、电力系统发展状况以及国家政策，随着国家对新建燃煤机组准入控制门槛的提高以及对落后和小机组的淘汰，2020 年前燃煤机组新增装机容量持续下降且高于燃煤机组退役和关停装机容量；鉴于燃煤机组的改造升级，2020 年后燃煤机组新增装机容量近似为零，燃煤机组退役和关停装机容量的淘汰率为自然淘汰率。

对煤炭消费、电煤占煤炭的消费比重及煤炭占总能源的比重进行仿真分析，结果如图 8-23 和图 8-24 所示。

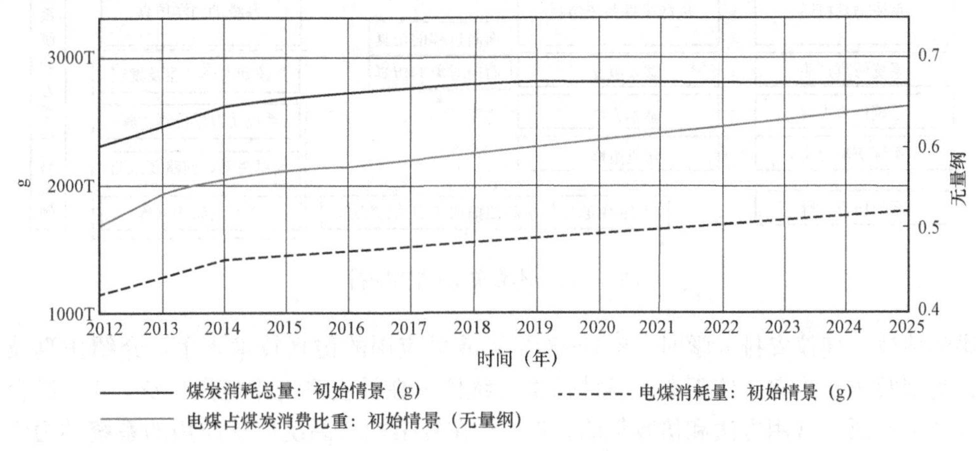

图 8-23 2012～2025 年电煤占煤炭消费比重的仿真结果

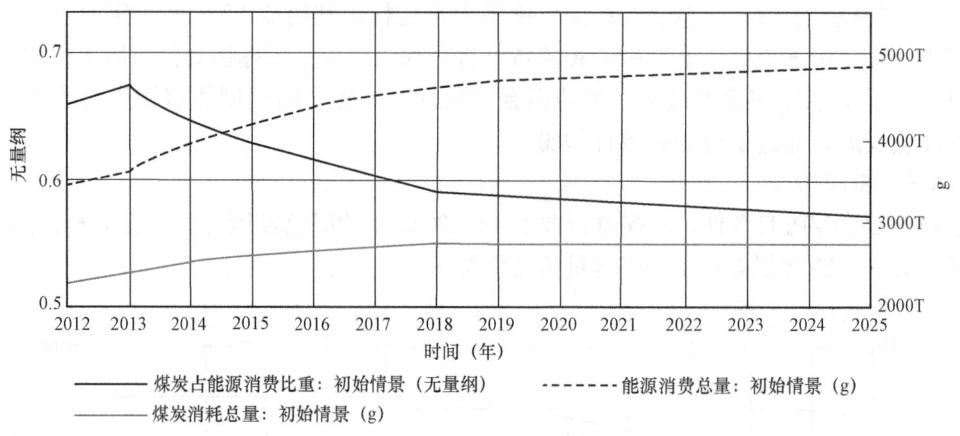

图 8-24 2012～2025 年煤炭占能源消费比重的仿真结果

由图 8-23 可知，煤炭消费总量呈上升趋势，电煤占煤炭的消费比重在持续增加，预计 2025 年增加至 64%左右。自 2016 年国家能源局发布《关于推进电能替代的指导意见》以来，电力行业大力实行煤炭电能替代政策，减少大量的散烧煤消费。煤炭消费总量的增长主要来源于电煤消费总量的增长，故煤炭消费总量的增长速度低于电煤消费总量的增长速度。

由图 8-24 可知，能源消费总量和煤炭消费总量呈上升趋势，但煤炭占能源的消费比重在持续下降。一直以来钢铁、煤炭行业去产能工作稳步推进，产业、能源结构得到持续优化；节能减排工作的持续落地、燃煤电厂平均供电每千瓦时煤耗持续减少、煤炭消费总量的增长速度得到有效控制；同时，水电、核电、风电等清洁能源在能源消费总量中的比重持续增加，清洁电力稳步发展使得对煤炭的需求减少，从而促使煤炭占能源的消费比重降低。

8.7 本章知识结构安排及讲学建议

本章知识结构安排如图 8-25 所示。

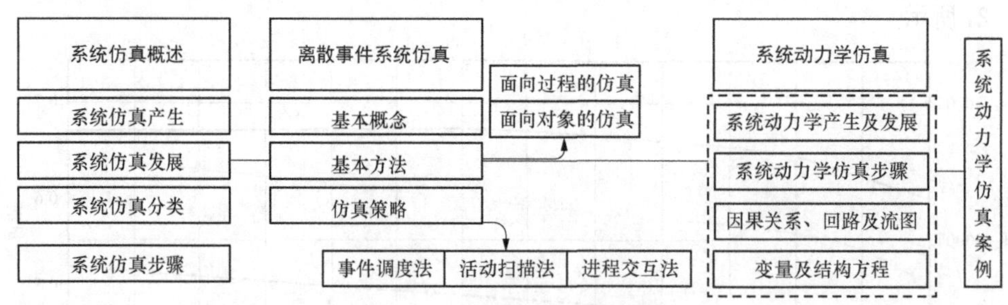

图 8-25 本章知识结构安排

讲学建议：建议安排 6 学时。8.1～8.3 从最早应用的仿真技术入手，介绍仿真技术的发展、类型及仿真步骤。鉴于离散事件仿真系统仿真在社会系统中应用广泛，8.4 结合实例说明其基本术语、常用方法和仿真策略。8.5 是在复杂社会系统广泛应用的系统动力学，需要结合实例详细介绍其基本要素、基本术语、仿真的方程与程序及其软件实现。建议在课堂上介绍流图和方程，安排学生自学仿真软件，建议将本章的案例作为实践作业。

8.8 本章思考题

（1）什么是系统仿真？包括哪三个要素？

（2）举例说明仿真的一般步骤。

（3）举例说明系统动力学的仿真步骤。

（4）举例说明系统动力学中因果箭、因果链的含义及极性判断。

（5）举例说明系统动力学的反馈回路及特征。

（6）结合专业实例，说明系统动力学模型的实际运用。

参 考 文 献

[1] 拜纳姆．耶鲁科学小历史［M］．高环宇，译．北京：中信出版集团，2016.
[2] 刘兵，杨舰，戴吾三．科学技术史二十一讲［M］．北京：清华大学出版社，2006.
[3] 丹皮尔．科学简史：植根于哲学、宗教与社会生活的科学记述［M］．曾先令，译．北京：人民日报出版社，2007.
[4] 陈文斌．品读世界科学史［M］．北京：北京工业大学出版社，2013.
[5] 姜萌．科技史脱口秀［M］．邵孟奇，绘．北京：清华大学出版社，2016.
[6] 皮克斯通．认识方式：一种新的科学、技术和医学史［M］．陈朝勇，译．上海：上海科技教育出版社，2008.
[7] 巴罗．无之书：万物由何而生［M］．何妙福，傅承启，译．上海：上海科技教育出版社，2003.
[8] 切可兰德．系统论的思想与实践［M］．左晓斯，史然，译．北京：华夏出版社，1990.
[9] 福雷斯特．系统原理［M］．王洪斌，译．北京：清华大学出版社，1986.
[10] 毛建儒，李忱，王颖斌．系统哲学的探索与研究［M］．北京：中国社会科学出版社，2014.
[11] 魏宏森．系统论：系统科学哲学［M］．北京：世界图书出版公司，2009.
[12] 孙东川，朱桂龙．系统工程基本教材［M］．北京：科学出版社，2010.
[13] 乌杰．系统哲学［M］．北京：人民出版社，2013 修订版．
[14] 胡宝生，彭勤科．系统工程原理与应用［M］．北京：化学工业出版社，2007.
[15] 吴广谋．系统原理与方法［M］．南京：东南大学出版社，2005.
[16] 娄兆文，甘永超，赵锦慧，等．自然科学概论［M］．北京：科学出版社，2012.
[17] 张爱霞，李富平，赵树果．系统工程基础［M］．北京：清华大学出版社，2011.
[18] 毛翊．他发现了青霉素［M］．福州：福建少年儿童出版社，1998.
[19] 朱新民，李艳蝶．10 个精彩纷呈的科学争论［M］．长沙：湖南科学技术出版社，2008.
[20] 解恩泽，刘永振，赵树智，等．10 个发人深省的科学问题［M］．长沙：湖南科学技术出版社，2008.
[21] 老多．贪玩的人类：那些把我们带进科学的人［M］．北京：科学出版社，2010.
[22] 弗里德曼，马登．科学的遗憾［M］．孙乔，译．上海：上海科学技术文献出版社，2011.
[23] 杰克逊．系统思考：适于管理者的创造性整体论［M］．高飞，李萌，译．北京：中国人民大学出版社，2005.
[24] 伊德．技术与生活世界：从伊甸园到尘世［M］．韩连庆，译．北京：北京大学出版社，2012.
[25] 刘华杰．自然二十讲［M］．天津：天津人民出版社，2008.
[26] 拉宾格尔，柯林斯．一种文化？关于科学的对话［M］．张增一，王国强，孙小淳，译．上海：上海科技教育出版社，2006.
[27] 杨秉政，张骏．科技哲理与案例［M］．西安：西北工业大学出版社，2007.
[28] 林定夷．科学哲学：以问题为导向的科学方法论导论［M］．广州：中山大学出版社，2009.
[29] 许伟．朱熹“理一分殊”思想的形成——以《延平答问》为核心的思想史研究［J］．江南大学学报（人文社会科学版），2016，15（02）：10-16.
[30] 景海峰．“理一分殊”释义［J］．中山大学学报（社会科学版），2012，52（03）：125-138.
[31] 邓军．朴素系统论视域中的老子哲学研究［D］．长沙：湖南师范大学，2009.
[32] 康宇．“理一分殊”再解读——以创造性转化与创新性发展为视角［J］．知与行，2017（01）：23-27.
[33] 王广．论《西铭说》对“理一分殊”思想的创新［J］．孔子研究，2006（06）：115-122.

[34] 舒红跃．技术与生活世界［M］．北京：中国社会科学出版社，2006.
[35] 米歇尔．复杂［M］．唐璐，译．长沙：湖南科学技术出版社，2011.
[36] 钱学森．再谈系统科学的体系［J］．系统工程理论与实践，1981（01）：2-4.
[37] 薛惠锋．系统工程思想史［M］．北京：科学出版社，2014.
[38] CCTV 央视官网 CCTV-4 中文国际频道《国宝档案》20110907 国宝档案特别节目（三十七）https：//tv.cctv.com/2011/09/07/VIDE1355505813796291.shtml.
[39] 郜鹏飞．浅谈民用飞机系统研制中的系统工程运用［J］．科技创新导报，2015（24）：84-85.
[40] 单丽辉，王喜富．现代物流与系统工程发展的关系研究［J］．物流技术，2008，27（10）：6-8.
[41] 程健，杜成章．智慧城市系统工程探讨［J］．中国电子科学研究院学报，2014，9（3）：234-238.
[42] 郑凡君，刘锐，刘思来，等．屠宰废水生态处理系统工程实践研究［J］．上海畜牧兽医通讯，2014（5）：36-37.
[43] 郭宝柱．中国航天系统工程方法与实践［J］．复杂系统与复杂性科学，2004，1（2）：16-19.
[44] 梁迪．系统工程［M］．北京：机械工业出版社，2005.
[45] 唐幼纯，范君晖．系统工程：方法与应用［M］．北京：清华大学出版社，2011.
[46] 刘军，张方风，朱杰．系统工程［M］．北京：北京交通大学出版社，2011.
[47] 柯萨科夫，斯威特．系统工程原理与实践［M］．胡保生，译．西安：西安交通大学出版社，2006.
[48] 王众托．系统工程［M］．2 版．北京：北京大学出版社，2015.
[49] 顾基发，刘怡君，朱正祥．专家挖掘与综合集成方法［M］．北京：科学出版社，2014.
[50] 渡边茂，须贺雅夫．什么是系统工程［M］．牛林山，金昌旭，译．北京：机械工业出版社，1988.
[51] 钱学森．论系统工程［M］．上海：上海交通大学出版社，2007.
[52] 胡保生．系统工程原理与应用［M］．北京：化学工业出版社，2007.
[53] 李国刚．管理系统工程［M］．北京：人民大学出版社，1992.
[54] 刘惠生．管理系统工程［M］．北京：企业管理出版社，1991.
[55] 费曼．别闹了，费曼先生：科学顽童的故事［M］．吴程远，译．北京：生活·读书·新知三联书店，1997.
[56] 梁思礼．并行工程的实践——对波音 777 和 737-X 研制过程的考察（摘要）［J］．质量与可靠性，2003（01）：1-7.
[57] 罗继业，何欢，张岚岚．波音 777 项目并行组织形式分析［J］．航空标准化与质量，2012（04）：44-47.
[58] 梁思礼，口述．一个火箭设计师的故事［M］．吴荔明，梁忆冰，整理．北京：清华大学出版社，2006.
[59] 石鸿雁，苏晓明．实用智能优化方法［M］．大连：大连理工大学出版社，2009.
[60] 陈军斌，杨悦．最优化方法［M］．北京：中国石化出版社，2011.
[61] 解可新，韩健，林友联．最优化方法［M］．天津：天津大学出版社，2004.
[62] 库柏 L，库柏 M W. 动态规划导论［M］．张有为，译．北京：国防工业出版社，1985.
[63] 拉森，卡斯梯．动态规划原理：基本分析及计算方法［M］．陈伟基，王永县，译．北京：清华大学出版社，1984.
[64] 滕宇，梁方楚．动态规划原理及应用［M］．成都：西南交通大学出版社，2011.
[65] 福岛雅夫．非线性最优化基础［M］．林贵华，译．北京：科学出版社，2011.
[66] 黄平．最优化理论与方法［M］．北京：清华大学出版社，2009.
[67] 倪勤．最优化方法与程序设计［M］．北京：科学出版社，2009.
[68] 郭科，陈玲，魏友华．最优化方法及其应用［M］．北京：高等教育出版社，2007.
[69] 魏权龄．数据包络分析［M］．北京：科学出版社，2004.
[70] 任红，谢泽．三峡工程：百年梦想今朝圆［J］．中国三峡，2018（03）：10-69+2.

[71] 刘思峰，方志耕，朱建军，等．系统建模与仿真 [M]．北京：科学出版社，2012.
[72] 中国科技技术协会．仿真科学与技术学科发展报告 [M]．北京：中国科学技术出版社，2010.
[73] 德尔纳．失败的逻辑：事情因何出错，世间有无妙策 [M]．王志刚，译．上海：上海科技教育出版社，1999.
[74] 泰罗，法约尔，梅奥，等．管理学名著选读 [M]．孙耀君，王祖融，劳陇，译．北京：中国对外翻译出版社，1988.
[75] 希伊．50 位最伟大的心理学思想家 [M]．郭本禹，方红，译．北京：人民邮电出版社，2015.
[76]《运筹学》教材编写组．运筹学 [M]．北京：清华大学出版社，2005.
[77] 马良，宁爱兵．高级运筹学 [M]．北京：机械工业出版社，2008.
[78] 刘思峰．系统评价：方法、模型、应用 [M]．北京：科学出版社，2015.